Altersgerechte Fahrerassistenzsysteme

Heike Proff · Matthias Brand ·
Dieter Schramm
(Hrsg.)

Altersgerechte Fahrerassistenzsysteme

Technische, psychologische und
betriebswirtschaftliche Aspekte

 Springer Gabler

Hrsg.
Prof. Dr. Heike Proff
Lehrstuhl für ABWL & Internationales
Automobilmanagement
Universität Duisburg-Essen
Duisburg, Nordrhein-Westfalen
Deutschland

Prof. Dr. Matthias Brand
Lehrstuhl für Allgemeine Psychologie:
Kognition, Universität Duisburg-Essen
Duisburg, Nordrhein-Westfalen
Deutschland

Prof. Dr. Dieter Schramm
Lehrstuhl für Mechatronik
Universität Duisburg Essen
Duisburg, Nordrhein-Westfalen
Deutschland

Das Projekt „Altersgerechte Fahrerassistenzsysteme (ALFASY)" wurde aus Mitteln des Europäischen Fonds für regionale Entwicklung (EFRE) gefördert.

EUROPÄISCHE UNION
Investition in unsere Zukunft
Europäischer Fonds
für regionale Entwicklung

EFRE.NRW
Investitionen in Wachstum
und Beschäftigung

ISBN 978-3-658-30870-4   ISBN 978-3-658-30871-1   (eBook)
https://doi.org/10.1007/978-3-658-30871-1

Die Deutsche Nationalbibliothek verzeichnet diese Publikation in der Deutschen Nationalbibliografie; detaillierte bibliografische Daten sind im Internet über http://dnb.d-nb.de abrufbar.

Planung/Lektorat: Carina Reibold
Springer Gabler ist ein Imprint der eingetragenen Gesellschaft Springer Fachmedien Wiesbaden GmbH und ist ein Teil von Springer Nature.
Die Anschrift der Gesellschaft ist: Abraham-Lincoln-Str. 46, 65189 Wiesbaden, Germany

Vorwort (Herausgeber)

Altersgerechte Fahrerassistenzsysteme werden in den alternden Gesellschaften der hoch entwickelten Industrieländer mit einer zunehmenden Zahl älterer Autofahrerinnen und Autofahrer immer wichtiger, um die altersbedingte Abnahme kognitiver und physischer Leistungen zumindest teilweise zu kompensieren und damit die Sicherheit aller Verkehrsteilnehmer zu erhöhen.

Obwohl ältere Menschen beim Autofahren Unterstützung benötigen und auch die Kaufkraft haben, sie also ein potenziell sehr aufnahmefähiger „Silver Market" sein dürften, bleibt die Nachfrage nach Fahrerassistenzsystemen weit hinter den Erwartungen der Automobilhersteller und -zulieferer zurück. Dies mag auch daran liegen, dass die angebotenen Fahrerassistenzsysteme noch zu wenig auf die Bedürfnisse dieser Altersgruppe ausgerichtet werden. Deshalb wurde im Frühjahr 2017 das Projekt ALFASY (**Al**tersgerechte **Fa**hrerassistenz**sy**steme) mit einer Laufzeit von drei Jahren begonnen. Das Ziel des Projektes ist die Entwicklung, der prototypische Aufbau und die Erprobung eines akustischen Fahrerassistenzsystems, das auf die Bedürfnisse älterer Fahrerinnen und Fahrer (50 Jahre und älter) zugeschnitten ist und ins Produktportfolio der Automobilhersteller und -zulieferer betriebswirtschaftlich sinnvoll aufgenommen werden kann.

Dafür waren technische, psychologische und betriebswirtschaftliche Untersuchungen notwendig. Im Projekt ALFASY arbeiteten die Lehrstühle für Mechatronik, Allgemeine Psychologie: Kognition und Allgemeine Betriebswirtschaftslehre & Internationales Automobilmanagement der Universität Duisburg-Essen zusammen mit der Ford-Werke GmbH, der HEAD acoustics GmbH und der Allround Team GmbH, um bisher angebotene Fahrerassistenzsysteme zu testen, zu verbessern und erneut zu testen, im Fahrsimulator und im realen Fahrbetrieb auf einer Teststrecke.

Wir freuen uns sehr, wichtige Ergebnisse der unterschiedlichen Arbeitspakete in diesem Buch veröffentlichen zu können. Sie wären nicht ohne die finanzielle Unterstützung durch den Europäischen Fonds für regionale Entwicklung (EFRE) des Landes NRW und der EU sowie durch den Projektträger PtJ in Jülich möglich gewesen. Unverzichtbar und überaus hilfreich war die ständige Diskussionsbereitschaft unserer Praxispartner, vor allem von Dr. Stefan Wolter (Ford-Werke GmbH), Dr.-Ing. Magnus Schäfer (HEAD acoustics GmbH) und Martin Brockmann (Allround Team GmbH) sowie der unermüdliche Einsatz unserer Mitarbeiter Timo Günthner, Dr. Magnus Liebherr, Stephan Schweig und Melanie Zerr, denen wir sehr herzlich danken. Danken möchten wir schließlich auch Josip Jovic für die große Unterstützung bei allen organisatorischen Fragen des Projektes und dem SpringerGabler Verlag, insbesondere *Angela Schulze-Thomin und Nadine Teresa* die das Entstehen des Buches unterstützt haben.

Wir hoffen, dass das Buch Anregungen bietet, sowohl Wissenschaftler als auch Praktiker anspricht und zur Zusammenarbeit verschiedener Disziplinen anregt.

Duisburg   Heike Proff
im Juli 2020   Matthias Brand
                                                                        Dieter Schramm

Inhaltsverzeichnis

Herausgeber- und Autorenverzeichnis

Über die Herausgeber

 **Prof. Dr. Heike Proff,** Studium der BWL in Frankfurt und Mannheim, Promotion in Frankfurt, Habilitation in Mannheim, Forschungsaufenthalte in Japan, Ghana, Korea und den USA. 2004 bis 2009 Zeppelin-Lehrstuhl für Internationales Management an der Zeppelin-University in Friedrichshafen. Seit 2009 Lehrstuhl für ABWL & Internationales Automobilmanagement an der Universität Duisburg-Essen, Koordinatorin des Masterstudiengangs „Automotive Engineering & Management" und Organisatorin des jährlich stattfindenden „Wissenschaftsforums Mobilität". Forschungsschwerpunkte sind Strategisches und Internationales Management, insbesondere in der Automobilindustrie, empirische Untersuchungen vor allem zur Automobilindustrie, Mitglied im „Program on Vehicle and Mobility Innovations (PVMI)" und in „The International Network of the Automobile (Gerpisa).

Prof. Dr. Matthias Brand, geb. 1975, Diplom in Psychologie 1999 an der Universität Koblenz-Landau, 2001 Promotion und 2005 Habilitation an der Universität Bielefeld. Seit 2009 ist er Professor für Allgemeine Psychologie: Kognition an der Universität Duisburg-Essen und Direktor des Erwin L. Hahn Institute for Magnetic Resonance Imaging in Essen. Er ist zudem wissenschaftlicher Leiter des Center for Behavioral Addiction Research (CeBAR) an der Universität Duisburg-Essen. Seit vielen Jahren beschäftigt er sich mit Fragen des menschlichen Entscheidungsverhaltens, insbesondere im Kontext von Störungen durch süchtiges Verhalten.

Prof. Dr.-Ing. Dieter Schramm, Studium der Mathematik und Promotion 1986 an der Universität Stuttgart, danach 18 Jahre in der Automobilindustrie bei den Firmen Bosch und Tyco Electronic tätig, u. a. als Entwicklungsleiter und Geschäftsführer. Seit 2004 Lehrstuhl für Mechatronik an der Universität Duisburg-Essen, seit 2006 Dekan der Fakultät für Ingenieurwissenschaften.

Autorenverzeichnis

Prof. Dr. Matthias Brand, Allgemeine Psychologie: Kognition, Universität Duisburg-Essen, Duisburg, Deutschland

Martin Brockmann, Allround Team GmbH, Köln, Deutschland

Abhinav Dhake, Ford-Werke GmbH, Aachen, Deutschland

Timo Günthner, Lehrstuhl für ABWL & Internationales Automobilmanagement, Universität Duisburg-Essen, Duisburg, Deutschland

Pia Immoor, Allround Team GmbH, Erftstadt, Deutschland

Josip Jovic, Lehrstuhl für ABWL & Internationales Automobilmanagement, Universität Duisburg-Essen, Duisburg, Deutschland

Dr. Magnus Liebherr, Universität Duisburg-Essen, Duisburg, Deutschland

Prof. Dr. Heike Proff, Lehrstuhl für ABWL & Internationales Automobilmanagement, Universität Duisburg-Essen, Duisburg, Deutschland

Prof. Dr.-Ing. Dieter Schramm, Lehrstuhl für Mechatronik, Universität Duisburg-Essen, Duisburg, Deutschland

Milan Schreiber, Allround Team GmbH, Köln, Deutschland

Stephan Schweig, Lehrstuhl für Mechatronik, Universität Duisburg-Essen, Duisburg, Deutschland

Dr.-Ing. Magnus Schäfer, HEAD acoustics GmbH, Herzogenrath, Deutschland

Dr.-Ing. Carsten Starke, Ford-Werke GmbH, Aachen, Deutschland

Sophia Wingen, Allround Team GmbH, Köln, Deutschland

Dr. Stefan Wolter, Ford-Werke GmbH, Aachen, Deutschland

Melanie Zerr, Universität Duisburg-Essen, Duisburg, Deutschland

Lukas Zeymer, Lehrstuhl für ABWL & Internationales Automobilmanagement, Universität Duisburg-Essen, Duisburg, Deutschland

Mobilität im Alter – Eine Einleitung

Heike Proff, Matthias Brand und Dieter Schramm

Inhaltsverzeichnis

Prof. Dr. Heike Proff, Prof. Dr. Matthias Brand, Prof. Dr.-Ing. Dieter Schramm, alle Universität Duisburg-Essen.

H. Proff (✉)
Lehrstuhl für ABWL & Internationales Automobilmanagement, Universität Duisburg-Essen, Duisburg, Deutschland
E-Mail: heike.proff@uni-due.de

M. Brand
Allgemeine Psychologie: Kognition, Universität Duisburg-Essen, Duisburg, Deutschland
E-Mail: matthias.brand@uni-due.de

D. Schramm
Lehrstuhl für Mechatronik, Universität Duisburg-Essen, Duisburg, Deutschland
E-Mail: dieter.schramm@uni-due.de

1

1   Problemstellung

Der demografische Wandel wird gerade in den Industrieländern immer deutlicher erkennbar. Einer aktuellen Hochrechnung des Statistischen Bundesamtes zufolge wird der Anteil an älteren Menschen (50 Jahre und älter) von 40 % 2009 auf voraussichtlich 46 % 2030 und bis zu 49 % 2060 zunehmen (Statistisches Bundesamt 2019).

Ältere Menschen sind mobil, so mobil wie nie zuvor (Schlag, 2013). Etwa 58 Mio. Menschen haben in Deutschland eine Fahrerlaubnis, 43 % davon sind 50 Jahre und älter (Kraftfahrt-Bundesamt, 2018). Für viele ältere Menschen erleichtert ein Auto Selbstständigkeit, Unabhängigkeit und gesellschaftliche Teilhabe (Whelan et al., 2006), was wiederum mit einer Erhöhung der Lebensqualität einhergeht (Engeln, 2001; Burghard, 2005).

Ältere Autofahrer[1] haben eher als Jüngere Probleme im Straßenverkehr, vor allem in komplexen Verkehrssituationen wie dem Linksabbiegen bei Gegenverkehr, dem Einfädeln und Spurwechseln auf Autobahnen mit hoher Geschwindigkeit (Chandraratna & Stamatiadis, 2003). Zusätzlich zeigen ältere Verkehrsteilnehmende erhöhte Beeinträchtigungen durch visuelle Veränderungen wie bspw. Nebel, Regen oder Dämmerung (z. B. McGwin Jr. et al., 2000; Gruber et al., 2013). Neben physiologischen Veränderungen (z. B. Verschlechterung der visuellen Fähigkeit) spielen im Speziellen neuropsychologische Veränderungen innerhalb kognitiver Domänen eine übergeordnete Rolle in der Erklärung altersassoziierter Einschränkungen in der Fahrperformanz. Im Alterungsprozess eines gesunden Menschen bleiben zwar eine Reihe kognitiver Fähigkeiten erhalten, wie etwa die kristalline Intelligenz, d. h. semantisches Wissen und „Altersweisheit", spezifische kognitive Funktionen erfahren jedoch eine altersassoziierte Leistungsminderung (Brand & Markowitsch, 2010; Markowitsch et al., 2005). Diese betreffen insbesondere Gedächtnisleistungen und die sogenannten exekutiven Funktionen wie die zielgerichtete Unterdrückung von Handlungstendenzen, die kognitive Flexibilität, die Planung, das Arbeitsgedächtnis, sowie die Auswahl von Strategien, welche wiederum mit dem erfolgreichen Führen eines Fahrzeugs in Verbindung gebracht werden (Reuter-Lorenz & Sylvester, 2005; Uekermann et al., 2006; Ashendorf & McCaffrey, 2008; Hodzik & Lemaire, 2011). Auf Hirnebene zeigen sich altersassoziierte strukturelle und funktionelle Minderungen (zunächst) vorrangig im Bereich des Stirnhirns und in der Hippocampusformation, die als neurales Korrelat der Einbußen kognitiver Leistungen im Alter erachtet werden (Fjell & Walhovd, 2010).

---

[1]In diesem Artikel wird statt von „Autofahrerinnen und Autofahrern" verkürzt von „Autofahrern" gesprochen.

Abb. 1 Aufgabe des Projektes: Erhöhung der objektiven Sicherheit im Straßenverkehr für alle Verkehrsteilnehmer durch geeignete Assistenzsysteme. (Quelle: eigener Entwurf, Zeichnung Pedro Ribeiro Ferreira)

Neben einer altersbedingten Abnahme kognitiver Leistungen sinken durchschnittlich auch visuelle Fähigkeiten, was deutlich das Führen von Fahrzeugen beeinträchtigen kann (Davidse, 2007). Dies betrifft weniger die reine Sehschärfe, die auch bei älteren Fahrern in der Regel ausreicht und deren Nachlassen meist erst in sehr hohem Alter kritisch wird, als vielmehr die dynamische Sehleistung, die Erfassung von Bewegungen, die Nachtsichtfähigkeit, die Weite des Sichtfeldes sowie die Blend- und Kontrastempfindlichkeit (Fisk et al., 2009). Auch die motorischen Fähigkeiten nehmen mit dem Alter ab. Eine schlechtere Gelenkbeweglichkeit, wie z. B. eine geschwächte Nackenbeweglichkeit führt dazu, dass ein eingeschränktes Sehfeld bei älteren Fahrenden entsteht (MoPact, 2014).

Damit gibt es eine Gruppe älterer Fahrer, die noch aktiv am Straßenverkehr teilnehmen und deren kognitive und/oder physiologischen Leistungen so stark gemindert sind, dass ein sicheres Fahren gefährdet ist (vgl. ebd.). Deshalb ist es Aufgabe der Wissenschaft und der Industrie, durch geeignete technische Maßnahmen und Assistenzsysteme die objektive Sicherheit und Selbstständigkeit im Straßenverkehr für alle Verkehrsteilnehmer zu erhöhen (Abb. 1). Diese Systeme ermöglichen einen Ausgleich der gegenüber jüngeren Fahrern beeinträchtigten Informationsaufnahme und -verarbeitung und gewährleisten den älteren Menschen eine aktive Teilnahme am motorisierten Individualverkehr unter Berücksichtigung des Sicherheitsbedürfnisses (Kubitzki, 2013).

Technologien sind bereits vorhanden; es gibt hochentwickelte Fahrerassistenzsysteme, die älteren wie jüngeren Fahrern helfen (Wild, 2014) und ständig verbessert werden. Zu solchen Fahrerassistenzsystemen zählen teilautomatisierte Systeme, wie Fahrgeschwindigkeits- und Abstandsregelungssysteme bzw. Adaptive Cruise Control (ACC), Spurhalteassistent, Notbrems- und Warnsysteme z. B. vor Hindernissen und Einparkhilfen. Sie werden als Schritte der digitalen Transformation zum autonomen Fahren gesehen (d. h. bis zu Level 5 „kein Fahrer") und ermöglichen heute Level 2 (Abb. 2).

Ältere Menschen sind durchweg in der Lage und überwiegend auch bereit, für Produkte, die die Sicherheit erhöhen, einen Aufpreis zu bezahlen (Wild, 2014). Sie gehören zu den zahlungskräftigsten Bevölkerungsgruppen. Nach Untersuchungen und Studien von Bund und Land sind die Lebensbedingungen finanziell relativ günstig. Tab. 1 differenziert das monatliche Haushalts-Nettoeinkommen nach Altersgruppen.

Nicht nur das Einkommen, auch wichtige Ereignisse im Leben beeinflussen das Kaufverhalten, sodass sich das Alter nicht linear auf die Bedürfnisse und den Bedarf an Fahrerassistenzsystemen auswirken dürfte. Dies zeigen Lebensverlauf-Untersuchungen kritischer Lebensereignisse (vgl. z. B. Hjelmar, 2011). Dazu zählen in der Regel altersabhängige Ereignisse wie Studium, Berufseinstieg, Familiengründung und Ende der beruflichen Tätigkeit, aber auch nicht altersabhängige Ereignisse wie Arbeitslosigkeit, lebensbedrohliche Krankheiten, der Tod von Angehörigen oder des Partners (z. B. Elder, 1994; Müggenburg et al.,

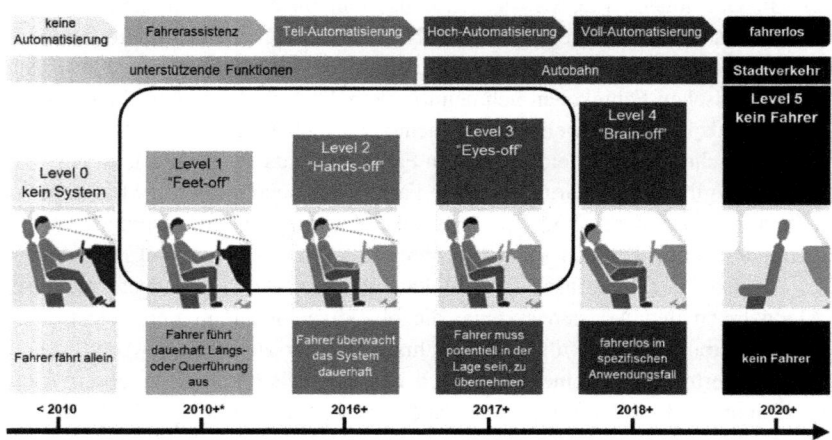

Abb. 2 Fahrerassistenzsysteme auf dem Weg zum autonomen Fahren. (Quelle: nach VDA, 2015)

Tab. 1 Monatliche Nettoeinkommen in unterschiedlichen Altersgruppen (in Mio.). (Quelle: Statistisches Bundesamt, 2018)

		Bevölkerungszahl (in Mio. in Deutschland)	durchschnittliches monatliches Nettoeinkommen pro Haushalt in Euro (2017)
	55-65	11,0	3.317
Alters-	65-70	4.0	2.669
gruppen	70-80	8,5	2.534
	über 80	4,5	2.367

2015; Uteng et al., 2019). Erste Untersuchungen bestätigen die Annahme, dass das Alter, aber auch kritische Lebensereignisse im Alter die Zahlungsbereitschaft beeinflussen. King, Jr. et al., (2005) belegen z. B., dass ältere Menschen mit steigendem Einkommen eher bereit sind, für eine bessere Mobilität mehr zu zahlen.

Obwohl viele ältere Menschen Fahrerassistenzsysteme benötigen, insbesondere wenn kritische Lebensereignisse den Bedarf verstärken und die Kaufkraft vorhanden ist, bleibt auf dem potenziell sehr aufnahmefähigen „Silver Market" (z. B. Kohlbacher & Herstatt, 2011; Klimczuk, 2016) die Nachfrage nach Fahrerassistenzsystemen weit hinter den Erwartungen der Hersteller und Zulieferer zurück (Winner & Schopper, 2015).

Dies kann möglicherweise damit erklärt werden, dass die eingebauten und angebotenen Fahrerassistenzsysteme noch zu wenig auf den Bedarf älterer Menschen ausgerichtet werden. Es kann aber auch sein, dass Betroffene zu wenig informiert sind, wie ihnen geholfen werden kann. Da systematische Untersuchungen fehlen, welche Fahrerassistenzsysteme entwickelt werden müssen, damit ältere Menschen sie akzeptieren und nutzen und die Verkehrssicherheit verbessert wird (Pelizäus-Hoffmeister, 2013, Hartwich, 2017), werden altersgerechte Assistenzsysteme von den Automobilherstellen und -zulieferern bisher kaum explizit und offensiv angeboten. Sie werden häufig bei Sonderausstattungen gar nicht genannt oder herausgestellt.

Es ist deshalb notwendig, zur Vermeidung von Unfällen und Beeinträchtigungen altersgerechte Fahrzeug- und Sicherheitskonzepte zu entwickeln und deren Eignung für ältere Fahrer zu prüfen, die oft nur eine relativ geringe Technikaffinität haben und auf schlecht definierte und umgesetzte Systeme sensibler als Jüngere reagieren (Davidse, 2007).

2   Zielsetzung und Gang der Untersuchung

Angesichts der bislang geringen Nachfrage nach Fahrerassistenzsystemen durch ältere Menschen, wurde im Frühjahr 2017 das Projekt ALFASY (**Al**tersgerechte **Fa**hrerassistenz**sy**steme) mit dem Ziel begonnen, eine akustische Mensch-Maschine Schnittstelle zu einer Auswahl an Assistenzsystem zu entwickeln, aufzubauen und zu testen, das auf die Bedürfnisse der stetig wachsenden Gruppe der älteren Fahrerinnen und Fahrer (50 Jahre und älter) zugeschnitten ist und ins Produktportfolio der Automobilhersteller und -zulieferer betriebswirtschaftlich sinnvoll aufgenommen werden kann. Um dieses Ziel zu erreichen, arbeiteten im Projekt ALFASY neben drei Lehrstühlen der Universität Duisburg-Essen (Lehrstuhl Mechatronik, Lehrstuhl Allgemeine Psychologie: Kognition und Lehrstuhl für Allgemeine Betriebswirtschaftslehre & Internationales Automobilmanagement), ein Automobilhersteller (Ford-Werke GmbH), ein Zulieferer (HEAD acoustics GmbH) und ein Dienstleister (Allround Team GmbH) zusammen.

Wichtige Fragen bei der Entwicklung von Fahrerassistenzsystemen sind, wann sie aktiviert werden, wie sie mit dem Fahrer interagieren, wie zwischen Fahrer und Fahrerassistenzsystem (akustisch, optisch oder haptisch) kommuniziert wird und auch, wie die Aufmerksamkeit älterer Fahrer geweckt wird, ohne sie zu überfordern (Rudinger et al., 2013). Weil sich Fahrerassistenzsysteme auch negativ auswirken können, wenn sich die Fahrer zu sehr auf die Funktionsübernahme durch Assistenzsysteme verlassen oder wenn es insbesondere für ältere Fahrer zu einer „Reizüberflutung" kommt, werden z. B. im Umgang mit modernen Fahrzeugtechnologien Lernmöglichkeiten gefordert, die auch auf ältere Fahrer abgestellt sind und die Fertigkeiten und kognitiven Besonderheiten aller Altersgruppen berücksichtigen (EU, 2015). So lassen sich z. B. Anzeige- und Bediensysteme altersgerecht ausgestalten. Das führt zu einem Sicherheitsgewinn im Straßenverkehr, da der Stress sinkt und der Fahrer sich auf das eigentliche Verkehrsgeschehen konzentrieren kann.

Im Projekt ALFASY werden Fahrerassistenzsysteme zunächst daraufhin untersucht, wie Signale, Reize und Hinweise wahrgenommen, verarbeitet und für die Anpassung des Fahrverhaltens genutzt werden, sodass der Fahrer sehr schnell mit den vorhandenen Informationen über die Verkehrssituation Entscheidungen treffen kann. Dies erfordert kognitive Exekutivleistungen, die allgemein und insbesondere im pathologischen Alterungsprozess deutliche Einbußen erfahren. Die Kompensation dieser Einbußen soll durch das zu entwickelnde Assistenzsystem erfolgen.

Auf der Grundlage empirischer Daten sollten dann erstmalig ein Rahmenheft und darauf bezogen Modelle, die die Machbarkeit der Fahrerassistenzsysteme zeigen bzw. demonstrieren (Demonstratoren) sowie ein Prototyp eines

Fahrerassistenzsystems mit einer akustischen Mensch-Maschine Schnittstelle für ältere Fahrer mit kognitiven und physischen Leistungsminderungen entwickelt werden. Er wurde in einem Fahrsimulator und auf einer realen Teststrecke mit einer größeren Stichprobe älterer Fahrer verschiedener Altersgruppen getestet. Dazu mussten vor allem Warn- bzw. Hinweissignale in akustische Reize im Umgang mit potenziell kritischen Fahrsituationen übersetzt werden, die dem Bedarf der Zielgruppe entsprechen. Demonstratoren und Prototyp sollten ältere Fahrer in der Zeit zwischen Kognition und Entscheidung durch eine Schnittstelle unterstützen und zusätzliche Kosten und eine größere Komplexität durch die große Zahl von Varianten durch höhere Erlöse überkompensieren. Aus den Untersuchungsergebnissen sollen schließlich wirtschaftliche, psychologische, gestalterische und technische Implikationen für Wirtschaft und Wissenschaft abgeleitet und verwertet werden. Abb. 3 gibt einen Überblick über die Projektstruktur.

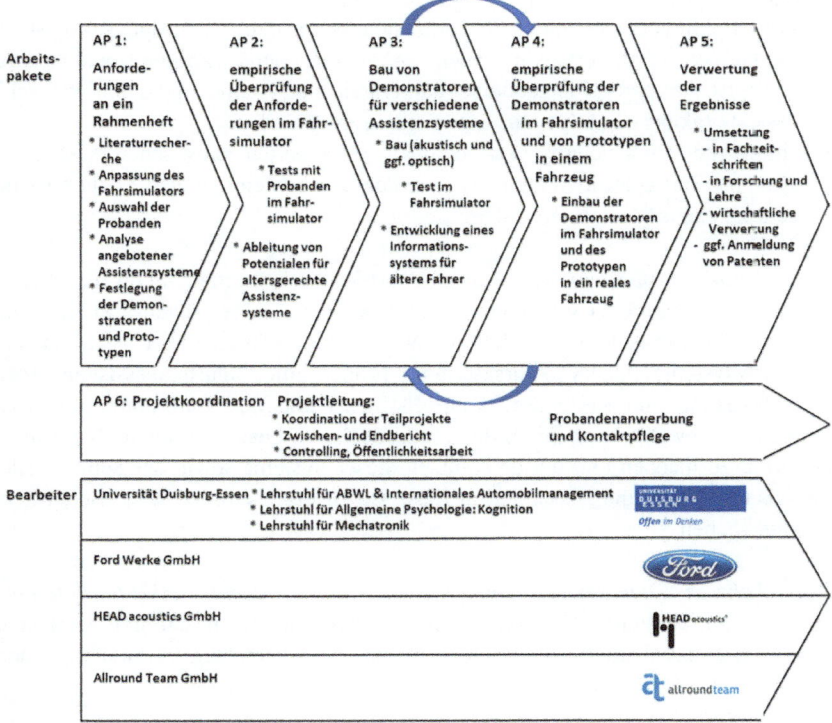

Abb. 3 Struktur des Projektes ALFASY. (Quelle: eigener Entwurf)

3   Aufbau des Buches

Dieses Buch informiert über wichtige Projektergebnisse der unterschiedlichen Arbeitspakete und bietet eine Zusammenfassung der Ergebnisse.

Kap. „*Ältere Autofahrer: Untersuchung und Stichprobe im Projekt ALFASY*" (Jovic, Günthner, Proff, Lehrstuhl für Allgemeine Betriebswirtschaftslehre & Internationales Automobilmanagement) stellt das Panel der Untersuchung von älteren Autofahrern vor: ein mehrstufiges Untersuchungsdesign mit

- einer Voruntersuchung der mehrstufiges Fahrtauglichkeit der Probanden, ihrer demografischen Merkmale (v. a. Alter), ihrer latenten und offenen Bedürfnisse (altersbedingte Einschränkungen und Unterstützungspotenziale) sowie ihres konkreten Bedarfs (z. B. Erfahrungen und Kundenwünsche zu Fahrerassistenzsystemen in Abhängigkeit vom Alter),
- zwei Hauptuntersuchungen im Fahrsimulator, in denen neurophysiologische Reaktionen, Fahrverhalten sowie Akzeptanz und Zahlungsbereitschaft zunächst für bereits angebotene Fahrerassistenzsysteme und dann für verbesserte (akustische) Systeme untersucht werden und
- eine dritte Untersuchung von nochmals verbesserten akustischen Assistenzsystemen mit einer kleineren, etwas anders zusammengesetzten Stichprobe in einem Fahrzeug auf einer Teststrecke.

Kap. „*Fahrerassistenzsysteme – ein Überblick*" (Schramm, Schweig, Lehrstuhl für Mechatronik) gibt einen Überblick über Fahrerassistenzsysteme und ihre künftige Entwicklung. Es beschreibt die im Projekt ALFASY verwendeten Assistenzsysteme (Querverkehrsassistent, Einparkhilfe, Spurhalteassistent, Totwinkelassistent und Reifendruckkontrollsystem) und ihre Funktionsweise. Sie wurden ausgewählt, um sie mithilfe akustischer Signale für ältere Menschen erfahrbar zu machen und um den Nutzen dieser Systeme sowie der Schnittstelle zwischen Mensch und Maschine für diese Bevölkerungsgruppe wissenschaftlich zu untersuchen.

Kap. „*Fahrerassistenzsysteme im Kontext altersgerechter HMI-Gestaltung*" (Brockmann, Schreiber, Wingen, Immoor, Allround Team GmbH) betrachtet Fahrerassistenzsysteme im Kontext einer altersgerechten Gestaltung der

Schnittstelle zwischen Mensch und Maschine (Human-Maschine Interface, HMI), weil eine schlechte Bedienbarkeit und Verständlichkeit der Benutzerschnittstelle ein Grund dafür sein kann, dass der Anteil älterer Fahrer, die tatsächlich Fahrerassistenzsysteme besitzen und benutzen bislang sehr gering ist (z. B. Trübswetter, 2015). Durch Auswertung von Studien soll herausgefunden werden, inwiefern bereits erhältliche Assistenzsysteme älteren Menschen nutzen und welche Probleme sie aufgrund altersbedingter Defizite beim Autofahren und bei der Interaktion mit Benutzerschnittstellen haben. Auf Basis dieser Analyse können Assistenzsysteme und Schnittstellen entworfen werden, die den Bedarf dieser Personengruppe berücksichtigen (Kupschick et al., 2019).

Kap. *„Bewertung der Leistungsfähigkeit akustischer Assistenzsysteme für ältere Fahrer"* bewertet noch spezieller die Leistungsfähigkeit akustischer Assistenzsysteme für ältere Menschen (Schäfer, HEAD acoustics GmbH), weil die Reaktionsgeschwindigkeit auf akustische Reize höher ist als auf visuelle und haptische Reize (z. B. Aditya et al., 2015). Dabei muss es ein wichtiges Optimierungsziel aller Assistenzsysteme sein, zeitkritische Information möglichst eindeutig zu vermitteln. Deshalb wird

- zunächst ein kurzer Überblick über die Lokalisation von Schallquellen aus technischer Sicht und aus menschlicher Wahrnehmung gegeben.
- Dann wird ein neues Mikrofonarray (Zusammenwirken mehrerer Mikrofone) vorgestellt, das es erlaubt, technischen Verfahren genau die Komponenten eines Schallfeldes zur Verfügung zu stellen, die auch ein menschlicher Zuhörer zur Lokalisation verwendet.
- Abschließend wird ein Verfahren beschrieben und in Hinblick auf seine Leistungsfähigkeit bewertet, das eine Lokalisation von Schallquellen mit Methoden des maschinellen Lernens durchführt und auch für andere Anwendungsfälle oder Nutzergruppen übernommen werden kann.

Kap. *„Fahrverhalten älterer Menschen im Fahrsimulator"* beschäftigt sich mit dem Fahrverhalten älterer Fahrer im Fahrsimulator (Schweig, Schramm, Lehrstuhl für Mechatronik):

- Zunächst werden der Aufbau des Simulators und die durchgeführten Versuche beschrieben sowie die Versuchsergebnisse kurz zusammengefasst.

- Anschließend wird gezeigt, dass die große Herausforderung sämtlicher Studien in einem Simulator die häufig auftretende Simulatorkrankheit (Kinetose) ist. Diese Krankheit wird auf die mangelnde Anpassung des menschlichen Körpers an ungewohnte Kombinationen sensorischer Reize und damit auch als Differenz z. B. zwischen optischen Reizen und der Beschleunigung zurückgeführt. Sie kann Kopfschmerzen, Schweiß, Mundtrockenheit, Schläfrigkeit, Desorientierung, Schwindel, Übelkeit oder/ und Erbrechen verursachen (Brooks et al. 2010) und zum Abbruch von Simulationsversuchen führen, bei Frauen stärker als bei Männern.
- Schließlich wird zur objektivierten Bewertung der Fahrleistung der Index of Performance (IOP) (Joshi et al., 2017) berechnet.

Im ALFASY Projekt wurde im Anschluss an die Untersuchungen im Fahrsimulator die dritte Hauptuntersuchung in einem Realfahrzeug durchgeführt (Wolter, Dhake, Starke, Ford-Werke GmbH, Kap. *„Durchführung der Realfahrtstudien – Testfahrzeug und Versuchsaufbau in t2"*). Ziel dieser Untersuchung war es, die einzelnen (akustischen) Fahrerassistenzsysteme unter realen Fahrbedingungen zu testen. Hierzu wurde ein Testfahrzeug entsprechend umgebaut.

Kap. *„Neuropsychologische und -physiologische Korrelate des Fahrverhaltens älterer Fahrer innerhalb simulierter Umgebungen"* betrachtet neuropsychologische und -physiologische Korrelate des Fahrverhaltens älterer Fahrer innerhalb simulierter Umgebungen (Liebherr, Zerr, Brand, Lehrstuhl für Allgemeine Psychologie: Kognition). Fahrsimulatoren bieten eine gute Möglichkeit, potenzielle Einfluss- und Interaktionseffekte auf die Fahrleistung zu untersuchen (hoch standardisiert, kosten- und zeiteffizient sowie frei von Unfällen oder Verletzungen). Aufgrund der Unterschiede zwischen realer und simulierter Fahrt treten allerdings häufig Probleme auf wie die Simulatorkrankheit und eine unzureichende Anpassung an den Simulator (Brooks et al., 2010), die die Fahrleistung der Probanden beeinflussen können. Diese Aspekte werden auf Grundlage von drei Untersuchungen angesprochen und Ergebnisse zu den Themen

- kognitive Fähigkeiten, Simulatoradaptation bzw. -reaktion und Simulatorkrankheit,
- Stressreaktionen im Simulator, sowie
- Aufmerksamkeit und Fahrverhalten

beschrieben, jeweils unter Berücksichtigung des Alters der Probanden.

Kap. „*Marktpotenziale älterer Fahrer Zahlungsbereitschaft und Akzeptanz alters-gerechter Fahrerassistenzsysteme*" (Günthner, Zeymer, Proff und Jovic, Lehrstuhl für ABWL & Internationales Automobilmanagement) fasst die Ergebnisse der Untersuchung zu Akzeptanz und Zahlungsbereitschaft älterer Menschen zusammen. Dafür werden zunächst wichtige Ergebnisse der bisherigen Forschung vorgestellt, aber auch Erklärungen für die Zahlungsbereitschaft und die Akzeptanz von Fahrerassistenzsystemen für ältere Menschen sowie für den Einfluss kritischer Lebensereignisse gesucht. Dann werden Untersuchungskonzept und Untersuchungsergebnisse der ersten Hauptuntersuchung zur Zahlungsbereitschaft für die angebotenen Fahrerassistenzsysteme und zur Akzeptanz vorgestellt und mit den Ergebnissen der zweiten Hauptuntersuchung zu verbesserten akustischen Fahrerassistenzsystemen verglichen. Die Ergebnisse der dritten Hauptuntersuchung nach einer Fahrt auf einer Teststrecke werden nur kurz genannt, weil die Stichprobe relativ klein und mit den Untersuchungen zuvor kaum vergleichbar ist. Daraus lassen sich dann vertiefte Einsichten in das Marktpotenzial älterer Fahrer ableiten.

In Kap. „*Altersgerechte Fahrerassistenzsysteme: Technische, psychologische und betriebswirtschaftliche Aspekte – Eine Zusammenfassung*" fassen die Herausgeber Proff, Brand und Schramm wichtige Erkenntnisse aus dem ALFASY-Projekt zusammen.

Literatur

Aditya, J., Bansal, R., Kumar, A. & Singh, K. (2015). A comparative study of visual and auditory reaction times on the basis of gender and physical activity levels of medical first year students. *International Journal of Applied and Basic Medical Research, 5*(2), 124–127.

Ashendorf, L., & McCaffrey, R. J. (2008). Exploring age-related decline on the Wisconsin Card Sorting Test. *Clinical Neuropsychologist. 22*, 262–272. https://doi.org/10.1080/13854040701218436

Brand, M., Markowitsch, H.J. (2010). Aging and decision-making: A neurocognitive perspective. *Gerontology, 56*(3), 319–324.

Brooks, J.O., Goodenough, R R., Crisler, M.C., Klein, N.D., Alley, R.L., Koon, B.L., & Wills, R.F. (2010). Simulator sickness during driving simulation studies. *Accident Analysis & Prevention, 42*(3), 788–796.

Burghard, E. (2005). *Fahrkompetenz im Alter – Die Aussagekraft diagnostischer Instrumente bei Senioren und neurologischen Patienten*. München (= Dissertation, Ludwig-Maximilian-Universität München).

Chandraratna, S., & Stamatiadis, N. (2003). Problem driving maneuvers of elderly drivers. *Transportation Research Record, 1843*(1), 89–95.

Davidse, R. (2007): *Assisting the older driver. Intersection design and in-car devices to improve the safety of the older driver*. Leidschendam, NL: SWOV-Dissertatiereeks.

Elder, G. H. (1994). Time, human agency and social change: Perspectives on the life course. *Social psycology quarterly, 57*(1), 4–15.

Engeln, A. (2001). *Aktivität und Mobilität im Alternsprozess*. Aachen: Shaker.

EU (2015). *People in the EU: who are we and how do we live?* 2015 edition. Luxembourg: eurostat. Statistical Books.

Fiell, A. M., & Walhovd, K. B. (2010). Structural brain changes in aging: courses, causes and cognitive consequences. *Reviews in the Neuroscience, 21*, 187–221. https://doi.org/10.1515/revneuro.2010.21.3.187

Fisk, A.D., Rogers, W.A., Charness, N., Czaja, S.J., &Sharit, J. (2009). *Designing for older adults: principles and creative human factors approaches*, 2. Auflage, Boca Raton: CRC Press.

Gruber, N., Mosimann, U. P., Müri, R. M., & Nef, T. (2013). Vision and night driving abilities of elderly drivers. *Traffic injury prevention, 14*(5), 477–485.

Hartwich, F. (2017). Supporting older drivers through emerging in-vehicle technologies: Performance-related aspects and user acceptance. (=Dissertation, Technische Universität Chemnitz).

Hjelmar, U. (2011). Consumers' purchase of organic food products. A matter of convenience and reflexive practices. *Appetite, 56*(2), 336–344.

Hodzik, S., & Lemaire, P. (2011). Inhibition and shifting capacities mediate adults' age-related differences in strategy selection and repertoire. *Acta Psychologica, 137*, 335–344. https://doi.org/10.1016/j.actpsy.2011.04.002

Joshi, S. S., Maas, N., & Schramm, D. (2017). A vehicle dynamics based algorithm for driver evaluation. In *11th International Conference on intelligent Systems and Control (ISCO)*, S. 5, Karpagam College of Engineering Myleripalayam, Coimbatore, India.

King, J.T. Jr., Tsevat, J., Lave, J.R., & Roberts, M.S. (2005). Willingness to pay for a quality-adjusted life year: Implications for societal health care resource allocation. *Medical Decision Making, 25*(6), 667–677.

Klimczuk, A. (2016). Comparative analysis of national and regional models of the silver economy in the European Union. *International Journal of Ageing and Later Life, 10*(2), 31–59.

Kohlbacher, F., & Herstatt, C. (Hrsg.). (2011). *The silver market phenomenon. Marketing and innovation in the aging society*. Berlin: Springer.

Kraftfahrt-Bundesamt (2018). Bestand an allgemeinen Fahrerlaubnissen im ZFER am 1. Januar 2018 nach Geschlecht, Lebensalter und Fahrerlaubnisklassen. (=Abgerufen am 10.03.2020 von https://www.kba.de/DE/Statistik/Kraftfahrer/Fahrerlaubnisse/Fahrerlaubnisbestand/2018/2018_fe_b_geschlecht_alter_fahrerlaubniskl.html?nn=2218648).

Kubitzki, J. (2013). *Sicherheit und Mobilität älterer Verkehrsteilnehmer*. Fachtagung zum Verkehrssicherheitsprogramm des Landes Brandenburg. (=Abgerufen am 10.03.2020 von https://www.iges.com/sites/iges.de/myzms/content/e2856/e4186/e4668/e8405/e8384/e8385/attr_objs8392/130307_IGES_Verkehrssicherheit_Workshop_3_Kubitzki_ger.pdf).

Kupschick, S., Bürgelen, J., Jürgensohn, T., & Protzak, J. (2019). *Erhöhung der Verkehrssicherheit älterer Kraftfahrer durch Verbesserung ihrer visuellen Aufmerksamkeit mittels "Sehfeldassistent"*. (=Berichte der Bundesanstalt für Straßenwesen. Unterreihe Fahrzeugtechnik, 127).

Markowitsch, H. J., Brand, M., & Reinkemeier, M. (2005). Neuropsychologische Aspekte des Alterns. In: S.-H. Filipp, U. M. Staudinger (Hrsg.): *Entwicklungspsychologie des mittleren und höheren Erwachsenenalters*. Göttingen: Hogrefe, S. 79–122.

McGwin Jr, G., Chapman, V., & Owsley, C. (2000). Visual risk factors for driving difficulty among older drivers. *Accident Analysis & Prevention, 32*(6), 735–744.

MoPact (2014). *Mobilising the potential of active ageing in Europe.* (=Abgerufen am 09.03.2020 von http://mopact.group.shef.ac.uk/)

Müggenburg, H., Busch-Geertsema, A., & Lanzendorf, M. (2015). Mobility biographies: A review of achievements and challenges of the mobility biographies approach and a framework for further research. *Journal of Transport Geography*, 46, 151–163.

Pelizäus-Hoffmeister, H. (2013). *Zur Bedeutung von Technik im Alltag Älterer. Theorie und Empirie aus soziologischer Perspektive.* Wiesbaden: Springer.

Reuter-Lorenz, P. A., & Sylvester, C.-Y. (2005). The cognitive neuroscience of working memory and aging. In: R. Cabeza, L. Nyberg, D. Park (Hrsg.), *Cognitive Neuroscience of Aging.* Oxford: Oxford University Press.

Rudinger, G. (2013). *Ältere Verkehrsteilnehmer: Gefährdet oder gefährlich? Defizite, Kompensationsmechanismen und Präventionsmöglichkeiten.* (=Präsentation 18.4. 2013, Wissenschaftszentrum Bonn).

Schlag, B. (2013). Persönliche Veränderungen der Mobilität und der Leistungsfähigkeit im Alter. In: B. Schlag, K. J. Beckmann (Hrsg.): *Mobilität und demografische Entwicklung*, Köln: TÜV Media, S. 119–143. (=Schriftenreihe Mobilität und Alter der Eugen-Otto-Butz-Stiftung, Bd. 7).

Statistisches Bundesamt (destatis) (2018). *Wirtschaftsrechnungen Laufende Wirtschaftsrechnungen Einkommen, Einnahmen und Ausgaben privater Haushalte.* Wiesbaden. (=Fachserie 15 Reihe 1).

Statistisches Bundesamt (2019). *Bevölkerung Deutschlands bis 2060: Ergebnisse der 14. koordinierten Bevölkerungsvorausberechnung – Hauptvarianten 1 bis 9.* Wiesbaden.

Trübswetter, N., & Bengler, K. (2013). *Why should I use ADAS? Advanced driver assistance systems and the elderly: Knowledge, experience and usage Barriers.* In: Proceedings of the 7th International Driving Symposium on Human Factors in Driver Assessment, Training, and Vehicle Design, University of Iowa, Iowa City, 495–501.

Uekermann, J., Channon, S., & Daum, I. (2006). Humor processing, mentalizing, and executive function in normal aging. *Journal of International Neuropsychological Society,* 12, 184–911. https://doi.org/10.1017/s1355617706060280

Uteng, T. P., Julsrud, T.E., & George, C. (2019). The role of life events and context in type of car share uptake: Comparing users of peer-to-peer and cooperative programs in Oslo, Norway. *Transportation Research Part D*, 71, 186–206.

VDA (Verband der Automobilindustrie) (2015). *Automatisierung – Von Fahrerassistenzsystemen zum automatisierten Fahren.* Berlin.

Whelan, M., Langford, J., Oxley, J., Koppel, S., & Charlton, J. (2006). *The elderly and mobility: A review of the literature.* (=Monash University, Accident Research Center, Report 225).

Wild, A. (2014). Zwischen Wunsch und Wirklichkeit: Fahrerassistenzsysteme für ältere Autofahrer. *Zeitschrift für die gesamte Wertschöpfungskette Automobil*, 17(1), 58–63.

Winner, H., & Schopper, M. (2015). Adaptive cruise control. In *H. Winner/S. Hakuli, G./ Wolf (eds.): Handbuch Fahrerassistenzsysteme – Grundlagen, Komponenten und Systeme für aktive Sicherheit und Komfort.* Wiesbaden, Vieweg+Teubner: 851–891.

Ältere Autofahrer: Untersuchung und Stichprobe im Projekt ALFASY

Josip Jovic, Timo Günthner und Heike Proff

Inhaltsverzeichnis

Um im Projekt „Altersgerechte Fahrerassistenzsysteme" (ALFASY) ein akustisches Fahrerassistenzsystem iterativ entwickeln, aufbauen und testen zu können, das auf die Bedürfnisse der stetig wachsenden Gruppe älterer Fahrerinnen und Fahrer (50 Jahre und älter) zugeschnitten ist und ins Produktportfolio der Automobilhersteller und -zulieferer aufgenommen werden kann, war eine breite empirische Basis wichtig. Es mussten ausreichend Probanden für die

Josip Jovic, M.Sc., Timo Günthner, M.Sc., Prof. Dr. Heike Proff, alle Universität Duisburg-Essen.

J. Jovic · T. Günthner · H. Proff (✉)
Lehrstuhl für ABWL & Internationales Automobilmanagement,
Universität Duisburg-Essen, Duisburg, Deutschland
E-Mail: heike.proff@uni-due.de

J. Jovic
E-Mail: josip.jovic@uni-due.de

T. Günthner
E-Mail: timo.guenthner@uni-due.de

Längsschnittuntersuchung gewonnen werden, die in eine Voruntersuchung sowie in drei aufeinanderfolgende Hauptuntersuchungen aufgeteilt wurde (vgl. Abb. 1). In diesem Kapitel werden nach einem kurzen Überblick über das Untersuchungsdesign (Abschn. 1) wichtige Merkmale der ersten Stichprobe mit 381 älteren Fahrern im Vergleich mit 58 jüngeren Fahrern einer Vergleichsgruppe beschrieben,[1] die an der Voruntersuchung teilgenommen haben. Dies sind zunächst demografische Merkmale wie Alter, Geschlecht, Nettoeinkommen und die Fahrleistung (Abschn. 2). Weitere Merkmale geben Hinweise auf latente und offene Bedürfnisse (altersbedingte Einschränkungen und Unterstützungspotenziale) sowie auf den konkreten Bedarf, das Produktwissen, Erfahrungen, Erwartungen und Kundenwünsche zu Fahrerassistenzsystemen in Abhängigkeit vom Alter (Abschn. 3). In Abschn. 4 wird gezeigt, wie sich die Stichprobe bei den nachfolgenden Hauptuntersuchungen verändert hat, bevor in Abschn. 5 die Untersuchungsergebnisse zusammengefasst werden.

1   Untersuchungsdesign

Im Projekt ALFASY sollten bisher angebotene und verbesserte akustische Fahrerassistenzsysteme bei älteren Autofahrern im Vergleich mit einer Vergleichsgruppe jüngerer Fahrer getestet werden: zunächst mehrfach im Fahrsimulator, zuletzt in einem Fahrzeug auf einer Teststrecke.

Aufgrund des teilweise hohen Alters der Probanden war eine Abfrage von Vorerkrankungen z. B. akuter Herz-Kreislaufprobleme erforderlich, um Personen mit kritischen Erkrankungen wie Epilepsie, Demenz und Parkinson von den Tests auszuschließen. Blutdruck, Puls und Sauerstoffsättigung wurden gemessen, um ein Bild des Gesundheitszustandes zu erhalten. In der Voruntersuchung wurden auch Reaktionen im Fahrsimulator (vgl. Kap. „Fahrverhalten älterer Menschen im Fahrsimulator" zum Fahrverhalten älterer Menschen) getestet, da bei empirischen Untersuchungen im Fahrsimulator mit der sogenannten „Simulatorkrankheit" (Simulator Sickness) gerechnet werden musste, die zu Kopfschmerzen, Benommenheit, Orientierungsverlust, Schwindel oder Übelkeit und damit zu einem Abbruch der Tests führen kann, weil den Probanden eine Bewegung vorgetäuscht wird, obwohl sie sich tatsächlich nicht bewegen. Studien belegen, dass ältere Menschen häufiger von der „Simulatorkrankheit" betroffen sind als jüngere

---

[1]In diesem Artikel wird statt von „Autofahrerinnen und Autofahrern" verkürzt von „Autofahrern" gesprochen.

Menschen (Brooks et al. 2010; Roenker et al. 2003; Schweig et al. 2018). Damit wie geplant 150 ältere Fahrer auch an den ersten beiden Hauptuntersuchungen im Simulator teilnehmen konnten, wurden für die Längsschnittuntersuchung 381 ältere Probanden angeworben (vg. Abb. 1).

Bei 181 der 381 älteren Probanden und 46 der 68 jüngeren Probanden wurden in der ersten Hauptuntersuchung Mitte 2018 auf dem Markt angebotene Fahrerassistenzsysteme (vgl. Kap. „Fahrerassistenzsysteme – ein Überblick") im Fahrsimulator untersucht (vgl. ebenfalls Kap. „Fahrverhalten älterer Menschen im Fahrsimulator"), weitere psychologische Test durchgeführt (vgl. Kap. „Neuropsychologische und -physiologische Korrelate des Fahrverhaltens älterer Fahrer innerhalb simulierter Umgebungen") sowie Akzeptanz und Zahlungsbereitschaft zur Abschätzung der Marktpotenziale von altersgerechten Fahrerassistenzsystemen abgefragt (vgl. Kap. „Marktpotenziale älterer Fahrer Zahlungsbereitschaft und Akzeptanz altersgerechter Fahrerassistenzsysteme").

151 der älteren und 31 der jüngeren Probanden waren auch zur Teilnahme an der zweiten Hauptuntersuchung Ende 2018 und Anfang 2019 bereit. Mit ihnen wurden speziell für ältere Fahrer akustisch verbesserte Fahrerassistenzsysteme (vgl. Kap. „Fahrerassistenzsysteme im Kontext altersgerechter HMI-Gestaltung" und „5Bewertung der Leistungsfähigkeit akustischer Assistenzsysteme für ältere Fahrer") getestet, insbesondere die Mensch-Maschine-Schnittstelle. Die Probanden wurden in vier Gruppen aufgeteilt, um unterschiedliche

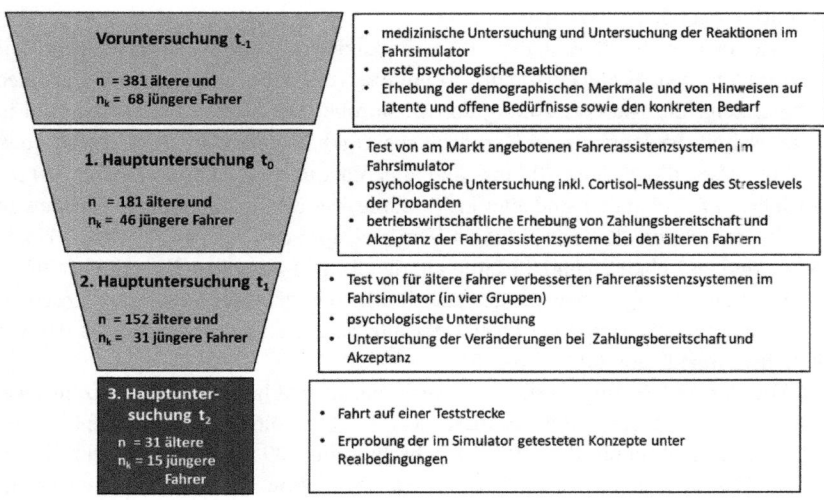

Abb. 1 Untersuchungsdesign

Ausprägungen der verbesserten Assistenzsysteme zu testen. Darüber hinaus wurden wirtschaftliche und psychologische Fragen gestellt (Kap. „Neuropsychologische und -physiologische Korrelate des Fahrverhaltens älterer Fahrer innerhalb simulierter Umgebungen" und „Marktpotenziale älterer Fahrer Zahlungsbereitschaft und Akzeptanz altersgerechter Fahrerassistenzsysteme").

In der dritten Untersuchung im Herbst 2019 wurden die für die zweite Hauptuntersuchung verbesserten akustischen Assistenzsysteme mit 31 älteren und 15 jüngeren Autofahrern in einem Fahrzeug auf einer Teststrecke (vgl. Kap. „Durchführung der Realfahrtstudien – Testfahrzeug und Versuchsaufbau in t2") getestet. Wegen der räumlichen Entfernung der Teststrecke konnten nicht mehr nur Probanden der Voruntersuchung teilnehmen (vgl. Abschn. 4). Auch diese Untersuchung wurde für die Praxispartner durch ausgewählte wirtschaftliche Fragen ergänzt. Die Ergebnisse lassen sich jedoch nicht mit denen der beiden ersten Hauptuntersuchungen vergleichen (Abb. 1).

2   Voruntersuchung – demografische Merkmale älterer Probanden

In der Voruntersuchung (September 2017 bis Januar 2018) wurden zunächst demografische Merkmale der älteren Probanden Fahrer ermittelt: Alter, Geschlecht, Bildungsabschluss und monatliches Nettoeinkommen sowie durchschnittlich gefahrene Kilometer.

Wie bereits erwähnt, haben 449 Probanden an dieser Untersuchung teilgenommen, 381 ältere Personen (50 Jahre und älter) und 68 jüngere Personen. Abb. 2 zeigt die Altersverteilung der Stichprobe. Die älteren Probanden sind im Durchschnitt 65 Jahre alt, 31 % zwischen 50 und 59 Jahren alt, 40 % zwischen 60 und 69 Jahre, die übrigen 70 Jahre und älter, davon ist die Hälfte zwischen 70 und 74 Jahre. 17 Probanden sind älter als 80 Jahre, der älteste Teilnehmer 92 Jahre alt. Das Durchschnittsalter der jüngeren Vergleichsgruppe liegt bei 29 Jahren. Knapp 60 % sind zwischen 20 und 39 Jahre alt, die übrigen zwischen 30 und 49 Jahre.

In allen Altersgruppen ist der Anteil Männer deutlich höher. In der Untersuchungsgruppe waren zwei Drittel der älteren Probanden männlich, in der Vergleichsgruppe knapp 60 % (Abb. 3).

Von den 381 Befragten der Untersuchungsgruppe haben sieben Prozent einen Hauptschulabschluss, 13 % mittlere Reife, 20 % eine abgeschlossene Lehre, 11 % Fachhochschulreife, 10 % Hochschulreife, 39 % Fachhochschul-/Hochschulabschluss, davon zwei Prozent mit Promotion. In der Vergleichsgruppe (jüngere Autofahrerinnen und Fahrer) haben deutlich mehr Hochschulreife (38 %) (Abb. 4).

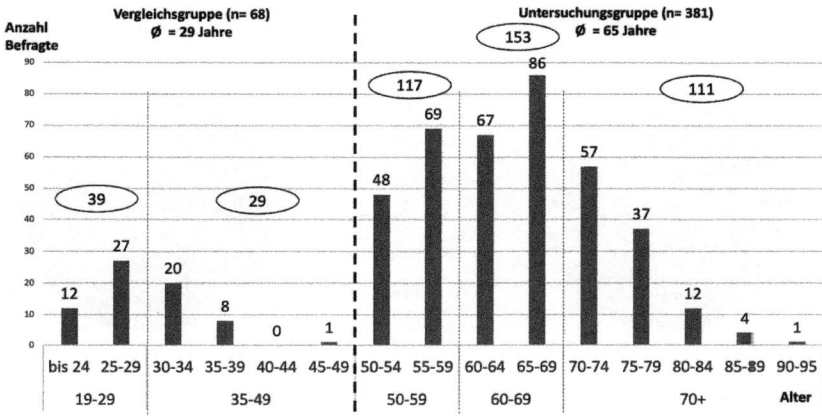

Abb. 2 Altersverteilung der Stichprobe (n = 449)

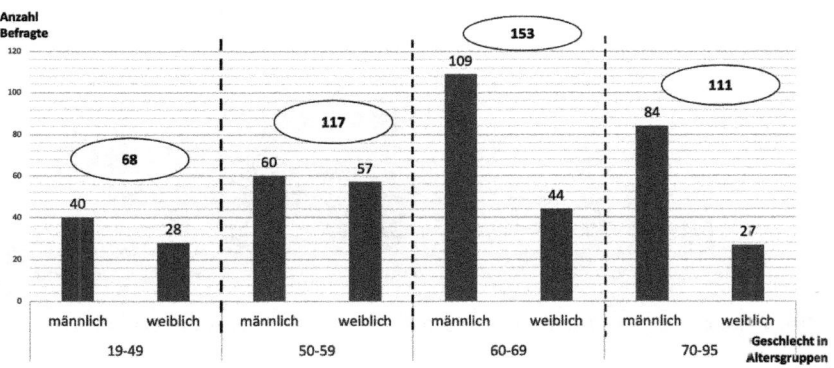

Abb. 3 Geschlechtsverteilung nach Altersgruppen in der Voruntersuchung (n = 449)

Abb. 5 zeigt, dass das Nettoeinkommen in der Stichprobe (n_{ges} = 449) und der über 50-jährigen Probanden (n = 381) mit zunehmendem Alter ansteigt: von 1000 bis 2000 EUR im Alter zwischen 20 und 49 Jahren über 2000 bis 3000 EUR in der Altersgruppe zwischen 50 und 59 Jahre, bis etwa 3000 EUR in der Altersgruppe der 60 bis 69- Jährigen und der noch älteren.

Die durchschnittliche Fahrleistung aller Befragten liegt zwischen 21 und 50 km pro Tag. Die 50- bis 59-Jährigen fahren etwas mehr als Befragte der anderen Altersgruppen. Mit steigendem Alter nehmen die täglich gefahrenen Kilometer ab (vgl. Abb. 6).

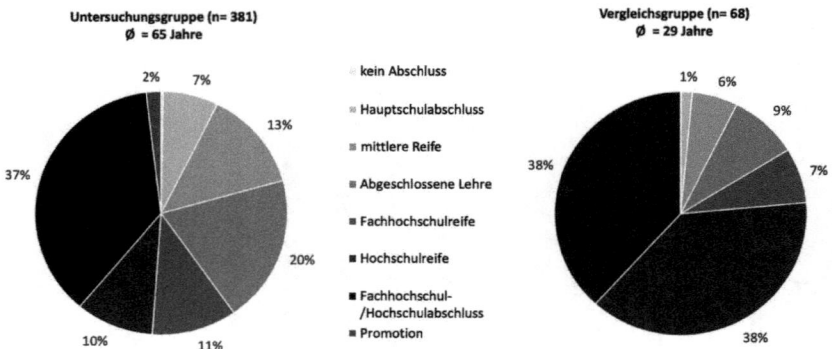

Abb. 4 Verteilung der Bildungsabschlüsse in der Voruntersuchung (n = 449)

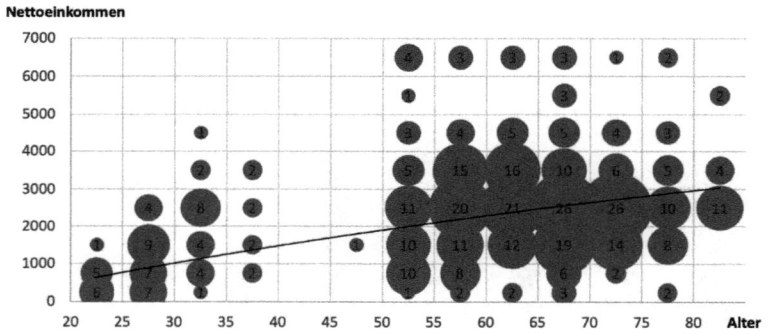

Abb. 5 Monatliches Nettoeinkommen nach Alter in der Voruntersuchung (n = 449)

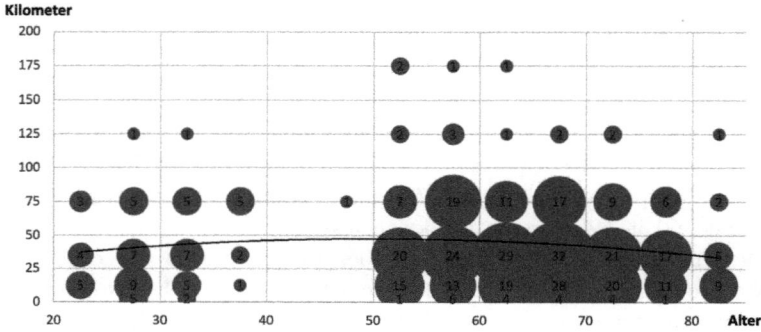

Abb. 6 Durchschnittliche gefahrene Kilometer nach Alter in der Voruntersuchung (n = 449)

3   Hinweise auf offene und latente Bedürfnisse der Probanden

In Kap. „Mobilität im Alter - Eine Einleitung" wurde gezeigt, dass ältere Menschen beim Autofahren Unterstützung benötigen und durchweg die Kaufkraft für Fahrerassistenzsysteme haben. Durch kritische Lebensereignisse, wie z. B. den Tod des Lebenspartners, kann das Interesse an Fahrerassistenzsystemen noch zunehmen. Diese Altersgruppen dürften zumindest in höher entwickelten Ländern ein sehr viel versprechender „Silver Market" sein (Kohlbacher und Herstatt 2011). Der Absatz der Fahrerassistenzsysteme bleibt jedoch noch weit hinter den Erwartungen der Automobilhersteller zurück (Winner & Schopper 2015). Dafür werden drei Gründe genannt:

- ältere Autofahrer vermissen keine Fahrerassistenzsysteme (kein „subjektiver empfundener Mangel, den [sie] beseitigen" wollen, Homburg 2014),
- ältere Autofahrer haben zwar ein (latentes) Bedürfnis nach Assistenzsystemen, es ist ihnen aber (noch) nicht bewusst und
- ältere Fahrer empfinden zwar ein (offenes) Bedürfnis, aber noch keinen Bedarf, der „mit der Bereitschaft verbunden ist, Geld zur Beseitigung auszugeben" (Homburg und Krohmer 2006).

Um hierzu Hinweise zu gewinnen, wurden in der Voruntersuchung sowohl

1. latente Bedürfnisse (Defizite, die noch nicht wahrgenommen werden) über Auswirkungen altersbedingter körperlicher Einschränkungen erfragt als auch
2. offene Bedürfnisse (wahrgenommene Defizite) über die Frage nach Unterstützungsmöglichkeiten beim Autofahren und
3. Einflussfaktoren auf den konkreten Bedarf, d. h. auf die Bereitschaft, Geld zur Behebung der Defizite auszugeben:
   a) Wissen über Fahrerassistenzsysteme und Einschätzung des eigenen Wissens,
   b) Erfahrungen mit Fahrerassistenzsystemen und Einschätzung der eigenen Erfahrungen,
   c) Bewertung von Fahrerassistenzsystemen, d. h. Einschätzung ihrer Vor- und Nachteile,
   d) Erwartungen an Fahrerassistenzsysteme und
   e) Kundenwünsche.

1. Hinweise auf latente Bedürfnisse

In der Voruntersuchung wurden latente Bedürfnisse (noch nicht wahrgenommene Defizite) durch eine offene Frage nach Erfahrungen mit altersbedingten körperlichen Einschränkungen erfragt. Die Antworten zeigen, dass die meisten älteren Autofahrer altersbedingte körperliche Einschränkungen nicht wahrnehmen. Fast die Hälfte gibt an, bisher keine Einschränkungen während des Autofahrens bemerkt zu haben (vgl. Abb. 7a). Das ist zwar ein deutlich und signifikant (bei $\alpha < 0{,}001$) geringerer Anteil als in der Vergleichsgruppe der jüngeren Fahrer, in der über 80 % angeben, bisher keine Einschränkungen erfahren zu haben. Angesichts der medizinisch und psychisch begründeten altersbedingten Verschlechterung der kognitiven, visuellen und motorischen Fähigkeiten, der Einschränkungen durch Umwelteinflüsse und der Wahrnehmungsfähigkeit wäre aber

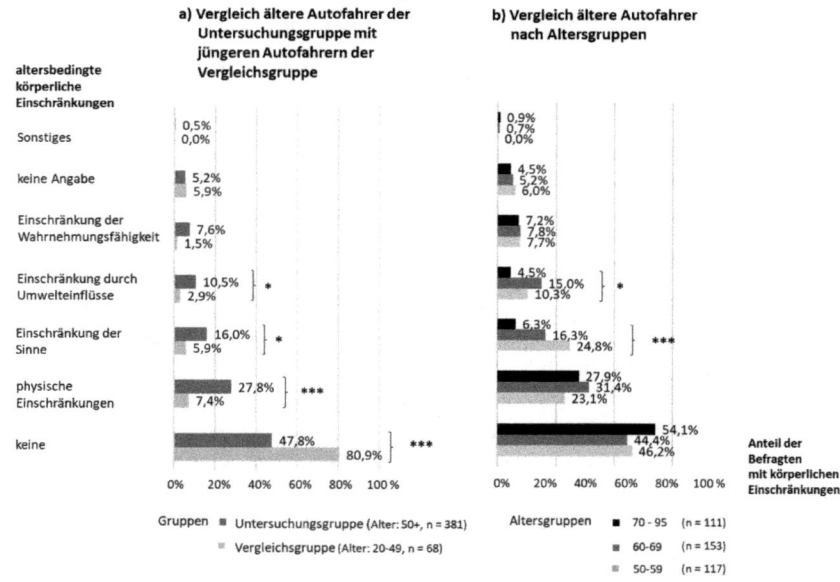

Abb. 7 Erfahrungen mit altersbedingten körperlichen Einschränkungen (Voruntersuchung, n = 449)

zu erwarten, dass die allermeisten älteren Autofahrer schon Einschränkungen während des Autofahrens bemerkt haben.

Am häufigsten nennen ältere Autofahrer Einschränkungen der motorischen Fähigkeiten (28 %), weniger Einschränkungen der Sinne (Sehen, Hören, 16 %), Einschränkungen durch Umwelteinflüsse wie Dunkelheit und Regen (11 %) und Einschränkungen der Wahrnehmungsfähigkeit (sieben Prozent). Bei der Vergleichsgruppe ist die Reihung gleich, der Anteil jüngerer Autofahrer, die diese Einschränkungen erfahren haben, ist aber jeweils geringer (sieben, sechs, drei bzw. zwei Prozent). Signifikante Unterschiede zwischen der Untersuchungs- und der Vergleichsgruppe bestehen nur bei motorischen Einschränkungen ($\alpha = 0,001$) und etwas weniger stark bei Einschränkungen der Sinne ($\alpha = 0,05$).

Erfahrungen mit altersbedingten körperlichen Einschränkungen in den drei Altersgruppen (50 bis 59 Jahre, 60 bis 69 Jahre und 70 Jahre und älter) nehmen mit höherem Alter anders als erwartet ab. Die Unterschiede zwischen den Altersgruppen sind hinsichtlich der Einschränkung der Sinne hoch signifikant (mit $\alpha < 0,001$, vgl. Abb. 7b). Da nach der subjektiven Wahrnehmung gefragt wurde, können die Ergebnisse damit erklärt werden, dass ältere Autofahrer Defizite verdrängen und sich mit steigendem Alter vielleicht sogar daran gewöhnt haben, was mit anderen Studien übereinstimmt (Rudinger 2015). Es ist zu vermuten, dass der Anteil älterer Autofahrer mit Einschränkungen tatsächlich weit höher ist als in der Befragung. Zwischen männlichen und weiblichen Befragten ist kein signifikanter Unterschied erkennbar. Lediglich bei Einschränkungen durch Umwelteinflüsse (Dunkelheit, Regen) scheinen Frauen größere Probleme zu haben als Männer ($\alpha < 0,05$).

2. Hinweise auf offene Bedürfnisse

Die Frage nach offenen Bedürfnissen verneint die Hälfte der älteren Autofahrer (50 Jahre und älter) (Abb. 8a). Nur 42 % geben an, dass sie keine Unterstützung beim Autofahren benötigen, nicht signifikant mehr als in der Vergleichsgruppe (43 %). Ältere Autofahrer sehen Unterstützungsmöglichkeiten für sich selbst beim Autofahren vor allem bei der Sicht (14 %), beim Einparken (13 %), bei der Wahrnehmung und beim Fahren (jeweils 11 %), beim Bremsen nur fünf Prozent. Die Unterschiede zur Vergleichsgruppe der jüngeren Fahrer sind eher gering und nicht signifikant. Mehr Unterstützungsmöglichkeiten sehen ältere Fahrer vor allem bei der Sicht und beim Einparken, bei der Wahrnehmung unerwartet jüngere Autofahrer.

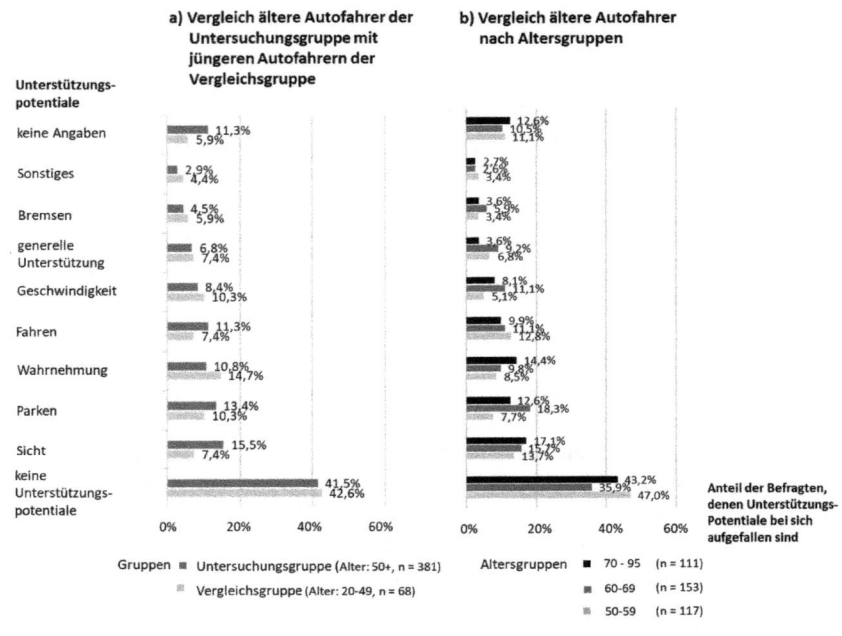

Abb. 8 Unterstützungspotenziale beim Autofahren (Voruntersuchung, n = 449)

   Die genauere Betrachtung älterer Autofahrer nach Altersgruppen (50 bis 59 Jahre, 60 bis 69 Jahre, 70 Jahre und älter) zeigt keine signifikanten Unterschiede außer beim Einparken, wo die Altersgruppe der 60- bis 69-Jährigen mehr Unterstützungsbedarf sieht (vgl. Abb. 8b). Diese Altersgruppe sieht auch beim Bremsen und beim Beschleunigen mehr Unterstützungsbedarf als die anderen beiden Altersgruppen und seltener überhaupt keinen Unterstützungsbedarf. Signifikante Unterschiede zwischen männlichen und weiblichen Befragten zeigen sich auch hier nicht. Zusammenfassend lässt sich festhalten, dass sich bei älteren Autofahrern ein latentes und offenes Bedürfnis an Fahrerassistenzsystemen zeigt, allerdings in geringerem Maße, als es angesichts körperlicher und psychischer Einschränkungen zu erwarten gewesen wäre. Vor allem bei der Sicht, beim Einparken und bei der Wahrnehmung wird Unterstützungsbedarf gesehen.

3. Hinweise auf konkreten Bedarf an Fahrerassistenzsystemen

Hinweise auf den konkreten Bedarf, d. h. auf die Bereitschaft älterer Fahrer, Geld für Fahrerassistenzsysteme zur Behebung von Einschränkungen auszugeben bieten a) Produktwissen (Kenntnisse der Fahrerassistenzsysteme und Einschätzung der eigenen Kenntnisse), b) Erfahrungen mit Fahrerassistenzsystemen und Einschätzung der eigenen Erfahrung, c) Bewertung von Fahrerassistenzsystemen, d. h. Einschätzung ihrer Vor- und Nachteile, d) Erwartungen an Fahrerassistenzsysteme und e) Kundenwünsche.

a) Produktwissen

Fahrerassistenzsysteme sind über 90 % der 381 älteren Autofahrer (50 Jahre und älter) bekannt und fast 95 % der 68 jüngeren Autofahrer. Gemessen an den Unterstützungspotenzialen müssten Fahrerassistenzsysteme, die die Sicht positiv beeinflussen, gesucht werden und deshalb besonders älteren Autofahrern bekannt sein. Das ist jedoch nicht der Fall. Den größten Bekanntheitsgrad bei älteren Autofahrern haben Einparkhilfen (über 40 %), Tempomat (38 %), Abstands- und Bremswarner (38 %) vor dem Spurhalteassistent (28 %), Navigationssystem (28 %) und (Not-) Bremsassistent (23 %). Auch ABS (23 %), ESP (12 %) und ASR (sechs Prozent) werden genannt, obwohl sie heute nicht mehr als Fahrerassistenzsysteme angesehen werden. In der Vergleichsgruppe der jüngeren Fahrer ist durchweg der Anteil derjenigen größer, die die einzelnen Fahrerassistenzsysteme kennen (bis auf das Navigationssystem, das heute allerdings in den meisten Fahrzeugen serienmäßig eingebaut ist). Sie kennen vor allem die modernen Fahrerassistenzsysteme signifikant besser (Spurhalteassistent, (Not) Bremsassistent, Fahrstreifenwechsel- und Totwinkelassistent bei $\alpha < 0,001$, $0,01$ bzw. $0,05$, vgl. Abb. 9a).

Mit zunehmendem Alter nehmen Kenntnisse der Fahrerassistenzsysteme ab (vgl. Abb. 9b). Signifikant (mit $\alpha < 0,01$) ist dies aber nur beim Tempomat, den 47 % der 50 bis 59-Jährigen kennen und nur 26 % der Befragten im Alter von 70 Jahren und darüber. Frauen kennen Fahrerassistenzsysteme, mit Ausnahme der Einparkhilfe, weniger als Männer. Bei den modernen Fahrerassistenzsystemen (Fahrstreifenwechsel- und Totwinkelassistent, Abstand- und Bremswarnassistent, und (Not)Bremsassistent) sind diese Unterschiede signifikant (bei $\alpha < 0,001$ bzw. $\alpha < 0,01$). Zusammenfassend lässt sich festhalten, dass die Kenntnis von Fahrerassistenzsystemen bei älteren Autofahrern eher gering ist. Mit zunehmendem Alter nimmt die Produktkenntnis immer weiter ab.

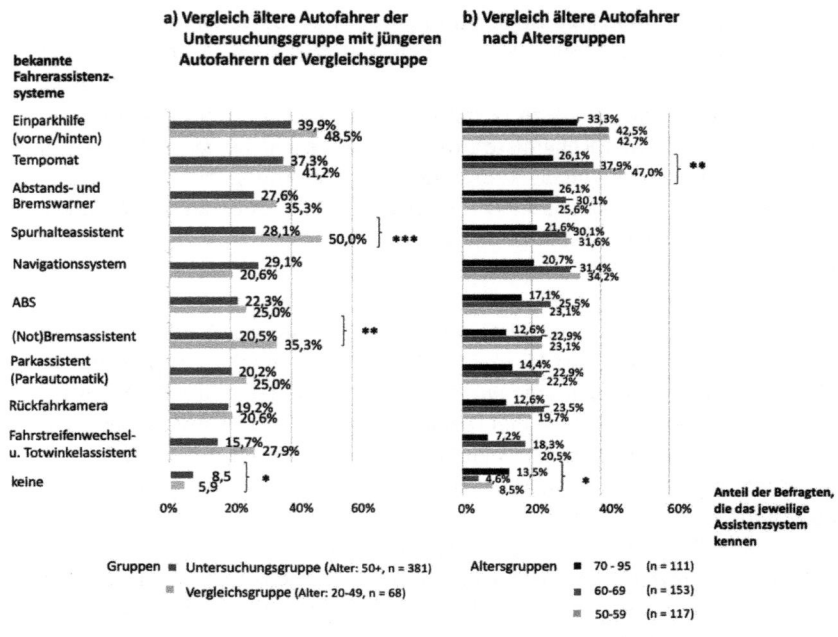

Abb. 9 Die bekanntesten Fahrerassistenzsysteme (Voruntersuchung, n = 449)

Dieses Ergebnis wird auch durch die subjektive Einschätzung der befragten Autofahrer zu ihren Kenntnissen der Fahrerassistenzsysteme bestätigt, die auf einer siebenstufigen Likert-Skala von 1 „sehr gering" bis 7 „sehr hoch" abgefragt wurden. Mit einem durchschnittlichen Produktwissen von 3,005 ist das Produktwissen der älteren Autofahrer eher gering einzuschätzen. Das Produktwissen der jüngeren Fahrer (Vergleichsgruppe) ist nicht signifikant höher (vgl. Abb. 10). Zwischen den einzelnen Altersgruppen bestehen keine signifikanten Unterschiede, auch wenn die Produktkenntnis der 60 bis 69-Jährigen höher ist als der etwas Jüngeren und der noch älteren Fahrer. Signifikante Unterschiede zeigen sich nur zwischen Männern (3,543) und Frauen (2,147).

b) Erfahrungen mit Fahrerassistenzsystemen
Wenngleich die Kenntnisse der Fahrerassistenzsysteme noch gering sind, sind Erfahrungen mit Fahrerassistenzsystemen fast ausschließlich positiv. Sie

Abb. 10 Einschätzung des
eigenen Produktwissens
(Voruntersuchung, n = 449)

Gruppe	n	Mittelwerte	Signifikanz*
Kontrollgruppe	68	3,353	⎤ n.s.
Vergleichsgruppe	381	3,005	⎦
Altersgruppe 50 – 59	117	2,872	⎤ n.s.
Altersgruppe 60 – 69	153	3,196	⎦ ⎤ n.s.
Altersgruppe 70 +	111	2,883	⎦ n.s.
Männer	293	3,543	⎤ sig. α <0,001
Frauen	156	2,147	⎦

* Zweistichprobentest für die Differenz zweier arithmetischer Mittel

werden als nützlich angesehen (73 %). Nur drei Prozent der Befragten geben an, eine negative Erfahrung mit einem Fahrerassistenzsystem gemacht zu haben, z. B. weil Funktionen unklar waren. 17 % der Probanden haben noch keine Erfahrungen mit Fahrerassistenzsystemen gemacht. Hier ist der Unterschied zwischen den Altersgruppen signifikant (α < 0,05). Ältere Probanden haben häufiger keine Erfahrung mit Assistenzsystemen (Abb. 11a und b).

Dieses Ergebnis bestätigt die Einschätzung der befragten Autofahrer zu ihren Erfahrungen auf einer siebenstufigen Likert-Skala von 1 „sehr gering" bis 7 „sehr hoch". Sie können sowohl in der Untersuchungsgruppe (3,368), als auch in der Vergleichsgruppe (3,242) als eher gering eingeschätzt werden und unterscheiden sich nicht signifikant (Abb. 12). Auch zwischen den Altersgruppen gibt es keine signifikanten Unterschiede, auch wenn die Erfahrungen der 60 bis 69-Jährigen größer sind, als die der etwas Jüngeren und der noch älteren Fahrer. Signifikante Unterschiede zeigen sich nur zwischen Männern (3,613) und Frauen (2,603).

Insgesamt haben die Probanden sehr positive Erfahrungen mit Fahrerassistenzsystemen gemacht (z. B. Aral AG 2015; Oxley und Mitchell 1995; Stevens 2012; Son et al. 2015). Deshalb erstaunt, dass so wenig Autofahrer Fahrerassistenzsysteme kennen.

c) Bewertung von Fahrerassistenzsystemen (Einschätzung ihrer Vor- und Nachteile).

Trotz der eher geringen Erfahrung mit Fahrerassistenzsystemen kennen die Probanden die Vorteile solcher Systeme, insbesondere die größere Sicherheit im Straßenverkehr (57 %). 56 % sehen als Vorteil Unterstützung und Entlastung sowie 35 % einen Komfortgewinn, nur 11 % einen Ausgleich körperlicher

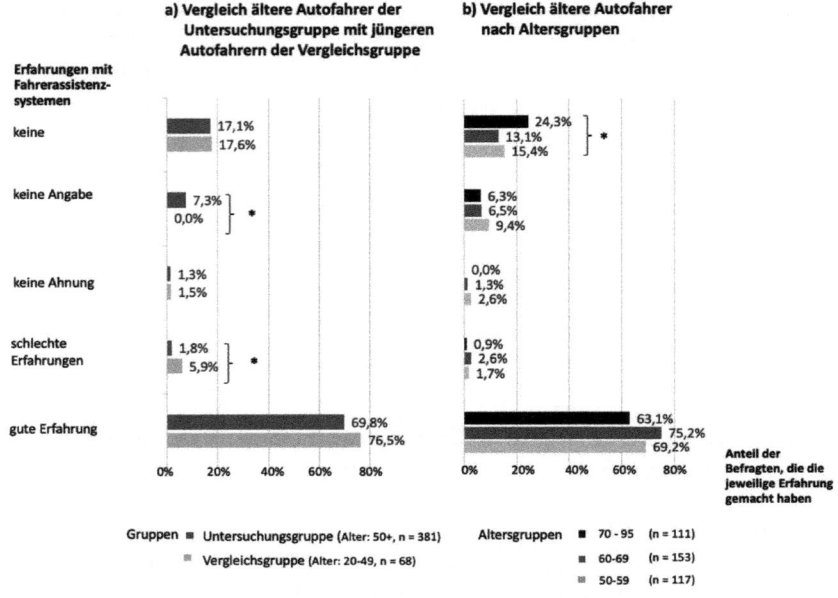

Abb. 11 Erfahrungen mit Fahrerassistenzsystemen (Voruntersuchung, n = 449)

Abb. 12 Einschätzung der eigenen Erfahrung mit Fahrerassistenzsystemen (Voruntersuchung, n = 449)

Gruppe	n	Mittelwerte	Signifikanz*
Vergleichsgruppe	68	3,368	n.s.
Untersuchungsgruppe	381	3,242	
Altersgruppe 50 – 59	117	2,966	n.s.
Altersgruppe 60 – 69	153	3,510	n.s.
Altersgruppe 70 +	111	3,164	n.s.
Männer	293	3,613	sig. α <0,001
Frauen	156	2,603	

* Zweistichprobentest für die Differenz zweier arithmetischer Mittel

Defizite. Die jüngeren Autofahrer nennen im Vergleich zur Untersuchungsgruppe deutlich mehr Vorteile, wie aus Abb. 13a ersichtlich wird. Gerade die größere Sicherheit und Unfallverhütung bewertet die Vergleichsgruppe (77 %) hoch, signifikant höher als die Untersuchungsgruppe (53 %). Aber auch bei „Warnung vor Gefahren" sowie „Komfortgewinn" besteht ein stark signifikanter Unterschied zwischen älteren Autofahrern (sechs bzw. 33 %) und Jüngeren (16 bzw. 50 %). Einen signifikanten Unterschied gibt es auch beim „Ausgleich von körperlichen Defiziten" (10 % bzw. 19 %).

Die Unterteilung nach Altersgruppen zeigt, dass mit zunehmendem Alter weniger Vorteile gesehen werden. Signifikant sind die Unterschiede nur bei „Komfortgewinn" und „Ausgleich von körperlichen Defiziten". Die Wahrnehmung der Vorteile unterscheidet sich zwischen Männern und Frauen nur beim „Ausgleich von körperlichen Defiziten" stark signifikant. Insgesamt werden deutliche Vorteile der Fahrerassistenzsysteme gesehen, was angesichts der geringen Kenntnisse und Erfahrung erstaunt.

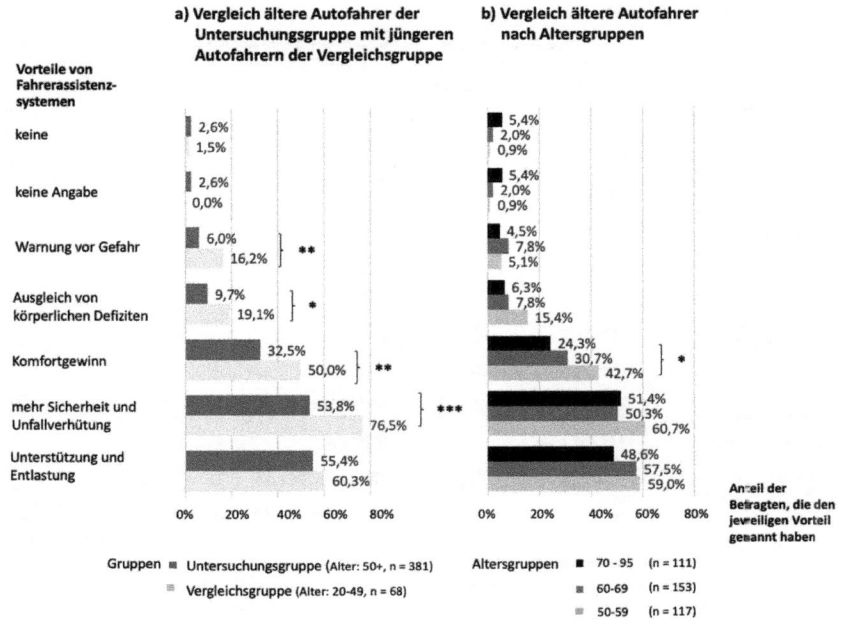

Abb. 13 Vorteile von Fahrerassistenzsystemen (Voruntersuchung, n = 449)

Als Nachteile nennen die Probanden, dass sie sich zu sehr auf die Technik verlassen müssten (50 %), auch die Gefahr der Unaufmerksamkeit und Ablenkung (38 %) sowie einen Verlust an Eigenverantwortung (22 %). Bei differenzierter Auswertung zeigt sich, dass jüngere Autofahrer deutlich mehr Nachteile sehen als Ältere (vgl. Abb. 14a). Vor allem befürchten auch sie, sich zu sehr auf die Technik verlassen zu müssen (62 %) und Eigenverantwortung zu verlieren (29 %), sie befürchten aber auch Fehlfunktionen (31 %). Bei der Nennung von Fehlfunktionen sind die Unterschiede zwischen Jüngeren und Älteren hoch signifikant. Das gilt auch für Kosten und die Abhängigkeit von der Technik. Obwohl beide Gruppen ähnlich positive Erfahrungen gemacht haben, haben Jüngere deutlich mehr Bedenken als Ältere.

In den einzelnen Altersgruppen werden unterschiedliche Nachteile von Fahrerassistenzsystemen unterschiedlich stark wahrgenommen (Abb. 14b). Die 50–59-Jährigen nennen als Nachteile vor allem die Abhängigkeit von der Technik (sehr signifikanter Unterschied zu den anderen Altersgruppen), den Verlust an Eigenverantwortung (stark signifikant) und Fehlfunktionen (stark signifikant).

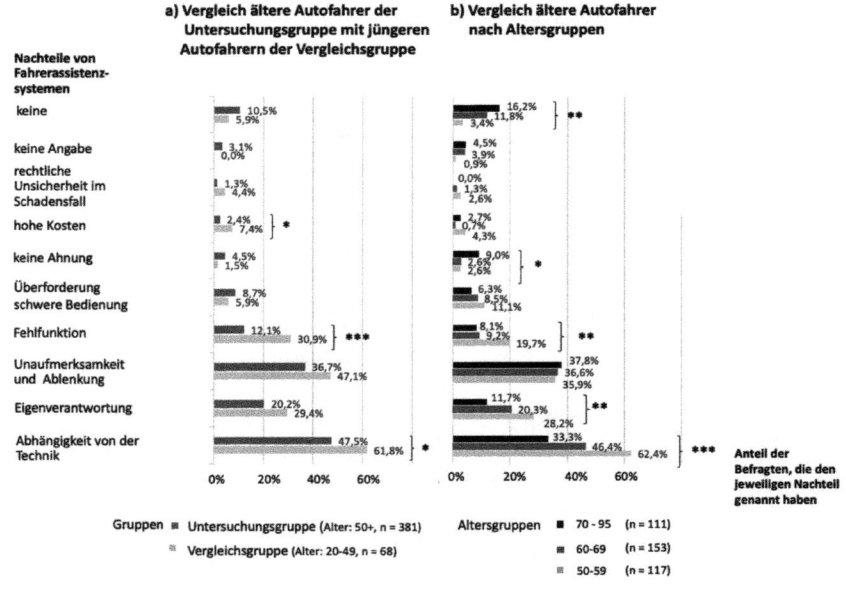

Abb. 14 Nachteile von Fahrerassistenzsystemen (Voruntersuchung, n = 449)

Die 60–69-Jährigen und noch Älteren sehen allgemein weniger Nachteile. Auffallend ist, dass alle Gruppen die Gefahr der Unaufmerksamkeit und Ablenkung nennen. Je älter die Probanden sind, desto eher sehen sie keine Nachteile (stark signifikanter Unterschied), was mit geringer Kenntnis und Erfahrung mit Fahrerassistenzsystemen erklärt werden kann. Zwischen Männern und Frauen bestehen keine relevanten signifikanten Unterschiede.

d) Erwartungen an Fahrerassistenzsysteme
37 % der Probanden erwarten vor allem eine größere Sicherheit durch Fahrerassistenzsysteme. Sie sollen unterstützen (38 %), den Komfort erhöhen (24 %) und zuverlässig sein (16 %). Mit Fahrerassistenzsystemen verbinden einige Probanden keinerlei Erwartungen, fünf Prozent erwarten autonomes Fahren. Allgemein erwarten Jüngere mehr von ihnen als Ältere. Sehr signifikant sind Unterschiede der Erwartungen bezüglich der Zuverlässigkeit von Fahrassistenzsystemen. Zwischen Männern und Frauen gibt es kaum Unterschiede.

e) Kundenwünsche
Es wurden auch Wünsche der Probanden abgefragt, insbesondere welche Fahrerassistenzsysteme sie gerne nutzen und somit kaufen würden. Mit Abstand am häufigsten wollen ältere Fahrer Abstand-, Brems- und Geschwindigkeitswarner (28 %), 24 % eine Einparkhilfe. Die relativ geringen Kundenwünsche verwundern, da z. B. viele Fahrer Probleme beim Einparken haben (vgl. Abb. 8a und b) und vor allem älteren Fahrern Einparkhilfen bekannt sind. Das trifft auch zu für den (Not-)Bremsassistent (18 %), den Tempomat (16 %), den Spurhalteassistent (14 %) und das Navigationssystem (14 %). Trotz der überwiegend positiven Erfahrungen mit Fahrerassistenzsystemen wollen nur relativ wenige Probanden Fahrerassistenzsysteme nutzen. 17 % der Probanden wollen überhaupt keine Fahrerassistenzsysteme nutzen oder können dazu nichts sagen. Zwischen Jüngeren und Älteren bestehen kaum Unterschiede.

Bezüglich der Kundenwünsche bestehen dagegen signifikante Unterschiede zwischen Männern und Frauen. Männer wünschen stärker ABS, ESP und ASR. Abstand-, Brems- und Geschwindigkeitswarner, Einparkhilfe, Tempomat, Spurhalteassistent und Fahrstreifenwechselassistent, Frauen dagegen Einparkhilfen. Abstand-, Brems- und Geschwindigkeitswarner sowie Einparkhilfen sind die deutlich präferierten Fahrassistenzsysteme, die die Befragten nutzen würden.

Weitere Ergebnisse der Befragung zu Kundenbedürfnissen, zur Kundenzufriedenheit und zum Sicherheitsbedürfnis sind:

- nur 30 % der Probanden, insbesondere Jüngere, sehen bei Autobahn- und Überlandfahrten Fahrassistenzsysteme als sinnvoll an, noch weniger beim Einparken (21 %), im Stau (20 %), bei der Kontrolle des Abstands (19 %), in Notbremssituationen (20 %) oder bei Überholvorgängen (19 %). Als noch weniger sinnvoll werden Fahrassistenzsysteme bei Stadtfahrten angesehen (13 %).
- Mehr als 60 % der Probanden fühlen sich mit Fahrerassistenzsystemen sicherer, 27 % entspannter und komfortabler. 13 % fühlen sich dagegen unsicher. Die Altersgruppe der 50–59-Jährigen fühlt sich zwar sicherer und entspannter, bezeichnet die Nutzung jedoch sehr signifikant häufiger als die beiden anderen Altersgruppen als ungewohnt und unsicher. Viele der über 70-Jährigen können die Frage nicht beantworten oder sich dazu nicht äußern.
- Frauen nennen Unsicherheit und die ungewohnte Nutzung von Fahrerassistenzsystemen signifikant häufiger und stärker als Männer. Sie verbinden mit Assistenzsystemen trotz positiver Einstellung eher negative Assoziationen.
- Fahrerassistenzsysteme befriedigen vor allem ein Sicherheitsbedürfnis, mehr als das Bedürfnis nach Komfort, nach Abgabe von Kontrolle und Warnung vor Gefahren. Auffällig ist die große Anzahl an Probanden, die ihre Bedürfnisse nicht einschätzen können. Zwischen Untersuchungs- und Vergleichsgruppe ist die Rangfolge gleich, das Sicherheitsbedürfnis und Kontrolle sind jedoch jüngeren Fahrern sehr signifikant wichtiger (57 %) als älteren Fahrern (37 %). Je älter die Probanden, desto weniger äußern sie Bedürfnisse.
- Wichtig sind den befragten Autofahrerinnen und Fahrern Zuverlässigkeit und niedrige Kosten, Jüngeren deutlich mehr als Älteren.

4   Veränderungen der Stichprobe in den Hauptuntersuchungen

Die demografischen Merkmale der Probanden der drei Hauptuntersuchungen werden nun mit den Probanden der Voruntersuchung (Abschn. 2) verglichen.

1. Demografische Merkmale der Stichprobe in der ersten Hauptuntersuchung

Von den 449 Befragten der Voruntersuchung (381 ältere und 68 jüngere Autofahrerinnen und Fahrer) nahmen 181 ältere (50 und älter, Durchschnittsalter 65 Jahre) und 46 jüngere Fahrer (zwischen 20 und 49 Jahren, Durchschnittsalter 28 Jahre) an der ersten Hauptuntersuchung mit Tests im Fahrsimulator teil. Die demografischen Merkmale sind ähnlich, allerdings ist der Anteil der über 70-Jährigen in der ersten Hauptuntersuchung geringer (vgl. Abb. 15).

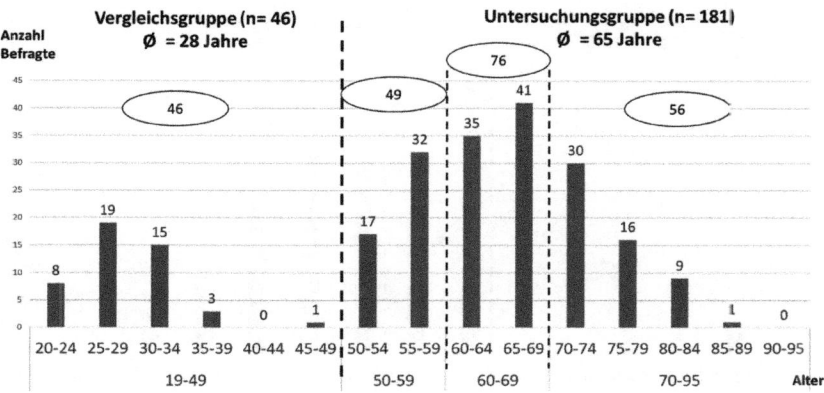

Abb. 15 Altersverteilung der Stichprobe der ersten Hauptuntersuchung (n = 227)

Die größten Unterschiede zur Voruntersuchung bestehen in der Relation Männer zu Frauen, 80 % der älteren Probanden im Fahrsimulator sind männlich (in der Voruntersuchung 66 %), 61 % der jüngeren Probanden (in der Voruntersuchung 59 %).

Bezüglich der Bildungsabschlüsse gibt es kaum Unterschiede zwischen den Probanden der Voruntersuchung und der ersten Hauptuntersuchung, ebenso bezüglich der Nettoeinkommen. Das durchschnittliche monatliche Nettoeinkommen ist in der zweiten Hauptuntersuchung etwas höher, mit etwa 3500 EUR in der Altersgruppe 50–54 Jahre am höchsten, in der Voruntersuchung am höchsten mit etwa 3000 EUR in der Altersgruppe 60- 60 Jahre. Die durchschnittliche Fahrleistung der Probanden liegt in beiden Untersuchungen zwischen 21 und 50 km pro Tag.

2. Merkmale der Stichprobe der zweiten Hauptuntersuchung

An der zweiten Untersuchung von verbesserten akustischen Fahrerassistenzsystemen im Fahrsimulator nahmen von den 449 (381 Ältere, 68 Jüngere) Befragten der Voruntersuchung nur noch 152 ältere und 31 jüngere Autofahrer teil. Abb. 16 zeigt die Altersverteilung der Stichprobe der zweiten Hauptuntersuchung: in der Untersuchungsgruppe der älteren Fahrer im Durchschnitt 66 Jahre, in der Vergleichsgruppe mit jüngeren Fahrern 29 Jahre. In der Untersuchungsgruppe sind 23 % zwischen 50 und 59 Jahre alt und 43 % 60 und 69 Jahre, ein Drittel ist 70 Jahre und älter, davon über die Hälfte zwischen 70 und 74. Elf Autofahrer sind 80 Jahre und älter. Die demografischen Merkmale der beiden Untersuchungen (Voruntersuchung und zweite Hauptuntersuchung) sind somit sehr ähnlich.

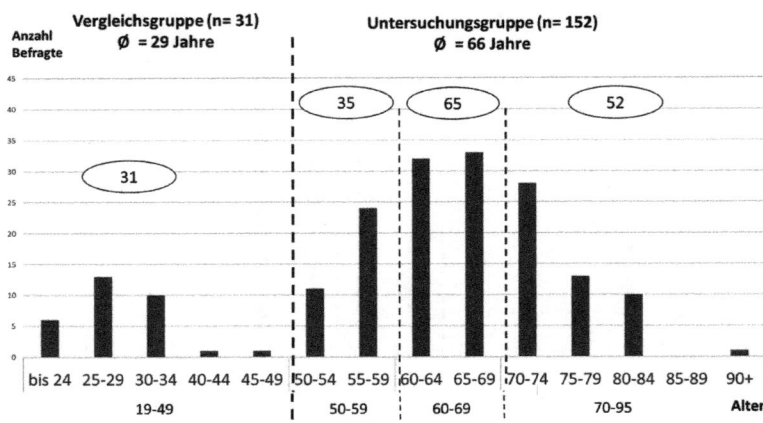

Abb. 16 Altersverteilung der Stichprobe in der zweiten Hauptuntersuchung (n = 183)

Noch etwas höher als in der ersten Hauptuntersuchung und damit sehr viel höher als in der Voruntersuchung war in der zweiten Hauptuntersuchung mit 82 % der Anteil der männlichen Probanden, in der Vergleichsgruppe (jüngere Autofahrer) sind unverändert 61 % männlich. Sehr ähnlich ist die Verteilung der Bildungsabschlüsse. Das durchschnittliche monatliche Nettoeinkommen der Probanden der zweiten Hauptuntersuchung ist nochmals etwas höher als in der Voruntersuchung, am höchsten mit mehr als 3600 EUR in der Altersgruppe 60–64 Jahre. Die durchschnittliche Fahrleistung liegt unverändert zwischen 21 und 50 km pro Tag. Am wenigsten (etwa 22 km) fahren die jüngsten Autofahrer, am meisten (etwa 60 km) die 35–50-Jährigen. Mit höherem Alter nimmt die tägliche Fahrleistung ab.

3. Merkmale der Stichprobe der dritten Hauptuntersuchung
Die Stichprobe der dritten Hauptuntersuchung mit einer Fahrt auf einer Teststrecke mit 46 Probanden (31 ältere, 15 jüngere Fahrer) ist mit den Untersuchungen zuvor nicht vergleichbar, weil wegen der räumlich etwas entfernteren Teststrecke einige neue Probanden gesucht werden mussten. Die Probanden wurden nach der Fahrt auf der Teststrecke in einem Fahrzeug mit den für die zweite Hauptuntersuchung verbesserten fünf akustischen Fahrerassistenzsystemen befragt. Abb. 17 zeigt die Altersverteilung der Stichprobe der dritten Hauptuntersuchung mit einem Durchschnittsalter von 66 Jahren in drei Altersgruppen: sechs Probanden in der Altersgruppe 50–59 Jahre (20 %), 14 Probanden in der Altersgruppe 60–69 Jahre (45 %) und elf Probanden in der Altersgruppe

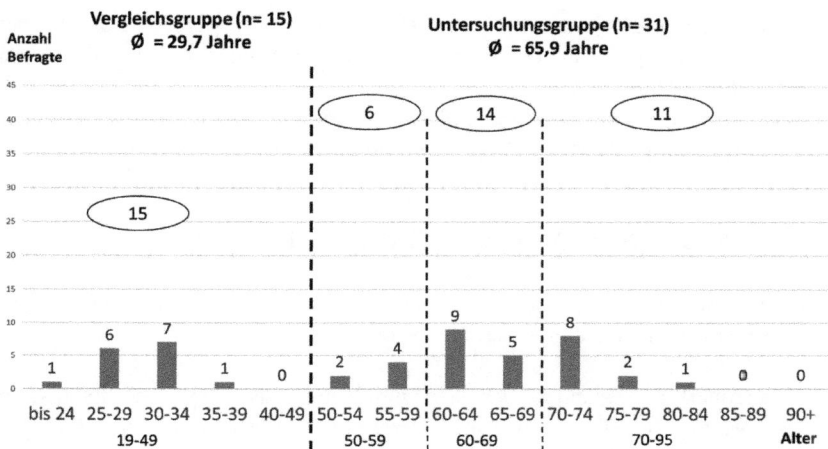

Abb. 17 Altersverteilung der Probanden auf der Teststrecke (dritte Hauptuntersuchung, n = 46)

70 Jahre und älter (35 %). Die Vergleichsgruppe der jüngeren Fahrer mit einem Durchschnittsalter von 30 Jahren weist zwei Teilgruppen auf: sieben Probanden in der Altersgruppe unter 30 Jahre und acht in der Altersgruppe 30–39 Jahre. Damit ist die Altersverteilung der Testfahrt sehr ähnlich den Untersuchungen im Simulator.

Im Vergleich zu den Untersuchungen im Simulator ist das Verhältnis Männer zu Frauen auf der Teststrecke deutlich ausgeglichener (58 bzw. 42 %). Diese Verteilung entspricht auch der Verteilung in der Vergleichsgruppe jüngerer Autofahrer.

Die Probanden auf der Teststrecke, vor allem in der Vergleichsgruppe, haben im Durchschnitt etwas höhere Bildungsabschlüsse als der Probanden in den Untersuchungen im Simulator. Die Nettoeinkommen der Probanden der Untersuchungsgruppe (31 ältere Autofahrer mit einem Durchschnittseinkommen von etwa 2240 EUR) steigen auch in dieser Untersuchung mit zunehmendem Alter an. Sie sind mit 2000 bis 3000 EUR am höchsten in der Altersgruppe 50–59 Jahre. Die Nettoeinkommen in der Vergleichsgruppe jüngerer Autofahrerinnen und Fahrer liegen zwischen 1000 und 2000 EUR. Auch die durchschnittliche Fahrleistung der Probanden auf der Teststrecke entspricht der Fahrleistung der Probanden der vorausgegangenen Untersuchungen im Simulator, 15 bis 50 km pro Tag. Am wenigsten, weniger als 20 km pro Tag, fahren die jüngsten Probanden.

Die Fahrleistung der jüngeren Fahrer steigt jedoch mit zunehmendem Alter auf mehr als 50 km pro Tag, die Fahrleistung der Probanden auf der Teststrecke beträgt etwa 40 km pro Tag.

Mithin ähneln sich die demografischen Merkmale der verschiedenen Untersuchungsphasen im ALFASY-Projekt, im Simulator und auf der Teststrecke.

5   Besondere Merkmale älterer Autofahrer

Die verschiedenen empirischen Untersuchungen im ALFASY-Projekt zeigen einige Besonderheiten älterer Autofahrer im Vergleich mit jüngeren Fahrern:

- der Anteil der Männer, der sich für Fahrerassistenzsysteme interessiert, ist deutlich höher als der Anteil der Frauen, er steigt mit zunehmendem Alter. Weibliche Probanden äußern sich eher unsicher zu den ihnen häufiger ungewohnten Fahrerassistenzsystemen.
- Das Nettoeinkommen älterer Autofahrer ist höher und steigt mit dem Alter (zumindest in der größten Stichprobe der Voruntersuchung),
- die tägliche Fahrleistung nimmt mit steigendem Alter ab,
- ältere Autofahrer äußern ein latentes und offenes Bedürfnis an Fahrerassistenzsystemen, allerdings in geringerem Maße, als es angesichts körperlicher und psychischer Einschränkungen zu erwarten gewesen wäre. Sie suchen Unterstützung bei der Sicht, beim Einparken und bei der Wahrnehmung der Fahrzeugumgebung.
- Der konkrete Bedarf älterer Autofahrerinnen und Fahrer ist noch wenig erforscht:
  - ihre Kenntnisse der Fahrerassistenzsysteme sind nicht sehr hoch und nehmen mit zunehmendem Alter ab,ihre Erfahrungen sind (wie die aller Befragten) insgesamt positiv, ältere Fahrer sehen deutliche Vorteile der Fahrerassistenzsysteme, auch wenn sie selbst noch keine eigenen Erfahrungen gemacht haben.
  - Sie verlassen sich ungern auf Technik, weniger als jüngere Fahrer, und möchten Eigenverantwortung ungerne abgeben, was angesichts der geringen Erfahrung mit Fahrerassistenzsystemen nicht erstaunlich ist.
  - Alle Autofahrer nennen kaum Wünsche zu Fahrerassistenzsystemen. Es ist allerdings immer schwierig, Wünsche zu technischen Geräten und Systemen zu äußern, wenn sie gar nicht bekannt sind. Das gilt vor allem für ältere Fahrer, die von Angeboten und Gebrauchswert wenig wissen. Sie

kennen ihre Bedürfnisse nicht oder können sie nicht artikulieren, je älter desto weniger.
– Für ältere Fahrer sind niedrige Kosten weniger wichtig als für Jüngere.

Die Studie lässt ein großes unbearbeitetes Marktpotenzial erkennen. Deshalb sind leistungsfähige Assistenzsysteme für ältere Fahrer wichtig (Kap. „Fahrerassistenzsysteme – ein Überblick" bis „Bewertung der Leistungsfähigkeit akustischer Assistenzsysteme für ältere Fahrer"), die das Fahrverhalten (Kap. „Fahrverhalten älterer Menschen im Fahrsimulator"), aber auch Fahrleistung und Stressverhalten verbessern (Kap. „Neuropsychologische und -physiologische Korrelate des Fahrverhaltens älterer Fahrer innerhalb simulierter Umgebungen") und bei denen eine Akzeptanz und Zahlungsbereitschaft der Kunden besteht (Kap. „Marktpotenziale älterer Fahrer Zahlungsbereitschaft und Akzeptanz altersgerechter Fahrerassistenzsysteme"). Dafür müssen sie erst einmal bekannter werden.

Literatur

ARAL AG (2015). Aral Studie – Trends beim Autokauf 2015. Marktforschungsbericht der ARAL AG. Bochum.

Brooks, J. O., Goodenough, R. R., Crisler, M. C., Klein, N. D., Alley, R. L., Koon, B. L., Logan Jr., W. C., Ogle, J. H., Tyrrell, R. A., & Wills, R. F. (2010). Simulator sickness during driving simulation studies. *Accident Analysis and Prevention, 42*(3), 788–796.

Homburg, C., & Krohmer, H. (2006). *Marketingmanagement: Strategie – Instrumente – Umsetzung – Unternehmensführung.* Wiesbaden: Gabler.

Homburg, C. (2014). *Grundlagen des Marketing-Managements: Einführung in Strategie, Instrumente, Umsetzung und Unternehmensführung.* 4. Auflage. Wiesbaden: SpringerGabler.

Kohlbacher, F., & Herstatt, C. (Hrsg.). (2011). *The silver market phenomenon. Marketing and innovation in the aging society.* Berlin: Springer.

Oxley, P. R., & Mitchell, C. G. B. (1995). *Final report on elderly and disabled drivers' information telematics (Project EDDIT).* Brussels, Belgium: Commission of the European Communities DG XIII, R & D Programme Telematics Systems in the Area of Transport (DRIVE II).

Roenker, D. L., Cissell, G. M., Ball, K. K., Wadley, V. G., & Edwards, J. D. (2003). Speed-of-processing and driving simulator training result in improved driving performance. *Human Factors, 45*(2), 218–233.

Rudinger, G. (2015). Zielgruppe Seniorinnen und Senioren. In C. Klimmt, M. Maurer, H. Holte, E. Baumann (Hrsg.), *Verkehrssicherheitskommunikation: Beiträge der empirischen Forschung zur strategischen Unfallprävention (S. 53–79).* Wiesbaden: Springer.

Schweig, S., Liebherr, M., Schramm, D., Brand, M., & Maas, N. (2018). The impact of psychological and demographic parameters on simulator sickness. *Proceedings of 8th International Conference on Simulation and Modeling Methodologies, Technologies and Applications (SIMULTECH 2018)*, 91–97.

Son, J., Park, M., & Park, B. B. (2015). The effect of age, gender and roadway environment on the acceptance and effectiveness of advanced driver assistance systems. *Transportation Research Part F: Traffic Psychology and Behaviour, 31*, 12–24.

Stevens, S. (2012). The relationship between driver acceptance and system effectiveness in car-based collision warning systems: Evidence of an overreliance effect in older drivers? *SAE International Journal of Passenger Cars – Electronic and Electrical Systems, 5*(1), 114–124.

Winner, H., & Schopper, M. (2015). Adaptive cruise control. In H. Winner, S. Hakuli, G. Wolf (Hrsg.), *Handbuch Fahrerassistenzsysteme – Grundlagen, Komponenten und Systeme für aktive Sicherheit und Komfort*. Wiesbaden: Vieweg + Teubner, 851–891.

Fahrerassistenzsysteme – ein Überblick

Dieter Schramm und Stephan Schweig

Inhaltsverzeichnis

Der Begriff Fahrerassistenzsystem (FAS) beschreibt ein System, dessen Aufgabe es ist, den Fahrer in verschiedenen Bereichen der Fahrzeugführung, also in der Wechselwirkung zwischen Fahrer, Fahrzeug und Umwelt (Abb. 1), geprägt insbesondere durch die Verkehrssituation, zu unterstützen.

Heute wird der Begriff sowohl mit sicherheits- als auch mit komfortsteigernden Systemen assoziiert. Zu den direkt sicherheitssteigernden Systemen

---

Prof. Dr.-Ing. Dieter Schramm, Dipl.-Ing. Stephan Schweig, alle Universität Duisburg-Essen.

D. Schramm · S. Schweig (✉)
Lehrstuhl für Mechatronik, Universität Duisburg, Essen, Deutschland
E-Mail: stephan.schweig@uni-due.de

D. Schramm
E-Mail: dieter.schramm@uni-due.de

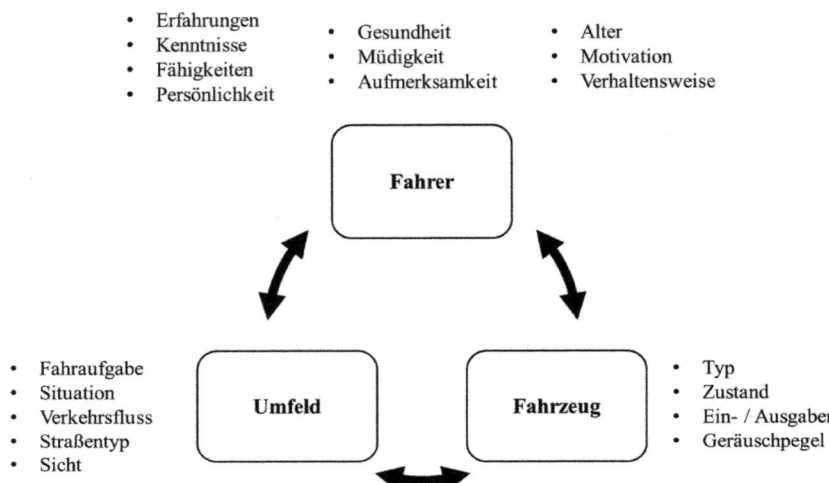

- Erfahrungen
- Kenntnisse
- Fähigkeiten
- Persönlichkeit

- Gesundheit
- Müdigkeit
- Aufmerksamkeit

- Alter
- Motivation
- Verhaltensweise

Fahrer

- Fahraufgabe
- Situation
- Verkehrsfluss
- Straßentyp
- Sicht

Umfeld

Fahrzeug

- Typ
- Zustand
- Ein- / Ausgaben
- Geräuschpegel

Abb. 1 Wechselwirkung von Fahrer, Fahrzeug und Umwelt, nach. (Quelle: König, 2015)

gehören Fahrdynamikregelsysteme, die der Stabilisierung des Fahrzeugs dienen. Zahlreiche Fahrerassistenzsysteme, insbesondere im Bereich der Fahrdynamikregelsysteme, sind bereits seit vielen Jahren Standard in Fahrzeugen wie z. B. das Antiblockiersystem (ABS) oder die Erweiterung Elektronische Stabilitätskontrolle (ESP). Je nach Lesart zählen auch Systeme wie die Servolenkung zu den Assistenzsystemen.

Eine Definition von Fahrerassistenzsystem gibt (Reif, 2010):

„Fahrerassistenzsysteme unterstützen den Fahrer bei seiner primären Fahraufgabe. Sie informieren und warnen ihn, erhöhen seinen Komfort und die Sicherheit, indem sie ihn aktiv bei seiner Fahrzeugführung und Fahrzeugstabilisierung unterstützen. Falls nötig, verringern sie seine Arbeitsbelastung."

Das vorliegende Kapitel gibt eine kurze Motivation zum Thema Fahrerassistenzsysteme, beschreibt die im Projekt ALFASY verwendeten Assistenzsysteme auf und erläutert kurz deren Funktionsweise.

1   Motivation

Neben der Erhöhung des Komforts ist auch die Erhöhung der Verkehrssicherheit eine treibende Kraft bei der Entwicklung von FAS. Fahrdynamikregelsysteme, die nicht auf die Erhöhung des Komforts abzielen, dienen in der Regel der direkten und indirekten Stabilisierung des Fahrzeugs (durch Unterstützung des Fahrers), um Unfälle zu verhindern oder deren Schwere zu verringern.

Die über die Funktionalitäten von Fahrdynamikregelsystemen wie ABS und ESP hinausgehenden direkten und indirekten Unterstützungspotenziale von Fahrerassistenzsystemen im Bereich der Sicherheit lassen sich anhand der Unfallstatistik leicht erklären (Abb. 2). Dort ist der Verlauf der Anzahl der Todesopfer bei Unfällen im Straßenverkehr in Deutschland seit Anfang der 1950er Jahre aufgetragen. Über der Kurve sind gesetzgeberische Maßnahmen gelistet, die die Umfallzahlen beeinflussten. Die im Laufe der Jahre eingeführten Fahrerassistenzsysteme und deren Vorläufer sind unter der Kurve eingetragen. Man erkennt die naturgemäß mit zeitlicher Verzögerung eintretenden Reduzierungen der Todesfälle.

Nach (Brown, 2002) werden 95 % aller Straßenverkehrsunfälle durch menschliches Versagen verursacht. Hier helfen FAS dadurch, dass ausgewählte Fahraufgaben selbstständig ausgeführt werden und der Fahrer insbesondere bei Routineaufgaben, entlastet wird. Dieser hat dann weniger Aufgaben zu erledigen, was das Potenzial für menschliche Fehler reduziert. Außerdem ermüdet der Fahrer weniger, was das Risiko für menschliches Versagen ebenfalls verringert.

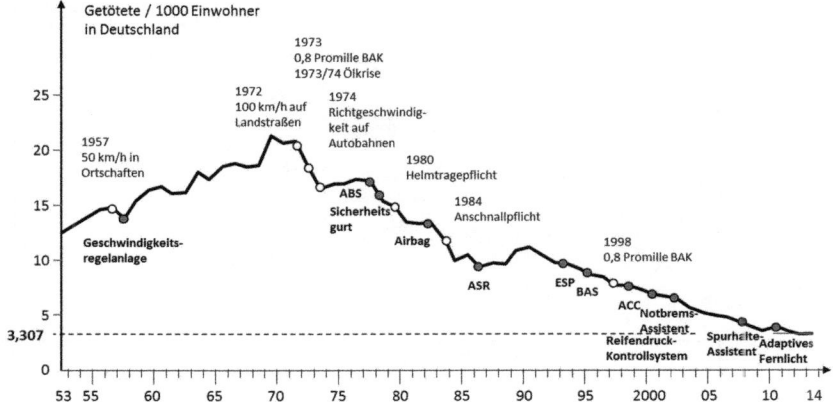

Abb. 2 Motorisierte Fahrzeuge und Unfälle seit 1970

Die nachgewiesene positive Wirkung einiger dieser Systeme, die bereits seit Jahren in Serienfahrzeugen eingesetzt werden, hat sich bereits in der Gesetzgebung niedergeschlagen. So müssen in Deutschland Fahrzeuge mit einer Gesamtmasse von mehr als 3,5 Tonnen mit einem Antiblockiersystem (ABS) ausgestattet werden, (Bundesministerium für Verkehr, 2011). Die heutige Gesetzgebung hinkt jedoch noch deutlich hinter der technischen Entwicklung hinterher, die von Region zu Region unterschiedlich ist. Im Zuge der Vereinheitlichung der Regeln durch die EU werden jedoch kontinuierlich neue FAS zum Standard für Neuwagen erklärt.

Die Entwicklung neuer Assistenzsysteme, insbesondere durch Assistenzsystemen auf Basis von Fahrdynamikregelungen, in den vergangenen Jahren hat die Unfallzahlen, insbesondere die mit Todesopfern, drastisch sinken lassen, wie sich aus (Abb. 2) entnehmen lässt. Gleichzeitig hat der Automatisierungsgrad der Fahrerassistenzsysteme mit der rapiden fortschreitenden technischen Entwicklung in den zentralen Bereichen Sensorik, Aktuatorik und Algorithmen dramatisch zugenommen (Abb. 3). Abb. 3 zeigt insbesondere auch den Einfluss der jeweils eingesetzten Sensoriksystemen und dem Trend zur Konnektivität im Straßenverkehr. Mit großem Nachdruck wird auch die Entwicklung der Algorithmen vorangetrieben. Hier werden zunehmend in großem Umfang Methoden der Künstlichen Intelligenz, wie zum Beispiel das maschinelle Lernen eingesetzt, s. z. B. (Rehder, Koenig, Goehl, Louis, & Schramm, 2019).

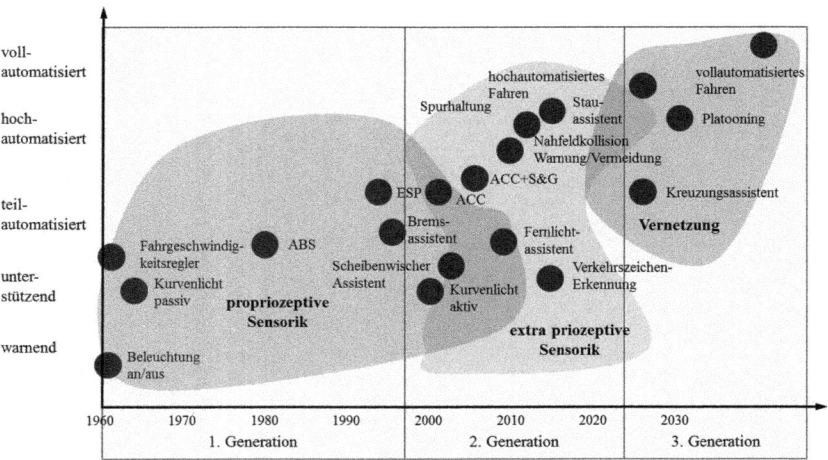

Abb. 3 Automatisierungsgrad von Fahrerassistenzsystemen in der zeitlichen Entwicklung. (Quelle: Schramm, Hesse, Unterreiner, & Maas, 2017)

Dies lässt, allerdings ausgehend von einem längeren Zeithorizont, auch eine Entwicklung bis hin zum vollautomatischen Fahren erwarten.

Eine systematische Klassifizierung der Ausprägung des Automatisierungsgrades von Fahrerassistenzsystemen wurde von der SAE in der Norm SAE J3016 (SAE, 2014) festgelegt Abb. 4. Die aktuell in Serienfahrzeugen verfügbaren Assistenzsysteme sind derzeit maximal der Stufe 2 der Einteilung zuzuordnen. Systeme der Stufe 3 sind zwar in Entwicklung, haben derzeit aber noch keine Serienreife und keine Straßenzulassung. Hier kommt als Komplikation hinzu, dass der Fahrer bei einem Systemabwurf, z. B. bei Verkehrssituation, die von dem System nicht mehr beherrscht werden kann, die Kontrolle über das Fahrzeug wieder übernehmen muss (Maas, 2017), (Maas & Schramm, 2016). Hierzu muss sichergestellt werden, dass er dazu in der Lage ist und es ist zu klären, wie die Zeit bis zur Übernahme überbrückt wird.

Die Durchdringung der neuzugelassenen Fahrzeugpopulationen mit Fahrerassistenzsystemen der Stufen 1 und 2 ist durchaus bemerkenswert. Eine Übersicht über die Einbauraten der meistgenutzten FAS in den Jahren 2015 und 2016 zeigt die Abb. 5. Diese Entwicklung wird zunehmend auch durch den Gesetzgeber getrieben. So wurde auf europäischer Ebene ein neues Gesetz initiiert, das ab 2022 eine Reihe von Assistenzsystemen serienmäßig für Neufahrzeuge vorschreibt. Im Pkw-Bereich gehören dazu ein intelligenter

	LEVEL 0	LEVEL 1	LEVEL 2	LEVEL 3	LEVEL 4	LEVEL 5
	NO AUTOMATION	DRIVER ASSISTANCE	PARTIAL AUTOMATION	CONDITIONAL AUTOMATION	HIGH AUTOMATION	FULL AUTOMATION
DRIVER	No Automation Warning only	Longitudinal or traverse control	Permanent system monitoring	Take over awareness	No driver needed in specific use cases	No driver needed System handles all situations at all times
					System handles all situations in specific use cases	
				Sends take over request if system limit is detected		
			Longitudinal and lateral control			
		System controls each other direction				
	Human Driver monitors the driving environment			Automated driving system monitors the driving environment		
EXAMPLES	Lane Departure Warning (LDW) Driver Drowsiness and Attention Monitoring	Adaptive Cruise Control (ACC) Lane Keeping Assistant (LKA)	Highway Driving Assistant (HDA) Lane Change Assistant (LCA)	Highly Automated Driving	Fully Automated Driving	Driverless

Abb. 4 Stufen des automatisierten Fahrens in Anlehnung an SAE J3016 (SAE, 2014) (Quelle: Schramm, Hesse, Maas, & Unterreiner, 2020)

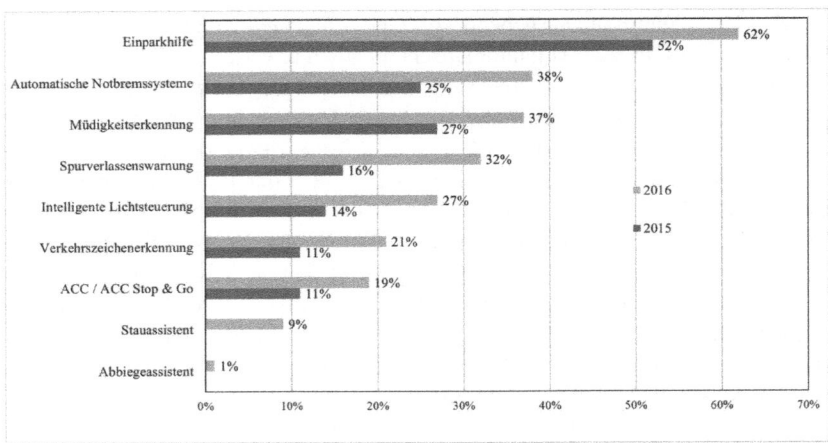

Abb. 5 Ausstattungsraten mit FAS für Neuwagen in Deutschland für die Jahre 2015 und 2016. (Datenquelle: Bosch, 2018)

Geschwindigkeitsassistent, ein Müdigkeitswarnsystem für den Fahrer, ein Rückfahrassistent, ein Notbremsassistent zur Warnung nachfolgender Fahrzeuge und die Vorbereitung eines Alkohol-Atemtests, um Fahrzeuge mit alkoholisierten Fahrern am Wegfahren zu hindern, sowie ein ereignisbezogenes Datenerfassungsgerät (Black Box) (European_Parliament, 2019).

In dem hier vorliegenden Beitrag wird eine Auswahl von Systemen betrachtet, die insbesondere Fahrerinnen und Fahrer mit altersbedingten Einschränkungen beim sicheren und komfortablen Führen ihrer Fahrzeuge unterstützen können. Insbesondere soll untersucht werden, welche Mensch-Maschinen-Schnittstellen geeignet sind, um das Potenzial der Assistenzsysteme voll nutzbar zu machen.

2   Ausgewählte Assistenzsysteme

Im Projekt ALFASY wurden geeignete Assistenzsysteme ausgewählt, um diese zunächst mithilfe akustischer Signale für ältere Menschen erfahrbar zu machen und den Nutzen dieser Systeme und der Mensch-Maschine-Schnittstelle für diese Bevölkerungsgruppe wissenschaftlich zu untersuchen.

2.1 Querverkehrswarnung beim Ausparken

Die Querverkehrswarnung überwacht beim Ausparken einen Teilbereich des Raums hinter dem Fahrzeug.

Hierbei wird, wie in Abb. 6 dargestellt, ein größerer Raum hinter und seitlich hinter dem Fahrzeug überwacht. Der Kernbereich der Überwachung ist hierbei der Verkehr rechts und links vom Fahrzeug. D. h. das System warnt den Fahrer optisch und/oder akustisch vor querendem Verkehr hinter dem Fahrzeugheck. Reichweite und Abdeckung variieren nach Sensorauswahl und Hersteller. Eine Raumüberwachung von bis zu 50 m kann zum Beispiel durch zwei Mittelbereichsradarsensoren, die links und rechts am Heck des Fahrzeugs angebracht sind, erfolgen (Bosch, 2020).

2.2 Einparkhilfe

Die Einparkhilfe ist eines der bekanntesten Assistenzsysteme. Das System basiert auf Umfeldsensorik wie z. B. Ultraschall, Radar oder auch Kameras, um die Abstände von Objekten rund ums Fahrzeug zu erfassen. Das Abschätzen der Fahrzeuggeometrie im Front- und Heckbereich ist die größte Herausforderung beim Einparken. Aerodynamische sowie designbedingte Gestaltungen können die Übersichtlichkeit einschränken. Dies gilt insbesondere für Form und Größe von Säulen und Fensterflächen. Auch die Einparkhilfe ist in verschiedenen Ausprägungen in Fahrzeugen zu finden.

Abb. 6 Querverkehrswarnung beim Ausparken

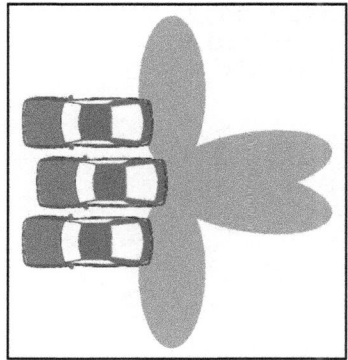

Das bekannteste und einfachste Prinzip ist die ultraschallbasierte Einparkhilfe. Dabei handelt es sich um ein rein akustisches und informierendes System. Die dabei an der Front und am Heck sowie teilweise an der Seite des Fahrzeugs verbauten Ultraschallsensoren ermitteln die Abstände zu umgebenden Objekten. Der ermittelte Abstand wird hierbei meist akustisch durch einen Intervallton mitgeteilt. Die Distanz zu den Objekten bestimmt dabei den Abstand zwischen den Tönen. Zur Unterscheidung der Richtung kann bei einigen Systemen die Frequenz des Intervalltons geändert werden. Darüber hinaus ist bei Fahrzeugen mit multiplen Lautsprechern oder anderen akustischen Signalgebern auch ein variabler Ort für die Schallquelle möglich, welcher bei der Orientierung im Raum helfen kann.

Neben der akustischen Darstellung ist bei besser ausgestatteten modernen Systemen auch eine optische Anzeige vorhanden, die die Abstände mit einfachen Farbmarkierungen um ein schematisches Auto herum darstellt (Abb. 7). Möglich ist auch die Kombination mit mehreren Kameras, deren Bilder durch eine entsprechende Steuergerätsoftware zu einem Bild aus der (scheinbaren) Vogelperspektive gerechnet und kombiniert werden.

Weiterentwickelte Systeme können nicht nur die Abstände erfassen, sondern auch Handlungsempfehlungen berechnen. So kann ein System beispielsweise Hilfslinien in das Bild einer Rückfahrkamera einblenden und so den Fahrer bei Lenkmanövern unterstützen. Andere Systeme vermessen die Parklücke und schlagen eine Abfolge von Lenkmanövern zum Einparken vor.

Auch teil- und vollautomatisierte Einparksysteme sind seit einigen Jahren verfügbar. Bei den teilautomatisierten Systemen plant das Steuergerät die Trajektorie zum Einparken und stellt das Lenkrad. Der Fahrer ist durch die Betätigung von

Abb. 7 Optische
Darstellung einer
Einparkhilfe

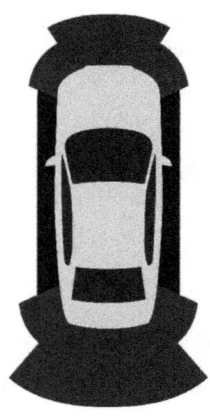

Gas- und Bremspedal noch aktiv am Einparkvorgang beteiligt. Beim vollauto-matischen Einparken wird auch diese Funktion von einem Steuergerät des Fahr-zeugs übernommen. Dabei lassen einige Systeme auch einen „Remote Betrieb" zu, bei der der Fahrer das Fahrzeug verlassen und den Einparkvorgang von außen beobachten kann. Nach der aktuellen Rechtsprechung ist allerdings die Überwachung durch den Fahrer auch bei allen vollautomatischen Systemen obligatorisch. Eine denkbare Überwachungsmöglichkeit für ein solches System ist z. B. ein "Totmannschalter", der während des gesamten Einparkvorgangs betätigt werden muss.

2.3 Totwinkel-Assistent

Vor einem Fahrstreifenwechsel ist der Fahrer verpflichtet den hinteren und seitlichen Fahrzeugbereich zu kontrollieren. Dies wird durch Überwachung der Spiegel und einem Schulterblick durchgeführt. Bei fehlerhaften Spiegel-einstellungen oder Unterlassung einer Kontrollmaßnahme können Verkehrs-teilnehmer im toten Winkel übersehen werden. Ein Fahrstreifenwechsel führt in solchen Fällen zur Kollision. Eine weitere Fehlerquelle ist die Geschwindigkeit herannahender Fahrzeuge von hinten auf Landstraßen und Autobahnen zu unter-schätzen. (Winner, Hakuli, & Wolf, 2012).

Um diese Gefahren zu erfassen, sieht die ISO-Norm 17387 (ISO, 2008) die Überwachung von zwei Zonen vor. Wie Abb. 8 zeigt, müssen zum einen die direkten Bereiche neben dem Fahrzeug sowie eine größere Zone hinter dem Fahr-zeug überwacht werden. Für die Überwachung der Bereiche eignen sich auch hier Radar, Lidar und Kameras. In aktuellen Serienfahrzeugen erfolgt die Über-wachung zum Beispiel durch Mittelbereichsradarsensoren, die seitlich am Heck oder auch in den Außenspiegeln angebracht sind (Bosch, 2020).

Abb. 8 Überwachung in zwei Zonen gemäß ISO 17387

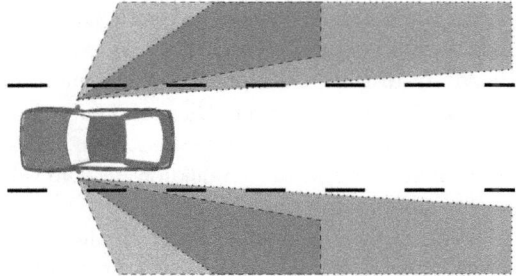

Die Sensoren erfassen zum einen Objekte direkt neben dem Fahrzeug aber auch Fahrzeuge in größerem Abstand. Im hinteren Bereich wird zudem nicht nur das Auftreten eines Objektes erfasst, sondern auch dessen relative Geschwindigkeit. Werden Objekte neben dem Fahrzeug detektiert so wird der Fahrer optisch, z. B. durch eine Lampe am Seitenspiegel, gewarnt. Dies trifft auch zu, wenn sich Fahrzeuge mit einer erhöhten Relativgeschwindigkeit nähern. Derartige Abbiegeassistenten werden, zunächst für Lkw und Busse ab 2022 Pflicht in der EU (Europäische_Kommission, 2019).

2.4 Spurhalteassistent

Neben Systemen zur Längsführung, wie ACC, die bereits seit ca. 20 Jahren im Serieneinsatz sind, werden mittlerweile auch Systeme zur Querführung in der Fahrbahnführungsebene eingesetzt. Eines dieser Systeme ist der Spurhalteassistent, der ein unbeabsichtigtes Überfahren von Fahrbahnmarkierungen und -rändern verhindern soll. Grundsätzlich kann bei diesen Systemen zwischen aktiven und passiven Varianten unterschieden werden (Schramm et al., 2017):

- Systeme, deren Aufgabe es ist, den Fahrer bei Überschreiten der Fahrbahnmarkierung zu warnen, werden als passive Spurhalteassistenten bezeichnet. Die Warnung vor dem Überschreiten der Fahrbahnmarkierung kann akustisch, visuell oder sogar haptisch erfolgen. Derartige Systeme werden auch als Spurverlassenswarner bezeichnet.
- Neben der Warnfunktion passiver Systeme können aktive Systeme den Fahrer durch ein zusätzlich eingestelltes Lenkmoment unterstützen, um die Fahrzeugausrichtung in Bezug auf die eigene Fahrspur anzupassen. Diese Systeme werden oft als aktive Spurhalteassistenten bezeichnet.

Beide Varianten des Spurhalte-Assistenten basieren auf der gleichen Messung und Auswertung der eigenen Position relativ zur gewählten Fahrspur. Um diese relativen Abstände und Winkel einzuhalten, misst ein Kamerasystem die Position der Fahrbahnmarkierungen. Dies erfordert ein hohes technisches Niveau der eingesetzten Hardware, da, im Gegensatz zu vielen Anwendungen der industriellen Bildverarbeitung in der Produktion die Umweltbedingungen im Straßenverkehr nicht kontrollierbar sind.

Fahrstreifenerkennungssysteme erhalten ihre Daten aus einem umgebungserfassenden Sensor wie z. B. einer Kamera, die im Inneren der Fahrerkabine z. B.

hinter dem Rückspiegel befestigt ist und die Straße beobachtet. Die gewonnen Daten werden meist durch verschiedene Algorithmen der Bildverarbeitung und/ oder Methoden des maschinellen Lernens verarbeitet, um Fahrbahnmarkierungen im Raum vor dem Fahrzeug zu detektieren, wie dies schematisch in Abb. 9 dargestellt wird. Eine vollkommen fehlerfreie Bilderkennung bei allen Wetter- und Lichtverhältnissen ist aufgrund der Komplexität der auftretenden Bilder und Situationen aktuell unmöglich. Da auch die Straßenoberfläche nicht fehlerfrei ist, sind zusätzliche Störungen wie fehlende oder fehlerhafte Spurmarkierungen zu berücksichtigen, ebenso wie Baustellenmarkierungen.

Je nach Ausstattung eines Spurverlassenswarners kann dieser mit unterschiedlichen Signalen ein Verlassen der Spur signalisieren. Dies kann optisch durch Anzeigen auf dem Instrumentenfeld des Fahrzeugs, akustisch durch diverse Signaltöne oder haptisch durch Vibrationen am Lenkrad oder des Sitzes erfolgen. Neben der reinen Warnung können inzwischen viele Spurverlassenswarner auch kurze Lenkmanöver durchführen und so das Fahrzeug selbstständig auf die Spur zurücklenken. Derartige Lenkmanöver werden nicht notwendigerweise durch einen Lenkeingriff durchgeführt, sondern es ist auch möglich, in das Fahrzeug durch ein aus dem Anbremsen der Räder einer Seite resultierendes Drehmoment um die Achse senkrecht zur Fahrbahnoberfläche einen Drall zurück in die Straße einzuleiten.

Die höchste Ausbaustufe sind derzeit sogenannte Spurhalteassistenten, ggf. kombiniert mit Spurwechselassistenten. Bei diesen folgt das Fahrzeug durch entsprechende Lenkeingriffe in einem weiten Bereich ohne Fahrereingriffe selbstständig seiner Spur oder wechselt diese, wenn der Fahrer diesen Wunsch z. B. durch eine Betätigung des Fahrtrichtungsanzeigers anzeigt. Bei diesen Systemen muss nach heutiger Rechtsprechung in vorgegebenen kurzen Zeitabschnitten

Abb. 9 Typisches Einsatzszenario eines kamerabasierten Spurhalte-Assistenzsystems. (Quelle: Winner et al., 2012)

überwacht werden, dass der Fahrer jederzeit und ohne Verzögerung das Fahrzeug übernehmen kann. Dies erfolgt typischerweise dadurch, dass der Fahrer regelmäßig das Lenkrad berührt. Eine Ausnahme gilt für sogenannte Stauassistenten unterhalb einer bestimmten Geschwindigkeit.

2.5   Reifendruckkontrollsystem

Seit November 2014 müssen alle Neufahrzeuge innerhalb der Europäischen Union mit einem zulässigen Gesamtgewicht von bis zu 3,5 t mit Reifendruckkontrollsystemen (Tire Pressure Monitoring Systems, TPMS) ausgestattet sein (EU-Verordnung Nr. 661/2009). Dabei wird zwischen direkten und indirekten Reifendrucküberwachungssystemen unterschieden. Diese unterscheiden sich in der Art und Weise, wie der Fülldruck überwacht wird.

• Direkte Reifendrucküberwachungssysteme verwenden einen Reifendrucksensor in jedem Rad, um die Fülldrücke und Fülllufttemperaturen zu messen (Abb. 10). Diese Informationen werden zusammen mit der individuellen Sensoridentifikation per Funksignal (Europa 434 MHz-Band) an die Steuereinheit im Fahrzeug übertragen (Hoppe, Kessler, Müller, & Wagner, 2013). Dies ermöglicht eine reifenspezifische Druckanzeige im Kombiinstrument. Direkt messende Systeme erkennen sowohl langsame Diffusionsverluste

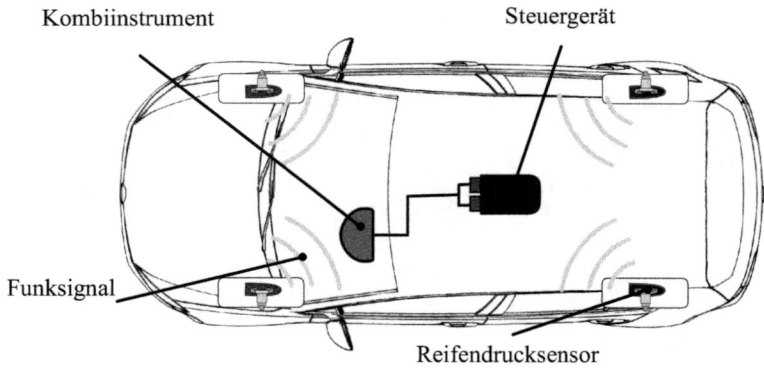

Abb. 10 Schema eines direkten Reifendruckkontrollsystems. (Quelle: in Anlehnung an Hoppe et al., 2013)

als auch schnelle Druckverluste. Reifendrucksensoren erreichen eine Mess-
genauigkeit von ca. 0,1 bar. Die Sensoren liefern typischerweise alle 30 bis
60 s ein Signal. Ein Steuergerät verarbeitet die Informationen und bereitet
sie für die Anzeige im Kombiinstrument vor. Der Stand der Technik ist
eine Integration des Sensors in die Felge. Die aus dem Sensorgehäuse und
dem darin verschraubten Ventil bestehende Einheit wird ergänzt durch eine
Leiterplatte mit einem integrierten Sensor sowie weiteren elektronischen
Komponenten, einschließlich einer Stromversorgung. Ein neues innovatives
Konzept der Reifendrucksensorbefestigung ist die Befestigung des Sensors an
der Innenseite der Lauffläche des Rades.

- Im Gegensatz zu direkten Reifendrucküberwachungssystemen messen
indirekte Reifendrucküberwachungssysteme nicht den Druck in den
Reifen, sondern nutzen in erster Linie die vorhandenen Signale der
ABS-Raddrehzahlsensoren (Abb. 11). Diese Systeme machen sich die Tat-
sache zunutze, dass der Abrollumfang des Rades und damit der effektive
Abrollradius vom Reifendruck abhängt. Sinkt der Reifendruck, verringert
sich der Abrollradius. Dies wiederum erhöht die Geschwindigkeit des Rades
im Verhältnis zu den anderen Rädern. Durch die Auswertung der Differenz-
geschwindigkeiten aller Räder kann so der Druckverlust einzelner Räder
erkannt werden. Vorteile der indirekten Systeme sind geringere Kosten, da
keine zusätzlichen Komponenten implementiert werden müssen. Der Nach-
teil ist, dass weder Reifendrücke noch die Temperatur der Füllluft gemessen

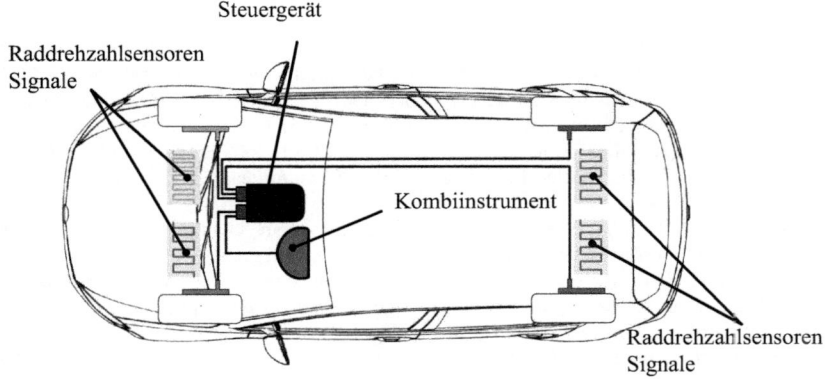

Abb. 11 Schema eines indirekten Reifendruckkontrollsystems. (Quelle: in Anlehnung an
Hoppe et al., 2013)

werden können. Eine korrekte Warnung hängt von der korrekten Kalibrierung des Systems ab. Bei hochdynamischem Fahren mit Querbeschleunigungen größer als $2\,\text{m/s}^2$ ist das System inaktiv.

Die Anzeige der durch das System ermittelten Daten erfolgt in einer ähnlichen Form, wie dies später auch für den eingesetzten Fahrsimulator in Abschnitt beschrieben wird.

Literatur

Bosch. (2018). Anteil der in Neuwagen verbauten Fahrerassistenzsysteme in Deutschland in den Jahren von 2015 bis 2016. Retrieved from https://de.statista.com/statistik/daten/studie/510266/umfrage/anteil-der-in-neuwagen-verbauten-fahrerassistenzsysteme-in-deutschland/

Bosch. (2020). Querverkehrswarnung. Retrieved from https://www.bosch-mobility-solutions.de/de/produkte-und-services/pkw-und-leichte-nutzfahrzeuge/fahrerassistenzsysteme/querverkehrswarnung/

Brown, I. D. (2002). *A review of the "looked but failed to see" accident causation factor.* Paper presented at the Behavioural research in road safety: Eleventh Seminar, London.

Bundesministerium für Verkehr, B. u. S. (2011). Verordnung über die Zulassung von Fahrzeugen zum Straßenverkehr (Fahrzeug-Zulassungsverordnung – FZV). In.

Europäische_Kommission. (2019). Abbiegeassistenten für Lkw und Busse werden ab 2022 Pflicht. Retrieved from https://ec.europa.eu/germany/news/20190326-abbiege-assistenten_de

European_Parliament. (2019). General safety of vehicles and protection of vulnerable road users. Retrieved from http://www.europarl.europa.eu/thinktank/de/document.html?reference=EPRS_BRI%282018%29625192

EU-Verordnung (2019). *Verordnung (EG) Nr. 661/2009 des europäischen Parlamentsund des Rates vom 13. Juli 2009 über die Typgenehmigung von Kraftfahrzeugen, Kraftfahrzeuganhängern und von Systemen, Bauteilen und selbstständigen technischen Einheiten für diese Fahrzeuge hinsichtlich ihrer allgemeinen Sicherheit.* Received from https://eur-lex.europa.eu/LexUriServ/LexUriServ.do?uri=OJ:L:2009:200:0001:0024:DE:PDF

Hoppe, U., Kessler, R., Müller, B., & Wagner, M. (2013). *Reifendruckkontrollsysteme*: Süddeutscher Verlag onpact GmbH.

ISO. (2008). ISO 17387: Intelligent transport systems – Lane change decision aid systems (LCDAS) – Performance requirements and test procedures. In.

König, W. (2015). Nutzergerechte Entwicklung der Mensch-Maschine-Interaktion von Fahrerassistenzsystemen. In *Handbuch Fahrerassistenzsysteme* (pp. 621–632): Springer.

Maas, N. (2017). *Konzeptionierung, Auslegung und Umsetzung von Assistenzfunktionen für die Übergabe der Fahraufgabe aus hochautomatisiertem Fahrbetrieb.* (Doktor Dissertation). Duisburg-Essen, Duisburg.

Maas, N., Hesse, B., Koppers, M., & Schramm, D. (2014, 10-12.09.2014). *Simulator setup according to use case scenarios-A human-oriented method for virtual development.* Paper presented at the Mechatronic and Embedded Systems and Applications (MESA), 2014 IEEE/ASME 10th International Conference on, Senigallia, Italien.

Maas, N., & Schramm, D. (2016, 01.03.2016-02.03.2016). *Lösungsansätze zur Problematik der Übergabe der Fahraufgabe an den Fahrer aus automatisiertem Fahrbetrieb.* Paper presented at the AmE 2016–Automotive meets Electronics, Dortmund, Deutschland.

Rehder, T., Koenig, A., Goehl, M., Louis, L., & Schramm, D. (2019). Lane Change Intention Awareness for Assisted and Automated Driving on Highways. *IEEE Transactions on Intelligent Vehicles, 4*(2), 265–276. https://doi.org/10.1109/tiv.2019.2904386

Reif, K. (2010). *Fahrstabilisierungssysteme und Fahrerassistenzsysteme*: Springer.

SAE. (2014). SAE J3016 Taxonomy and Definitions for Terms Related to On-Road Motor Vehicle Automated Driving Systems. In. Berlin: Beuth.

Schramm, D., Hesse, B., Maas, N., & Unterreiner, M. (2020). *Vehicle Technology – Technical Foundations of Current and Future Motor Vehicles.* Berlin/Boston: De Gruyter Oldenbourg.

Schramm, D., Hesse, B., Unterreiner, M., & Maas, N. (2017). *Fahrzeugtechnik – Technische Grundlagen aktueller und zukünftiger Kraftfahrzeuge.* Duisburg: De Gruyter Oldenburg.

Winner, H., Hakuli, S., & Wolf, G. (2012). *Handbuch Fahrerassistenzsysteme: Grundlagen, Komponenten und Systeme für aktive Sicherheit und Komfort* (2., korrigierte Auflage ed.). Wiesbaden: Vieweg+Teubner Verlag/ Springer Fachmedien Wiesbaden GmbH Wiesbaden.

Fahrerassistenzsysteme im Kontext altersgerechter HMI-Gestaltung

Martin Brockmann, Milan Schreiber, Sophia Wingen und Pia Immoor

Inhaltsverzeichnis

M. Brockmann (✉) · M. Schreiber · S. Wingen
Allround Team GmbH, Köln, Deutschland
E-Mail: Martin.Brockmann@allround-team.com

M. Schreiber
E-Mail: Milan.Schreiber@allround-team.com

S. Wingen
E-Mail: Sophia.Wingen@allround-team.com

P. Immoor
Allround Team GmbH, Erftstadt, Deutschland
E-Mail: Pia.Immoor@allround-team.com

Die zunehmend älter werdende Weltbevölkerung (DESA, UN, 2019; Haustein, Mischke, Schönfeld, & Willand, 2016) und der damit verbundene Zuwachs an älteren Verkehrsteilnehmerinnen und –teilnehmern (Haustein, Mischke, Schönfeld, & Willand, 2016) stellt die Automobilbranche bereits jetzt und umso mehr in der Zukunft vor neue Herausforderungen. Studien zeigen, dass der Abbau von sensorischen, körperlichen und kognitiven Fähigkeiten im Alter viele Besonderheiten in Hinblick auf die Teilnahme am Straßenverkehr (Davidse, 2006) und die Verwicklung in Verkehrsunfälle (Young, Koppel, & Charlton, 2017; Fornells, Parera, Ferrer, & Fiorentino, 2017) mit sich bringt. Zur Unterstützung dieser Gruppe empfiehlt sich die Verwendung von Fahrerassistenzsystemen, den sogenannten Advanced Driver Assistance Systems (ADAS; Davidse, 2006). Der Anteil an älteren Personen, die jedoch tatsächlich ADAS Technologien besitzen und nutzen ist sehr gering (Trübswetter 2015). Ein zentraler Grund dafür können Probleme in der Bedienbarkeit und Verständlichkeit der Benutzerschnittstelle sein. Diese Benutzeroberfläche wird als Human-Machine-Interface (HMI) bezeichnet. Das HMI ist die Schnittstelle zwischen der Technologie und der Nutzerin oder dem Nutzer und ist somit ein maßgebender Faktor für die Erfahrung und die Häufigkeit der Nutzung von Assistenzsystemen (Harvey, Stanton, Pickering, McDonald, & Zheng, 2011). Im Rahmen dieses Beitrags soll herausgearbeitet werden, inwiefern bereits erhältliche Assistenzsysteme älteren Menschen von Nutzen sind und welche Probleme ältere Menschen aufgrund ihrer altersbedingten Defizite beim Autofahren und bei der Interaktion mit Benutzerschnittstellen haben. Auf Basis dieser Analyse können dann ADAS und HMIs entworfen werden, die sich den Problemen dieser Personengruppe annehmen (Kupschick, Bürgelen, Jürgensohn, & Protzak, 2019). Hinzu kommt, dass technische Weiterentwicklungen, wie verbesserte und zuverlässigere Sensorik sowie die zunehmende Automatisierung von Fahrzeugen in Zukunft noch ein stärkeres Unterstützungspotenzial der Assistenzsysteme für ältere Menschen erwarten lassen.

1   ADAS als potenzielle Hilfe

Die Gruppe älterer Verkehrsteilnehmerinnen und -teilnehmer ist besonders gefährdet, in Verkehrsunfällen schwer verletzt zu werden oder umzukommen (Langford & Koppel, 2006). Besonders in komplexen Situationen, wie Kreuzungen, zeigt sich, dass ältere Fahrerinnen und Fahrer eine erhöhte Wahrscheinlichkeit haben, in Unfälle involviert zu sein (Fornells, Parera, Ferrer, & Fiorentino, 2017). Ältere Personen sind zwar in absoluten Zahlen in weniger Unfälle involviert als jüngere, jedoch fahren sie mit dem Alter insgesamt weniger Auto und sind so pro gefahrenem Kilometer gefährdeter, sich und andere zu verletzen (Trübswetter,

2015). Fahrerassistenzsysteme bieten hier eine vielversprechende Lösung, um die Fahrsicherheit zu erhöhen (Davidse, 2006). Fahrerassistenzsysteme werden nach dem deutschen Verkehrssicherheitsrat (DVR; 2016) wie folgt definiert: „Fahrerassistenzsysteme sind Systeme, die geeignet sind, den Fahrer in seiner Fahraufgabe hinsichtlich Wahrnehmung, Fahrplanung und Bedienung zu unterstützen [...]" (Deutscher Verkehrssicherheitsrat e. V., 2006). Die Spurverlassungswarnung, das Kollisionswarnsystem, der Totwinkel-Assistent, Parkassistenten, Navigationssysteme, die adaptive Geschwindigkeitsregelung, die Automatic Crash Notification und die adaptiven Scheinwerfer konnten innerhalb eines Literaturreviews von Eby et al. (2016) als hilfreich für ältere Fahrerinnen und Fahrer identifiziert werden. Zudem sahen ältere einen höheren Nutzen in einem Kreuzungsassistenten als jüngere und gaben an, dass das System für sie die Möglichkeit birgt, altersbedingte Defizite auszugleichen (Ziefle, Pappachan, Jakobs, & Wallentowitz, 2008). Bereits auf dem Markt erhältliche Assistenzsysteme erweisen sich also für Ältere als hilfreich. Dies zeigte auch eine Studie, in der ältere Teilnehmende, im Vergleich zu jüngeren Teilnehmenden, unterstützende Systeme in ihren eigenen Fahrzeugen besser bewerteten und eine höhere Bereitschaft zeigten, diese erneut zu kaufen (Crump, et al., 2016). Allgemein können Assistenzsysteme besonders ältere Fahrerinnen und Fahrer unterstützen, da sie altersbezogene Schwächen kompensieren und so die Fahrsicherheit verbessern können (Ziefle, Pappachan, Jakobs, & Wallentowitz, 2008). Die Systeme unterstützen die Fahrerinnen und Fahrer unter anderem dabei, schneller auf bevorstehende Hindernisse zu reagieren, Zusammenstöße zu vermeiden oder die Spur auch bei Ablenkung sicherer zu halten. Weiterhin können sie mentale Anforderungen und Stress reduzieren (Eby, et al., 2016). Zusammenfassend lässt sich sagen, dass ältere Menschen die bereits auf dem Markt erhältlichen Fahrerassistenzsysteme als geeignet ansehen, ihre altersbedingten Defizite ausgleichen und den Fahrkomfort zu steigern (Trübswetter, 2015). Ein großer Teil der vorhandenen empirischen Studien nimmt allerdings keine explizite Trennung zwischen älteren und jüngeren Fahrerinnen und Fahrern vor, beziehungsweise untersucht ältere Personen nicht als explizite Gruppe (Eby, et al., 2016). Die tatsächliche Akzeptanz und Nutzung der bereits erhältlichen Systeme durch diese Zielgruppe sind also insgesamt noch nicht hinreichend erforscht.

Trotz der positiven Einstellung werden ADAS in der Realität nicht zu ihrem vollen Potenzial genutzt. Wie eingangs erwähnt, ist der Anteil älterer Fahrerinnen und Fahrer, welche ADAS aktiv nutzen, momentan vergleichbar gering. So zeigte sich in einer Studie von Trübswetter (2015), dass sich die Benutzung von ADAS bei Älteren fast ausschließlich auf den Tempomaten sowie die akustische Einparkhilfe beschränkte. Außerdem gaben ältere Versuchspersonen an, keine Technologien akzeptieren zu können, die zunehmend die kognitive Kontrolle der Fahrerin oder des Fahrers übernehmen. Sie erhoben den Anspruch, die entscheidungsfällende Instanz im Fahrzeug zu bleiben, solange es möglich ist (Ziefle, Pappachan, Jakobs, & Wallentowitz, 2008). Die möglichen Gründe für die geringe Nutzung von Fahrerassistenzsystemen durch ältere Personen werden im folgenden Abschnitt genauer betrachtet.

2 Probleme älterer Fahrerinnen und Fahrer mit ADAS und HMIs

Die Probleme älterer Menschen ADAS zu nutzen, haben verschiedene Ursachen und werden durch die Erfahrungen oder Selbstwirksamkeit der Person, aber auch durch die Gestaltung der Systeme beeinflusst. So zeigen Studien, dass es einen Zusammenhang zwischen dem Alter und der Angst, Technologien zu nutzen, gibt (Chung, Wang, Fulk, & McLaughlin, 2010). Einen negativen Zusammenhang gibt es zwischen der Angst, Technologien zu nutzen, und der Selbstwirksamkeit (Chung, Wang, Fulk, & McLaughlin, 2010), dem Selbstvertrauen (Lee & Coughlin, 2015) sowie der Erfahrung einer Person (Chung, Wang, Fulk, & McLaughlin, 2010; Niemelä-Nyrhinen, 2007). Selbstwirksamkeit meint das Vertrauen, die technischen Systeme erfolgreich erlernen und nutzen zu können (Chung, Wang, Fulk, & McLaughlin, 2010). Wird mehr Selbstvertrauen, Selbstwirksamkeit, oder größere Erfahrung mit technischen Systemen empfunden, besteht eine geringere Angst, neue Technologien zu nutzen. Dementsprechend können positive Erfahrungen mit den Systemen sowie eine wahrgenommene Selbstwirksamkeit und Selbstvertrauen bei älteren Menschen die Angst, entsprechende Technologien zu nutzen, abbauen.

Weitere Nutzungsbarrieren wurden innerhalb einer qualitativen Studie mit Autofahrerinnen und Autofahrern über 60 Jahren identifiziert. In dieser zeigte sich die geringe wahrgenommene Nützlichkeit der ADAS als Haupt-Nutzungsbarriere für die Befragten. Dabei beziehen Ältere sich nicht nur auf die Nützlichkeit des Systems an sich, sondern geben auch an, dass die Systeme keine entsprechenden Unterstützungen für sie selbst mit sich bringen. Die anschließend am häufigsten genannten Nutzungsbarrieren sind die Funktionsgrenzen, also die wahrgenommene Begrenztheit der Sensorik, sowie der Anschaffungspreis (Trübswetter, 2015).

Eine weitere Nutzungsbarriere stellt die Benutzerfreundlichkeit dar, also die Bedienbarkeit und Erlernbarkeit der Benutzeroberflächen (Kim & Christiaans, 2012). Assistierende Technologien können nur unterstützen, so lange sie intuitiv und konsistent zu bedienen sind und den Menschen mit der Ausgabe von Information oder Warnung zuverlässig zu richtigen und rechtzeitigen Reaktionen leiten. Dabei ist die Gestaltung des HMIs für ADAS von besonderer Relevanz, da das HMI wesentlich zur Entwicklung des mentalen Modells beiträgt, welches die Nutzerin oder der Nutzer benötigt, um das Systemverhalten und die Systemgrenzen im Fahrkontext richtig einschätzen und erlernen zu können (Strand, Stave, & Ihlström, 2018). Die Qualität eines HMIs als die Schnittstelle zwischen Technologie und Mensch ist somit ein maßgebender Faktor für die positive Erfahrung und damit auch die Häufigkeit der Nutzung von Fahrerassistenzsystemen (Harvey, Stanton, Pickering, McDonald, & Zheng, 2011). Weiter muss bedacht werden, dass ein Fahrerassistenzsystem-HMI in der Regel auch eine wichtige sicherheitsrelevante Komponente beinhaltet, da die Fahrerin oder der Fahrer ein fester Bestandteil des Sicherheitskonzepts des Systems ist. Durch das HMI wird sie oder er darin eingebunden, um eine gebrauchssichere Nutzung zu gewährleisten. Die Kontrollierbarkeit des Fahrzeugs muss nachweisbar auch im Fehlerfall, etwa bei einer Fehlwarnung oder einem Systemausfall, gesichert bleiben (Knapp, Neumann, Brockmann, Walz, & Winkle, 2009).

Assistenzsysteme können ältere Fahrerinnen und Fahrer besonders dann unterstützen, wenn ihr Design kongruent mit ihren Bedürfnissen und verschiedenen Fähigkeiten ist (Rogers & Fisk, 2010). Um einen Nutzen für ältere Menschen zu gewährleisten, müssen daher deren spezifische Bedürfnisse berücksichtigt werden (Sixsmith & Sixsmith, 2000). HMI kann also unter anderem eine Nutzungsbarriere an sich darstellen, zum Beispiel, wenn es nicht intuitiv gestaltet oder verständlich ist oder nicht den Bedürfnissen der Zielgruppe entspricht. Andererseits hat HMI aber auch das Potenzial, weitere Nutzungsbarrieren, wie die Angst vor Technik, oder die gering wahrgenommene Nützlichkeit, durch eine verständliche und intuitive Gestaltung zu reduzieren. So können HMIs die Erfahrung mit einem System positiv beeinflussen sowie zu einer verstärkten und sichereren Nutzung der Systeme beitragen. Dabei geht es bei der Entwicklung von HMIs auch, aber nicht nur, um die optische Erscheinung des HMIs. Es zeigte sich bereits innerhalb einer Studie von Kim und Christiaans (2012), dass sich ältere Personen öfter über sensorische Qualitäten elektronischer Geräte wie die Form, das Erscheinungsbild, die Größe, die Beschaffenheit, Geräusche oder die Haptik beschwerten, als jüngere Personen. Neben einem ansprechenden Design war es für die älteren Personen außerdem wichtig, dass elektronische Geräte verständlich gestaltet sind und Feedback geben (Kim & Christiaans, 2012). Dies hat unter dem Aspekt der sicheren Interaktion mit dem System und seinen Limitationen (Knapp, Neumann, Brockmann, Walz, & Winkle, 2009) einen besonders hohen Stellenwert in der Gestaltung von HMIs für Fahrerassistenzsysteme. Dabei ist die Interaktionslogik des HMIs ein entscheidender Faktor. Interaktionslogik meint zum Beispiel, wie die Bedienwege strukturiert sind, wie bestimmte Funktionen aktiviert werden oder ob die Wege innerhalb einer Anwendung schlüssig sind. Im Folgenden werden die für das HMI relevanten Besonderheiten der Zielgruppe älterer Fahrerinnen und Fahrer näher dargestellt und in Bezug auf ihre Gestaltungsrelevanz erläutert.

3 Gestaltungsrelevante Besonderheiten der Zielgruppe älterer Fahrerinnen und Fahrer

Um gezielt ältere Menschen an unterstützende ADAS Technologien heranzuführen und die Nutzungshäufigkeit sowie – sicherheit zu erhöhen, ist es wichtig auf die Besonderheiten zu achten, die diese Altersgruppe mit sich bringt. Dazu zählen sensorische Defizite in den Bereichen des Sehens und des Hörens, sowie physische und kognitive Defizite. In diesem Abschnitt werden die einzelnen Defizitbereiche und ihre Relevanz für den Kontext des Autofahrens sowie der HMI Entwicklung weiter erörtert.

3.1 Sensorische Defizite

Visuelle Defizite
Die visuelle Wahrnehmung ist der wichtigste Sinneskanal im Fahrkontext. Bis zu 95 % der fahrbezogenen Inhalte werden über den visuellen Kanal aufgenommen (Shinar & Schieber, 1991). Dabei kann es sich um Informationen außerhalb des Fahrzeuges, wie andere Verkehrsteilnehmende oder Straßenschilder, als auch um Informationen innerhalb des Fahrzeuges, wie Display-Inhalte und Anzeigen handeln. Bei älteren Menschen wird eine Rückbildung verschiedener fahrrelevanter visueller Funktionen beobachtet. Dazu gehören die statische und dynamische Sehschärfe, das Blickfeld, das Sehen bei Dunkelheit sowie die Hell-Dunkel-Adaption, die Kontrastsensitivität, das Bewegungssehen und die Farbwahrnehmung (Davidse, 2006; Shinar & Schieber, 1991). Die visuellen Fähigkeiten gehen durchschnittlich ab einem Alter von 40 Jahren zurück und können für die betroffenen Personen einen Einfluss auf die Fahrleistung haben (Trübswetter, 2015). Im folgenden Abschnitt sollen die verschiedenen visuellen Fähigkeiten noch einmal näher betrachtet und in Hinblick auf ihre Relevanz für die HMI Gestaltung diskutiert werden.

Statische und dynamische Sehschärfe
Der Rückgang der statischen Sehschärfe findet kontinuierlich statt, der initiale Rückgang der Sehschärfe beginnt ungefähr im Alter von 60 Jahren. Defizite in der Sehschärfe lassen sich allerdings durch Brillen und Kontaktlinsen gut ausgleichen. Nutzt eine Person eine solche Korrektur (Brille und Kontaktlinse),

dann ist die statische Sehschärfe die visuelle Fähigkeit, die am wenigsten durch den altersbedingten Rückgang beeinträchtigt ist (Shinar & Schieber, 1991). Die dynamische Sehschärfe beschreibt die Fähigkeit, Details von sich bewegenden Objekten zu erkennen. Im Kontext des Autofahrens ist ein Rückgang der dynamischen Sehschärfe am höchsten mit dem Risiko in einen Unfall verwickelt zu sein korreliert (Shinar & Schieber, 1991). Ihr altersbedingter Rückgang beginnt schon früher als der Rückgang der statischen Sehschärfe. Die dynamische Sehschärfe nimmt ab einem Alter von 50 Jahren ab (Shinar & Schieber, 1991). Die Wahrnehmung von beweglichen Objekten spielt auch in der Betrachtung von Displays eine entscheidende Rolle. So kann der Rückgang in der dynamischen Sehschärfe damit einhergehen, dass sich bewegende HMI Komponenten schlechter wahrgenommen werden. Andererseits bieten Displays auch die Möglichkeit, sich bewegende, relevante Objekte aus dem Umfeld der Fahrerin oder des Fahrers hervorzuheben und so deren Wahrnehmung zu verbessern.

Sehen bei Dunkelheit
Die Fähigkeit, bei Dunkelheit zu sehen, nimmt ebenfalls im Alter ab. In einer Studie zeigte sich, dass die Entfernung, bei der ein Verkehrsschild bei Nacht noch gut erkannt werden konnte, für Fahrerinnen und Fahrer über 60 Jahren circa 30 % kürzer war als für Fahrerinnen und Fahrer unter 25 Jahren. Die Verschlechterung des Sehens bei geringen Lichtverhältnissen beginnt nicht nur früher, sondern ist auch insgesamt größer als der Rückgang der allgemeinen Sehschärfe (Shinar & Schieber, 1991). Außerdem ist die Hell-Dunkel-Adaptation bei älteren Menschen im Vergleich zu jüngeren substanziell verlangsamt. So zeigte sich eine um bis zu zweieinhalb Minuten verlangsamte Übernahme des Stäbchen-Systems, also dem System, welches für das Sehen bei Dunkelheit verantwortlich ist, bei Versuchspersonen über 70 Jahren im Vergleich zu 20 – bis 30-Jährigen (Jackson, Owsley, & McGwin Jr., 1999). Relevant für Fahrten bei geringen Lichtverhältnissen ist auch das Sehen während und nach einer Blendung. Blendungen können beim Autofahren durch externe statische Lichtquellen, andere Verkehrsteilnehmerinnen und – teilnehmer, oder auch die Displays im Fahrzeug entstehen. Ältere Menschen zeigen während einer Blendung eine geringere Sehleistung als jüngere. Außerdem brauchen sie länger, um sich von einer Blendung zu erholen. Dabei dauerte es für die ältesten Versuchspersonen (über 85 Jahre) im Durchschnitt eine Minute länger (1,20 min.), um sich von einer einminütigen Blendung zu erholen als für die Teilnehmerinnen und Teilnehmer zwischen 65 und 74 Jahren (20 s.). Außerdem gab es für die älteren Personen eine größere Variabilität in der Erholungszeit nach einer Blendung, sodass 25 % der Personen in der ältesten Gruppe sogar länger als 3 min brauchten, um sich von einer einminütigen Blendung zu erholen. (Haegerstrom-Portnoy, Schneck, & Brabyn, 1999). Die Hell-Dunkel-Adaptation sowie das

Sehen während und nach einer Blendung spielen besonders im HMI Kontext eine Rolle, da Fahrerinnen und Fahrer bei Nachtfahrten teilweise vom hellen HMI auf die dunkle Straße schauen und sich ihre Augen dementsprechend schnell an die unterschiedlichen Lichtverhältnisse anpassen müssen. Außerdem können schwer erkennbare Elemente des Umfeldes durch das HMI hervorgehoben werden.

Blickfeld

Das Blickfeld, also der Bereich, in dem man scharf sehen und Objekte mit den Augen fixieren kann, spielt für die visuelle Funktionsfähigkeit eine entscheidende Rolle. Studien konnten bereits zeigen, dass es eine altersbedingte Reduzierung des Blickfeldes gibt. So zeigt eine Studie von (Ramrattan et al. 2001), dass 3 % der Studienteilnehmerinnen und -teilnehmer zwischen 55–64 Jahren von einem Verlust des Blickfeldes betroffen waren. Bei den Teilnehmerinnen und -teilnehmern über 85 waren 17 % davon betroffen (Ramrattan, et al., 2001). Neben dem zentralen Blickfeld spielt auch das periphere Sehen eine wichtige Rolle im Fahrkontext. Im peripheren Sehen werden Objekte zunächst grob erkannt, um anschließend den Blick auf die entsprechenden Objekte verlagern zu können. Die Fähigkeit zum peripheren Sehen lässt ebenfalls im Alter nach (Cohen 2008). Dabei gibt es besonders im hohen Alter eine hohe Variabilität zwischen den Versuchsteilnehmerinnen und –teilnehmern. So konnten einige Teilnehmende visuelle Reize im peripheren Blickfeld gut wahrnehmen, während andere keine Wahrnehmung im peripheren Feld zeigten, wenn sie sich auf einen Reiz im zentralen Gesichtsfeld fokussierten (Haegerstrom-Portnoy, Schneck, & Brabyn, 1999). Eine Studie, in welcher Versuchspersonen aus verschiedenen Altersgruppen Stimuli erkennen sollten, die aus der Peripherie in das Zentrum des Blickfeldes wanderten, zeigte ebenfalls eine Reduzierung des peripheren Blick-feldes. So konnten in der Gruppe der 60- bis 69-Jährigen 45 % der Probanden weniger als 30° des Blickfeldes erfassen, in der Gruppe der über Siebzigjährigen waren es 65 %. Die daraus resultierende Einschränkung der Sehfähigkeit sorgte im Fahrkontext unter anderem dazu, dass entgegenkommende Fahrzeuge erst ab 50 Metern Abstand klar erkannt wurden (Isler, Parsonson, & Hansson, 1997). Die Reduzierung des Blickfeldes stellt das HMI zum einen vor die Herausforderung, relevante Informationen im zentralen Blickfeld der Person darzustellen. Zum andern ergibt sich daraus aber auch die Chance für das HMI, Informationen aus dem Umfeld durch Displayelemente ins zentrale Blickfeld zu rücken. Ein Beispiel dafür ist der bereits auf dem Markt erhältliche Totwinkel–Assistent. Dieser bildet Informationen aus dem toten Winkel meist im entsprechenden Außenspiegel ab (Eby, et al., 2016) und rückt diese so näher an das Blickfeld der Fahrerin oder des Fahrers.

Kontrastsensitivität und Farbwahrnehmung
Unter Kontrastsensitivität versteht man die Fähigkeit auch Zielobjekte mit geringen Kontrasten scharf sehen zu können. Verschiedene Studien konnten einen Rückgang in der Kontrastsensitivität älterer Versuchspersonen zeigen (Shinar & Schieber 1991). Dabei scheint die Kontrastsensitivität bis zu einem Alter von 65 nicht erheblich zurückzugehen, zeigt dann aber einen starken Abbau. Auch der Unterschied in der Sehschärfe zwischen hohen und niedrigen Kontrasten ist für ältere Menschen größer (Haegerstrom-Portnoy, Schneck, & Brabyn, 1999). Die Farbwahrnehmung scheint zunächst ebenfalls nicht erheblich von einem altersbedingten Rückgang betroffen zu sein. In einer Studie zeigten erst Versuchspersonen über 70 Jahren Schwierigkeiten in einem Farbwahrnehmungstest. Die Schwierigkeit, die in diesen Fällen besonders deutlich auftrat, war die Unterscheidung von Blau und Gelb (Haegerstrom-Portnoy, Schneck, & Brabyn, 1999). Das HMI so zu gestalten, dass Kontraste und unterschiedliche Farben gut wahrnehmbar sind, ist bereits in unterschiedlichen Design Guidelines wie zum Beispiel der DIN EN ISO 9241 festgehalten (z. B.: DIN EN ISO 9241–302, und – 303) (DIN Deutsches Institut für Normierung e. V. 2012; DIN Deutsches Institut für Normierung e. V 2009). Allerdings muss dieses Prinzip beim Design für ältere Fahrerinnen und Fahrer stärker berücksichtigt werden. So beschreibt zum Beispiel die unter anderem in der Automobilbranche genutzte Guideline SAE J2217, dass Displayfarben klar und einfach sein müssen und etwa geringere Displayhelligkeiten verwendet werden sollten, um den Bedürfnissen älterer Fahrerinnen und Fahrer besser zu entsprechen (Young, Koppel, & Charlton, 2017).

Auditive Defizite
Neben den visuellen Reizen spielen auch akustische Reize im Fahrkontext eine zentrale Rolle. Eine Vielzahl an Automobilherstellern nutzt bereits auditorische Displays in ihren Fahrzeugen. Auditorische Displays benutzen Töne oder Sprache in Nutzerschnittstellen (Frauenberger & Stockman, 2009). Ein Beispiel hierfür sind akustische Einparkhilfen, die die Fahrerin oder den Fahrer durch Töne darauf aufmerksam machen, dass sie oder er sich einem Hindernis nähert. Verschiedene Fahrerassistenzsysteme nutzen akustische Warnhinweise, um die Aufmerksamkeit der Fahrerin oder des Fahrers zu wecken und Informationen zu übermitteln. Der Vorteil akustischer Informationen ist, dass sie blickunabhängig sind (Bazilinskyy, Petermeijer, Petrovych, Dodou, & de Winter, 2018). Akustische Warnhinweise bieten sich also besonders an, wenn die visuellen Informationen sich außerhalb des Sichtfeldes des Fahrers befinden könnten. Dabei stellt die Fähigkeit zu hören, also akustische Reize wahrzunehmen, im Fahrkontext eine besondere Herausforderung dar. Das Umfeld einer Fahrerin oder

eines Fahrers ist sehr unruhig und laut. Man muss auf zahlreiche fahrzeugeigene auditorische Warnsignale sowie externe auditorische Signale, wie zum Beispiel Hupen oder die Sirenen von Einsatzfahrzeugen achten (Amira, Irato, Zanela, Brescia, & Turki, 2018). Genauso wie die visuellen sind auch die auditorischen Fähigkeiten von einem altersbedingten Rückgang betroffen. So gibt es zum Beispiel Defizite im Hören höherer Frequenzen und die räumliche Zuordnung von Tönen ist beeinträchtigt (Davidse, 2006). Trotz eventueller Beeinträchtigungen der Hörleistung konnten Studien zeigen, dass ältere Fahrer akustische Warnhinweise im Auto akzeptabel und wünschenswert finden. Eine Studie zu einem Kreuzungsassistenten zeigte zudem Präferenzen von älteren Versuchsteilnehmerinnen und –teilnehmern für ein akustisches HMI gegenüber einem visuellen HMI (Ziefle, Pappachan, Jakobs, & Wallentowitz, 2008). Auditorische Displays, welche an die Bedürfnisse älterer Fahrerinnen und Fahrer angepasst sind, haben also das Potenzial visuelle Schwächen der Nutzerinnen und Nutzer auszugleichen und sie in der Verwendung der Assistenzsysteme zu unterstützen. Besonders multimodale Displays, die visuellen und akustischen Output nutzen, können die jeweiligen Schwächen (visuell/akustisch) ausgleichen und so zu einer verbesserten Wahrnehmung relevanter Informationen führen.

3.2   Physische Defizite

Mit steigendem Alter verschlechtern sich die Kraft sowie die Beweglichkeit. Hierzu gehören eine reduzierte Hals-Nacken-Beweglichkeit (Isler, Parsonson, & Hansson, 1997); Bewegungsgeschwindigkeit (Desrosiers, Hérbert, Bravo, & Rochette, 1999; Desrosiers, Hérbert, Bravo, & Dutil, 1995), sowie Geschicklichkeit und Koordination (Desrosiers, Hérbert, Bravo, & Rochette, 1999; Clark, Loftus, & Hammpond, Clark, 2011; Shinohara, Kang, Zatsiorsky, & Latash, 2003; Cole, 2006; Walston, 2012; Hughes, Frontera, Roubenoff, Evans, & Singh, 2002) Die physischen Defizite sind im Kontext des Autofahrens relevant, da sie dazu führen, dass Fahrzeuge im toten Winkel übersehen werden, oder Schwierigkeiten in der Bedienung vom Armaturenbrett auftreten (Davidse, 2006). Im Folgenden werden daher die physischen Schwierigkeiten älterer Menschen beschrieben, die im Kontext des Autofahrens auftreten.

Bewegungsgeschwindigkeit

Die Geschwindigkeit Bewegungen auszuüben nimmt mit dem Alter ab. In einer Laborstudie waren die Bewegungen älterer Personen langsamer und die Genauigkeit geringer als die der jüngeren Teilnehmerinnen und -teilnehmer.

Wenn sie eine Aufgabe mit schnellen Bewegungen durchführen sollten, unter-schied sich die von ihnen benötigte Zeit merklich von der der jüngeren Teil-nehmenden (Desrosiers, Hérbert, Bravo, & Dutil, 1995). Ältere neigen außerdem zu Kompensationsstrategien, um ihre Fehleranzahl zu verringern. Sie fahren bei-spielsweise langsamer, um ihrer erschwerten Beweglichkeit entgegenzuwirken und besser entscheiden zu können. Allerdings zeigen Unfallstatistiken, dass ältere Fahrerinnen und Fahrer aufgrund ihrer verschlechterten Fähigkeiten in Wahr-nehmung und Motorik überdurchschnittlich viel in Unfälle verwickelt sind (Raw, Kountouriotis, Mon-Williams, & Wilkie, 2012), die nicht durch langsameres Fahren kompensiert werden konnten. Die reduzierte Bewegungsgeschwindigkeit erfordert eine altersgerechte Gestaltung aller zeitlich begrenzter HMI-Elemente, wie zum Beispiel Time-outs (automatisches Schließen) von Angeboten und Benachrichtigungen. Außerdem kann der Zeitpunkt der Warnung (Wilschut, et al., 2014) über eine Gefahrensituation eine entscheidende Rolle in der Gestaltung altersgerechter Fahrerassistenzsysteme spielen.

Hals-Nacken-Beweglichkeit

Wie im Abschnitt der sensorischen Defizite bereits beschrieben, verringern sich das zentrale sowie das periphere Blickfeld im Alter. Neben dem Rückgang der visuellen Fähigkeiten ist die verringerte Nackenbeweglichkeit älterer Menschen ein weiterer relevanter Faktor (Davidse, 2006). Die maximal mögliche Drehung des Kopfes nach jeweils links und rechts liegt bei jüngeren zwischen 80° und 90°. Bei den 60- bis 69-Jährigen liegt sie zwischen 60° und 70°, bei über 70 – Jährigen unter circa 60°. Das hat Konsequenzen für die Sehfertigkeit (Isler, Parsonson, & Hansson, 1997), da sich entsprechend nicht nur das Blickfeld an sich verringert, sondern auch die Fähigkeit das Blickfeld durch eine Drehung des Kopfes zu verschieben.

Geschicklichkeit und Koordination

Eine über 3 Jahre angelegte Studie fand einen Rückgang in verschiedenen motorischen Fähigkeiten. So waren zum Beispiel die Fein- und Grobmotorik, die motorische Koordination oder die Stärke des Griffes der Teilnehmenden von einem altersbedingten Abbau betroffen (Desrosiers, Hérbert, Bravo, & Rochette, 1999). Außerdem sinkt altersbedingt die Fingergeschicklichkeit (Clark, Loftus, & Hammpond, 2011) und –koordination (Shinohara, Kang, Zatsiorsky, & Latash, 2003). So zeigte sich zum Beispiel in einer Studie, in welcher die Genauigkeit von Fingerbewegungen älterer und jüngerer Versuchspersonen verglichen wurde, dass jüngere einen Knopf präziser in eine bestimmte Richtung drücken können (Cole, 2006). Außerdem können ältere weniger Kraft mit den Fingern ausüben als jüngere Personen (Shinohara, Kang, Zatsiorsky, & Latash, 2003). Dies kann unter anderem daran liegen, dass mit dem Älterwerden Muskelmasse zunehmend weniger erneuert wird und die Muskelkraft abnimmt (Walston, 2012; Hughes, Frontera, Roubenoff, Evans, & Singh, 2002). Somit ist zu erwarten, dass ältere Menschen vermehrt Schwierigkeiten mit der Bedienung von Geräten im Auto haben. Koordination und Geschicklichkeit spielen im Fahrkontext besonders in der Bedienung der Nutzeroberfläche eine Rolle. So müssen teilweise viele und relativ kleine Knöpfe fehlerfrei genutzt werden. Durch verschiedene Bedienkonzepte, wie Touchscreens, können Knöpfe größer dargestellt werden oder die erforderliche Kraft, diese zu drücken, reduziert werden. So können altersbedingte Defizite in motorischen Fähigkeiten durch das HMI kompensiert werden.

3.3   Kognitive Defizite

Neben sensorischen und physischen Problemen treten mit steigendem Alter auch Defizite im Bereich der kognitiven Fähigkeiten auf. Kognitive Fähigkeiten wie zum Beispiel die Aufmerksamkeit, die Fähigkeit zu Multitasking, die Reaktionsgeschwindigkeit sowie das Gedächtnis sind von einem altersbedingten Rückgang betroffen (Kok, 2000; Alm & Nilsson, 1995; Strayer & Drews, 2007; Muller & Weinberg, 2011) und stehen mit der Fahrleistung sowie dem Risiko in einen Unfall verwickelt zu sein im Zusammenhang (Anstey, Wood, Lord, & Walker, 2005). Speziell im Fahrkontext zeigen sich diese Defizite in der erhöhten Fehlerrate bei Entscheidungsprozessen in komplexen Fahrsituationen (Rakontonitainy & Stainhardt 2009, September). Zudem neigen ältere Fahrerinnen und Fahrer zu erhöhter Ablenkung bei der Ausführung von komplexeren Aufgaben im Fahrkontext Kim & Son (2011). Daher werden diese Defizite im folgenden Abschnitt besonders unter Berücksichtigung ihrer HMI Relevanz näher betrachtet.

Aufmerksamkeit

Kok (2000) analysierte in einer Meta-Analyse die EEG-Daten verschiedener Studien zu unterschiedlichen Arten von Aufmerksamkeit wie fokussierte, unwillkürliche und geteilte Aufmerksamkeit. Fokussierte Aufmerksamkeit befasst sich mit der Frage, inwieweit Personen ihre Aufmerksamkeit auf einen spezifischen Teil von Informationen oder Inputs fokussieren können, ohne durch irrelevanten Input abgelenkt zu werden. Die Meta-Analyse zu EEG-Daten zeigt, dass ältere Menschen im Vergleich zu jüngeren häufiger durch irrelevante periphere Stimuli abgelenkt werden, die gleichzeitig mit dem Zielstimulus präsentiert werden (Kok, 2000). Bei unwillkürlicher Aufmerksamkeit wird der Fokus durch sehr unterschiedliche, wichtige oder intensive Stimuli annähernd automatisch auf diese gelenkt (Kok, 2000). Diese Funktion der Aufmerksamkeit spielt im HMI Kontext zum Beispiel eine Rolle, wenn plötzlich Warnhinweise präsentiert werden, auf die die Aufmerksamkeit gelenkt werden muss. Die in der Meta-Analyse eingeschlossenen Studien zeigen, dass ältere Menschen zunehmend schlechter erkennen, ob ein präsentierter Stimulus sich vom Hintergrund unterscheidet (Kok, 2000). Dies führt vermutlich zu einer geringeren unwillkürlichen Aufmerksamkeit, die auf diesen Stimulus gelenkt wird. Geteilte Aufmerksamkeit beinhaltet die Fähigkeit, die Aufmerksamkeit so zu kontrollieren, dass zwei Aufgaben simultan ausgeführt werden können. Dazu muss die Aufmerksamkeit gleichzeitig auf verschiede Inputs oder Gedächtniselemente gelenkt werden. Gelingt dies nicht, kann es zu Interferenz kommen, also dazu, dass sich Aufgaben oder Informationen überlagern und dadurch nicht richtig ausgeführt oder wahrgenommen werden können. Während der Fahraufgabe kommt es vermehrt zu Situationen, in welchen Fahrerinnen und Fahrer mehrere Aufgaben gleichzeitig durchführen (Strayer & Drews 2007) oder es mit multimodalem Input zu tun haben (Muller & Weinberg 2011). Dabei handelt es sich nicht nur um Displayinhalte, sondern auch um Input, der durch fahrzeugexterne Geräte entsteht. Zum Beispiel kann der Gebrauch von Mobiltelefonen besonders bei Älteren die Reaktionszeit signifikant verschlechtern (Alm & Nilsson 1995). Wenn Fahrerinnen und Fahrer mit Geräten innerhalb des Autos interagieren, kann es also zu Interferenz kommen (Salvucci, 2002). Dabei zeigt sich jedoch, dass es Unterschiede gibt, die darin begründet liegen, welche Art von Aufgaben Personen neben dem Autofahren ausführen. So hatten visuelle Nebentätigkeiten einen größeren negativen Effekt als akustische Nebentätigkeiten. Dies trat in allen Altersgruppen auf, war aber für ältere Personen noch stärker ausgeprägt (Wood, Chaparro, & Carberry, 2007). Die in Koks (2000) Meta-Analyse eingeschlossenen Studien zeigten ebenfalls, dass ältere Versuchsteilnehmerinnen und -teilnehmer in komplexen Visuellen und Gedächtnis Suchaufgaben langsamer wahren und mehr Fehler machten als jüngere. Die optimale Nutzung von Aufmerksamkeitsressourcen spielt im Fahrkontext an verschiedenen Stellen eine entscheidende Rolle. So müssen Fahrerinnen und Fahrer relevante Informationen beachten, während sie irrelevante Informationen in meist komplexen Situationen ignorieren (Anstey, Wood, Lord, & Walker, 2005). So müssen sie sich zum Beispiel auf eine schwierige Verkehrssituation konzentrieren und dürfen sich nicht durch für diese Situation irrelevante Stimuli ablenken lassen. Außerdem besteht ein Zusammenhang zwischen der Fähigkeit zur Aufmerksamkeit und dem Risiko in Unfälle verwickelt zu sein (Anstey, Wood, Lord, & Walker, 2005). Um Interferenz zu vermeiden, kann es außerdem sinnvoll sein, multimodale Interfaces zu verwenden, sodass zum Beispiel gleichzeitig ein Symbol auf dem Display und ein Warnton verarbeitet werden können. Das HMI eines Assistenzsystems sollte dementsprechend Aufmerksamkeitsressourcen sparen und nicht zu viel Aufmerksamkeit von der Fahraufgabe nehmen. Gleichzeitig bietet es aber auch die Möglichkeit, die Aufmerksamkeit der Fahrerin oder des Fahrers zu wecken und gezielt auch wichtige Informationen zu lenken.

Reaktionszeit

Aus einer Meta-Analyse von Anstey et al. (2005) ging hervor, dass es einen Zusammenhang zwischen der Reaktionszeit und der Fahrfertigkeit gibt. Dies trifft aber besonders auf komplexe Reaktionszeit zu (Anstey, Wood, Lord, & Walker, 2005), jene, welche sich auch im Fahrkontext wiederfinden lässt. Crook, West & Larrabee (1993) untersuchten altersbedingte Veränderung der Reaktionszeit in einer simulierten Fahrsituation. Hier zeigten sich langsamere Reaktionszeiten bei älteren Versuchspersonen, die stärker durch die Kognition als durch die psychomotorischen Fähigkeiten beeinflusst wurden. Genauer bedeutet dies, dass die Dauer der Reaktionszeit stärker von der Verarbeitung des visuellen Inputs und der Entscheidung, die Hand zu bewegen, abhängt, als von der Dauer des Wechsels zwischen der Gas- und Bremstaste (Crook, West, & Larrabee, 1993). Wie bereits in Zusammenhang mit dem Rückgang der Bewegungsgeschwindigkeit erwähnt spielt also zum Beispiel der Zeitpunkt einer Warnung eine wichtige Rolle für die altersgerechte Gestaltung von Fahrerassistenzsystemen (Wilschut, et al., 2014). Eine frühzeitige Warnung kann vor einer Gefahrensituation die zur Verfügung stehende Reaktionszeit deutlich verlängern und so zu einer erhöhten Verkehrssicherheit besonders für ältere Fahrerinnen und Fahrer führen.

Lernfähigkeit und Gedächtnis

Neben der Aufmerksamkeitsfähigkeit und der Reaktionszeit ist auch das Gedächtnis von einem altersbedingten Abbau betroffen (Spencer & Naftali 1995). Dabei sinkt unter anderem die Fähigkeit zur Wiedererkennung von schon gelernten Inhalten. Noch stärker ist allerdings die freie Erinnerung an gelernte Inhalte von einem Rückgang betroffen (Spencer & Naftali 1995; Nagesharo, Tseng, & Filev, 2019). Altersbedingte Schwächen im Gedächtnis treten dabei häufiger auf als zum Beispiel physische Probleme (Nagesharo, Tseng, & Filev, 2019, October). Das Gedächtnis spielt im Kontext des Autofahrens eine wichtige Rolle. So zeigte sich innerhalb einer Studie mit älteren Versuchspersonen, dass die Leistungsfähigkeit in einer Gedächtnisaufgabe mit der allgemeinen Fahrfertigkeit korrelierte (Freund, Gravenstein, Ferris, Burke, & Shaheen, 2005). Das Gedächtnis übernimmt zum Beispiel die Aufgabe, sich an bestimmte Stellen entlang der

Route zu erinnern (Spencer & Naftali, 1995). Um dem Gedächtnis und der Lern-
fähigkeit von Älteren entgegenzukommen, sollten Bedienmodi, Rückmeldung
und Anleitung an ihre Fähigkeiten angepasst sein (Mynatt & Rogers, 2001). So ist
es sinnvoll eindeutige Icons und Earcons zu verwenden, sodass deren Bedeutung
an sich verständlich ist und nicht aus dem Gedächtnis abgerufen werden muss.
Außerdem kann das HMI als Gedächtnisstütze dienen, indem es wichtige
Informationen nach einiger Zeit erneut zur Verfügung stellt.

Im Hinblick auf alle zuvor genannten altersbedingten Defizite ist allerdings
anzumerken, dass Personen gleichen Alters sich stark in der Beeinträchtigung
ihrer sensorischen, körperlichen oder kognitiven Fähigkeiten unterscheiden. Teilweise treten solche fahrrelevanten Beeinträchtigungen auch schon im jüngeren
Lebensalter auf, wie ein Bericht der TÜV Kraftfahrt GmbH zeigt (Poschadel,
et al., 2012). Aus diesem Grund sollten HMI Komponenten, wenn möglich,
flexibel an die Bedürfnisse der einzelnen Nutzerin oder des einzelnen Nutzers
angepasst werden können. So könnten zum Beispiel die Helligkeit des Displays
oder die Lautstärke von Warntönen individuell einstellbar sein und so eine best-
mögliche Passung zu den verschiedenen Bedürfnissen herstellen.

Präsentation konkreter HMI Varianten.

Wie bereits beschrieben, stellt der altersbedingte Abbau in sensorischen,
physischen und kognitiven Fähigkeiten Fahrerinnen und Fahrer vor unterschiedliche Herausforderungen. Die Defizite führen bei der Fahraufgabe und
bei der Bedienung von Fahrerassistenzsystemen zu erhöhten Anforderungen an
Nutzerinnen und Nutzer. Um diesen Defiziten entgegenzuwirken gibt es unterschiedliche Möglichkeiten. So kann eine technische Verbesserung in Sensorik,
Rechenleistung und Automation dazu führen, dass Fahrerassistenzsysteme der
Zukunft Fahrerinnen und Fahrer noch effizienter entlasten und unterstützen
können. Allerdings bringt verbesserte Technik nur dann Vorteile, wenn sie auch
genutzt wird. An dieser Stelle steht die Entwicklung altersgerechter HMIs für
Fahrerassistenzsysteme vor einer besonderen Herausforderung. Die Benutzerfreundlichkeit eines Systems kann ältere Menschen dabei beeinflussen die
Systeme häufiger zu nutzen (Ziefle, Pappachan, Jakobs, & Wallentowitz, 2008).
Altersgerechtes HMI sollte einerseits an sich keine Nutzungsbarriere darstellen, also intuitiv und einfach zu nutzen sein. Andererseits hat es das Potenzial
weitere Nutzungsbarrieren wie die Angst neue Technologien zu nutzen (Chung,
Wang, Fulk, & McLaughlin, 2010) oder die geringe wahrgenommene Nützlichkeit (Trübswetter, 2015) zu reduzieren. Außerdem trägt ein altersgerechtes HMI
dazu bei, die Anforderungen an die Fahrerinnen und Fahrer zu reduzieren und
so eine sicherere Mobilität für diese Zielgruppe zu ermöglichen. Aus diesem
Grund wollen wir aus den bereits aufgeführten, gestaltungsrelevanten Defiziten

potenzielle HMI Lösungen ableiten und diese an konkreten Beispielen darstellen. Dabei werden wir uns nicht nur auf bereits in Fahrzeugen erhältliche Technik beschränken, sondern aufgrund des großen Potenzials neuer Technologien, wie einer Augmented–Reality–(AR–)Windschutzscheibe, auch diese in unsere Beispiele mit einbeziehen.

3.4   HMI Konzepte 1 und 2: Rettungsgasse bilden und Vorfahrts-Warnung in der Windschutzscheibe

Head-Up-Displays (HUD) sind bereits in vielen Fahrzeugen verfügbar. Sie bieten Unterstützungspotenzial, indem Fahrerinnen oder Fahrer den Blick auf der Straße halten können, während sie Displayinhalte wahrnehmen. HUDs werden in der Zukunft immer größer und performanter und eröffnen daher viele neue Nutzungsmöglichkeiten (Bentacur, Villa-Espinal, Osorio-Gómez, Cuéllar, & Suárez, 2018). Ein Ideal stellt unter anderem eine augmentierte Darstellung in der Windschutzscheibe dar, die in der Zukunft vermehrt in Fahrzeugen verfügbar sein wird. Sie bietet neue Optionen, um Informationen aus dem Umfeld des Fahrzeugs im Blickfeld der Fahrerin oder des Fahrers darzustellen. Die hier dargestellten Konzepte präsentieren besonders relevante und vielversprechende Nutzungsmöglichkeiten einer solchen AR-Darstellung in der Windschutzscheibe (Abb. 1).

Abb. 1   Hinweis: ‚Rettungsgasse bilden‘ in der Windschutzscheibe

HMI Konzept 1 „Hinweis: ‚Rettungsgasse bilden' in der Windschutzscheibe"

In diesem Konzept wird die Information eines von hinten kommenden Rettungsfahrzeuges mit dem Hinweis, eine Rettungsgasse zu bilden, in der Windschutzscheibe dargestellt. Dieses Konzept hat besonderes Unterstützungspotenzial für ältere Fahrerinnen und Fahrer, da es verschiedene altersbedingte Defizite ausgleichen kann. Zum einen werden alle Informationen im zentralen Blickfeld dargestellt, sodass das im Alter kleinere Blickfeld berücksichtigt wird und keine zusätzliche Hals-Nacken-Bewegung erforderlich ist. Zum anderen kompensiert diese zentrale und visuelle Darstellung mögliche Defizite in der Hörfähigkeit der Fahrerinnen und Fahrer. Der Hinweis, die Rettungsgasse zu bilden, kann außerdem die Reaktionszeit verringern, da er eine direkte und klare Handlungsanweisung gibt, die im Zweifelsfall kognitive Ressourcen spart (Abb. 2).

HMI Konzept 2 „Vorfahrtswarnung in der Windschutzscheibe"

Dieses Konzept erleichtert der Fahrerin oder dem Fahrer zum einen die Wahrnehmung des vorfahrtsberechtigten Fahrzeuges, da dieses eindeutig hervorgehoben wird. Zum anderen spart es Aufmerksamkeitsressourcen. So muss die Fahrerin oder der Fahrer weniger Informationen von verschiedenen Stellen verarbeiten, sondern erhält direkt die relevanten Informationen (welche

Abb. 2 Vorfahrtswarnung in der Windschutzscheibe

Abb. 3 Widescreen
Kamerabild in einem HHD-
Display

Vorfahrtssituation hier besteht) an der relevanten Stelle (welche Verkehrsteilnehmerin oder welcher Verkehrsteilnehmer dementsprechend Vorfahrt hat)
(Abb. 3).

3.5 HMI Konzept 3: Widescreen – Kamerabild in einem HHD-Display

Neben einem HUD bietet auch ein High – Head – Down – (HHD-)Display eine
gute Möglichkeit, Informationen in das zentrale Blickfeld der Fahrerin oder des
Fahrers zu bringen. Diese Displays werden in Zukunft deutlich größer und mit
einer erhöhten Auflösung in Fahrzeugen zu erwarten sein. Gute Beispiele für
diesen Display-Trend sind die gegenwärtig auf den Markt kommenden Modelle
Mercedes-Benz EQC (zweimal 10,3 Zoll), Honda E (zweimal 12,3 Zoll),
oder Byton M-Byte (einmal 48 Zoll). Eine Studie der BASt, in der der „Sehfeldassistent" evaluiert wurde, liefert bereits ein interessantes Beispiel für die
Nützlichkeit der Einblendung einer Warnung im zentralen Blickfeld. Dabei
wurde eine Warnung im zentralen Display eingeblendet, wenn sich ein Fahrzeug der Kreuzung näherte, sich aber noch im peripheren Blickfeld befand
(Kupschick, Bürgelen, Jürgensohn, & Protzak, 2019). Das hier dargestellte
Weitwinkel-HHD-Display ergänzt eine solche Warnung im zentralen Display
noch um eine Weitwinkel-Darstellung der Kreuzungssituation im zentralen Blickfeld der Fahrerin oder des Fahrers. In diesem Beispiel wird ein weiterer Bereich
einer Kreuzung komprimiert im HHD-Display dargestellt. Zusätzlich wird die
oder der sich nähernde Verkehrsteilnehmerin oder Verkehrsteilnehmer farblich
und durch ein Warnzeichen hervorgehoben. Hierdurch können altersbedingte
Schwächen, wie zum Beispiel das eingeschränkte Blickfeld oder die reduzierte
Hals–Nacken–Beweglichkeit kompensiert werden. Der frühzeitige Hinweis

auf ein sich näherndes Fahrzeug kann außerdem die reduzierte Reaktionszeit kompensieren und die Aufmerksamkeit auf das kommende Fahrzeug lenken. So können Fahrerinnen und Fahrer zum Beispiel in den für sie besonders gefährlichen Kreuzungssituationen (Fornells, Parera, Ferrer, & Fiorentino, 2017) unterstützt werden. Um eine Überreizung der Aufmerksamkeit der Personen zu vermeiden, sollten bei der Gestaltung eines solchen Displays allerdings die bereits diskutierten altersbedingten Defizite berücksichtigt werden.

3.6   HMI Konzept 4: Avatar-Interaktion

Eine Nutzungsbarriere im Alter kann die generelle Angst vor Technik sein (Chung, Wang, Fulk, & McLaughlin, 2010). Hier kann ein Avatar nach Vorbild eines erfahrenen Beifahrers die Fahrerinnen und Fahrer unterstützen, indem er wichtige Funktionen und Bedienungen in ruhigen Situationen vorstellt und erklärt. Auch kann er die Barriere der geringen wahrgenommenen Nützlichkeit (Trübswetter, 2015) überwinden, indem er die Fahrerin oder den Fahrer auf nützliche Features oder Verwendungsmöglichkeiten hinweist und diese genauer erklärt. Praktisch könnte dies heißen, der Fahrerin oder dem Fahrer in einer Stausituation das Anschalten des Stauassistenten anzubieten oder den Wirkungsbereich des Assistenzsystems zu beschreiben (Abb. 4).

Abb. 4 Avatar Interaktion

Ein Avatar kann durch gezielte Hinweise außerdem die kognitiven Anforderungen an Fahrerinnen und Fahrer reduzieren und das Gedächtnis entlasten, indem er wichtige Informationen noch einmal zur Verfügung stellt. Eine Interaktion mit dem Avatar durch Natural Language Understanding ermöglicht es der Nutzerin oder dem Nutzer außerdem, die visuelle Aufmerksamkeit auf die Fahraufgabe zu lenken, während sie oder er sich über ein Assistenzsystem informiert. Auch motorische Probleme in der Bedienung von Buttons können so kompensiert werden. Bei der Gestaltung des Avatars sollten die beschriebenen visuellen und akustischen Defizite berücksichtigt werden, um ihn möglichst altersgerecht zu entwerfen.

4   Zusammenfassung und Ausblick

Bereits auf dem Markt erhältliche Fahrerassistenzsysteme bieten ein großes Unterstützungspotenzial für ältere Fahrerinnen und Fahrer und kommende Technik lässt eine zunehmend sicherere Mobilität für diese Personengruppe erwarten. Allerdings müssen die Systeme auch für ältere Menschen entsprechend nutzbar sein. Dies kann durch ein altersgerechtes HMI unterstützt werden. Dieses HMI muss die Besonderheiten der Zielgruppe in den Bereichen Sensorik, Motorik und Kognition berücksichtigen und die Schwächen der jeweiligen Person ausgleichen. So kann es eine positive Erfahrung mit dem System ermöglichen und Nutzungsbarrieren wie zum Beispiel die Angst vor Technik oder eine geringe empfundene Nützlichkeit der Systeme überwinden. Daher sollte in Zukunft die Zielgruppe älterer Nutzerinnen und Nutzer stärker in den Fokus gerückt und Systeme auch auf sie zugeschnitten werden. Sowohl schon bestehende als auch zukünftige Technik wie eine augmentierte Windschutzscheibe oder ein intelligenter Avatar bieten an dieser Stelle vielversprechende Möglichkeiten Nutzerschnittstellen altersgerecht zu gestalten. So kann das Potenzial von Fahrerassistenzsystemen für die Zielgruppe älterer Menschen besser ausgeschöpft und eine sichere Mobilität ermöglicht werden.

Literatur

Alm, H., & Nilsson, L. (October 1995). The effects of a mobile telephone task on driver behaviour in a car following situation. *Accident Analysis & Prevention, 27*(5), S. 707–715.

Amira, B., Irato, G., Zanela, A., Brescia, A., & Turki, M. (November 2018). Congruent auditory display and confusion in sound localization: Case of elderly drivers. *Transportation Research Part F: Traffic Psychology and Behaviour, 59*, S. 524–534.

Anstey, K. J., Wood, J., Lord, S., & Walker, J. G. (January 2005). Cognitive, sensory and physical factors enabling driving safety in older adults. (Elsevier, Hrsg.) *Clinical psychology review, 25*(1), S. 45–65.

Bazilinskyy, P., Petermeijer, S. M., Petrovych, V., Dodou, D., & de Winter, J. C. (April 2018). Take-over requests in highly automated driving: A crowdsourcing survey on auditory, vibrotactile, and visual displays. *Transportation research part F: traffic psychology and behaviour, 56*, S. 82–98.

Bentacur, J., Villa-Espinal, J., Osorio-Gómez, G., Cuéllar, S., & Suárez, D. (September 2018). Research topics and implementation trends on automotive head-up display systems. *International Journal on Interactive Design and Manufacturing (IJIDeM), 12*, S. 199–214.

Chung, J. E., Wang, H., Fulk, J., & McLaughlin, M. (November 2010). Age differences in perceptions of online community participation among non-users: An extension of the Technology Acceptance Model. *Computers in Human Behavior, 26*(6), S. 1674-1684.

Clark, J., Loftus, A., & Hammpond, G. (July 2011). Age-related changes in short-interval intracortical facilitation and dexterity. *Neuroreport, 22*(10), S. 499–503.

Cohen, A. S. (2008). Wahrnehmung als Grundlage der Verkehrsorientierung bei nachlassender Sensorik während der Alterung. (T. M. GmBH, Hrsg.) *Leistungsfähigkeit und Mobilität im Alter*, S. 1837.

Cole, K. J. (December 2006). Age-related directional bias of fingertip force. *Experimental Brain Research, 175*(2), S. 285–291.

Crook, T. H., West, R. L., & Larrabee, G. J. (November 1993). The driving-reaction time test: Assessing age declines in dual-task performance. *Developmental Neuropsychology, 9*(1), S. 31–39.

Crump, C., Cades, D., Lester, B., Reed, S., Barakat, B., Milan, L., & Young, D. (2016). Differing perceptions of advanced driver assistance systems (ADAS). *Proc. of the Human Factors and Ergonomics Society Annual Meeting, 60*, S. 861–865. Sage CA: Los Angeles, CA: SAGE Publications.

Davidse, R. (2006). Older drivers and ADAS: which systems improve road safety? *IATSS research, 30*(1), S. 6 – 20.

DESA, UN. (2019). *World Population Prospects 2019: Highlights*. Retrieved February 25, 2020, from https://population.un.org/wpp/Publications/Files/WPP2019_Highlights.pdf

Desrosiers, J., Hébert, R., Bravo, G., & Rochette, A. (1999). Age-related changes in upper extremity performance of elderly people: a longitudinal study. (Elsevier, Hrsg.) *Experimental gerontology, 34*, S. 393–405.

Desrosiers, J., Hérbert, R., Bravo, G., & Dutil, É. (1995). Upper-extremity motor co-ordination of healthy elderly people. *Age and Ageing, 24*(2), S. 108–112.

Deutscher Verkehrssicherheitsrat e.V. (2006). *Fahrerassistenzsysteme – Innovationen im Dienste der Sicherheit*. Bonn, Deutschland.

DIN Deutsches Institut für Normierung e. V. (2009). DIN EN ISO 9241-302 Ergonomie der Mensch-System-Interaktion – Teil 302: Terminologie für elektronische optische Anzeigen (ISO 9241-302:2009-06).

DIN Deutsches Institut für Normierung e. V. (2012). DIN EN ISO 9241-303 Ergonomie der Mensch-System-Interaktion – Teil 303: Anforderungen an elektronische optische Anzeigen (ISO 9241-303:2012-303).

Eby, D. W., Molnar, L. J., Zhang, L., Louis, R. M., Zanier, N., Kostyniuk, L. P., & Stanciu, S. (2016). Use, perceptions, and benefits of automotive technologies among aging drivers. *Injury epidemiology, 3*(1), S. 28.

Fornells, A., Parera, N., Ferrer, A., & Fiorentino, A. (2017). Senior Drivers, Bicyclists and Pedestrian Behavior Related with Traffic Accidents and Injuries. *SAE Technical Paper 2017-01-1397*, S. 11.

Frauenberger, C., & Stockman, T. (November 2009). Auditory display design—an investigation of a design pattern approach. (Elsevier, Hrsg.) *International Journal of Human-Computer Studies, 679*(11), S. 907–922.

Freund, B., Gravenstein, S., Ferris, R., Burke, B. L., & Shaheen, E. (March 2005). Drawing clocks and driving cars. *Journal of General Internal Medicine, 20*(3), S. 240–244.

Haegerstrom-Portnoy, G., Schneck, M. E., & Brabyn, J. A. (April 1999). Seeing into old age: vision function beyond acuity. *Optometry and Vision Science, 76*(3), S. 141–158.

Harvey, C., Stanton, N. A., Pickering, C. A., McDonald, M., & Zheng, P. (2011). Context of use as a factor in determining the usability of in-vehicle devices. *Theoretical issues in ergonomics science, 12*(4), S. 318–338.

Haustein, T., Mischke, J., Schönfeld, F., & Willand, I. (Juli 2016). *Ältere Menschen in Deutschland und der EU*. Statistisches Bundesamt. Abgerufen am 20. 01 2020 von https://www.bmfsfj.de/blob/93214/95d5fc19e3791f90f8d582d61b13a95e/aeltere-menschen-deutschland-eu-data.pdf

Hughes, V. A., Frontera, W. R., Roubenoff, R., Evans, W. J., & Singh, M. A. (August 2002). Longitudinal changes in body composition in older men and women: role of body weight change and physical activity. *The American journal of clinical nurtrition, 76*(2), S. 472–481.

Isler, R. B., Parsonson, B. S., & Hansson, G. J. (November 1997). Age related effects of restricted head movements on the useful field of view of drivers. *Accident Analysis & Prevention, 29*(6), S. 793–801.

Jackson, G. R., Owsley, C., & McGwin Jr., G. (November 1999). Aging and dark adaptation. *Vision research*, S. 3975–3982.

Kim, C., & Christiaans, H. (2012). ,Soft' usability problems with consumer electronics: the interaction between user characteristics and usability. *Journal of Design Research, 10*(3), S. 223–238.

Kim, M. H., & Son, J. (April 2011). On-road assessment of in-vehicle driving workload for older drivers: Design guidelines for intelligent vehicles. *International Journal of Automotive Technology, 12*(2), S. 265–272.

Knapp, A., Neumann, M., Brockmann, M., Walz, R., & Winkle, T. (August 2009). Code of Practice for the Design and Evaluation of ADAS. *Preventive and Active Safety Applications, eSafety for road and air transport, European Commission Project, Brüssel.*

Kok, A. (2000). Age-related changes in involuntary and voluntary attention as reflected in components of the event-related potential (ERP). *Biological Psychology, 54*(1–3), S. 107–143.

Kupschick, S., Bürgelen, J., Jürgensohn, T., & Protzak, J. (2019). Erhöhung der Verkehrssicherheit älterer Kraftfahrer durch Verbesserung ihrer visuellen Aufmerksamkeit mittels "Sehfeldassistent". (B. f. (BASt), Hrsg.) *Berichte der Bundesanstalt für Straßenwesen. Unterreihe Fahrzeugtechnik, 127*.

Langford, J., & Koppel, S. (2006). Epidemiology of older driver crashes – identifying older driver risk factors and exposure patterns. *Transportation Research Part F: Traffic Psychology and Behaviour, 9*(5), S. 309–321.

Lee, C., & Coughlin, J. F. (June 2015). PERSPECTIVE: Older adults' adoption of technology: an integrated approach to identifying determinants and barriers. *Journal of Product Innovation Management, 32*(5), S. 747–759.

Muller, C., & Weinberg, G. (January 2011). Multimodal input in the car, today and tomorrow. *IEEE MultiMedia, 18*(1), S. 98–103.

Mynatt, E. D., & Rogers, W. A. (December 2001). Developing technology to support the functional independence of older adults. *Ageing International, 27*(1), S. 24–41.

Nagesharo, S., Tseng, E., & Filev, D. (October 6–9 2019). Autonomous Highway Driving using Deep Reinforment Learning. In IEEE (Hrsg.), *2019 IEEE International Conference on Systems, Man and Cybernetics (SMC)*, (S. 2326-2331). Bari, Italy. Von arxiv.org abgerufen

Niemelä-Nyrhinen, J. (August 2007). Baby boom consumers and technology: shooting down stereotypes. *Journal of Consumer Marketing, 24*(5), S. 305–312.

Poschadel, S., Falkenstein, M., Rinkenauer, G., Mendzheritskiy, G., Fimm, B., Worringer, B., . . . Rudinger, G. (2012). *Verkehrssicherheitsrelevante Leistungspotenziale, Defizite und Kompensationsmöglichkeiten äterer Autofahrer.* Bremerhaven: Wirtschaftsverlag NW: Berichte der Bundesanstalt für Straßenwesen.

Rakontonitainy, A., & Stainhardt, D. (September 21–22 2009b). In-vehicle technology functional requiremnets for older drivers. In A. Schmidt, A. K. Dey, T. Seder, & O. Juhlin (Hrsg.), *Proceedings of the 1st international conference on automotive user interfaces and interactive vehicular applications* (S. 27–33). Essen, Germany: ACM.

Ramrattan, R. S., Wollfs, R. C., Panda-Jonas, S., Jonas, J. B., Bakker, D., Pols, H. A., . . . de Jong, P. (2001). Prevalence and causes of visual field loss in the elderly and associations with impairment in daily functioning: the Rotterdam Study. *Archives of Ophthalmology, 119*(12), S. 1788-1794.

Raw, R. K., Kountouriotis, G. K., Mon-Williams, M., & Wilkie, R. M. (June 2012). Movement control in older adults: does old age mean middle of the road? *Journal of experimental psychology: human perception and performance, 38*(3), S. 735.

Rogers, W. A., & Fisk, A. D. (September 2010). Toward a psychological science of advanced technology design for older adults. *Journals of Gerontology Series B: Psychological Science and Social Sciences, 65*(6), S. 645–653.

Salvucci, D. D. (July 2002). Modeling driver distraction from cognitive tasks. Proceedings of the Annual Meeting of the Cognitive Science Society, 24.

Shinar, D., & Schieber, F. (October 1991). Visual requirements for safety and mobility of older drivers. *Human factors, 33*(5), S. 507–519.

Shinohara, M. L., Kang, N., Zatsiorsky, V. M., & Latash, M. L. (January 2003). Effects of age and gender on finger coordination in MVC and submaximal force-matching tasks. *Journal of applied physiology, 94*(1), S. 259–270.

Sixsmith, A., & Sixsmith, J. (February 2000). Smart care technologies: meeting whose needs? *Journal of Telemedicine and Telecare, 6*(1), S. 190–192.

Spencer, W. D., & Naftali, R. (1995). Differential effects of aging on memory for content and context: a meta-analysis. *Psychology and aging, 10*(4), S. 527–539.

Strand, N., Stave, C., & Ihlström, J. (2018, September). A case-study on drivers' mental model of partial driving automation. *25th ITS World Congress*, (S. 17–21). Copenhagen, Denmark.

Strayer, D. L., & Drews, F. A. (2007). Multitasking in the Automobile. In *Attention: From Theory To Practice* (S. 121–133).

Trübswetter, N. M. (2015). *Akzeptanzkriterien und Nutzungsbarrieren älterer Autofahrer im Umgang mit Fahrerassistenzsystemen.* Ph. D. Dissertation, TUM School of Education, TUM, München, Deutschland.

Walston, J. D. (June 2012). Sarcopenia in older adults. *Current opinion in rheumatology, 24*(6), S. 623.

Wilschut, E. S., Kroon, M., E. C., de Goede, M., Cremers, A., & Hoedemaeker, M. (2014, January). The older adult road user: recommendations for driver assistance. In I. i. Gladbach (Hrsg.), *International interdisciplinary conference "Ageing and Safe Mobility" held at the Federal Highway Research Institute (BASt) in Bergisch Gladbach,* (S. 1–10).

Wood, J. M., Chaparro, A., & Carberry, T. (2007). Investigation of the interaction between visual impairment and multi-tasking on driving performance. In I. J. Faulks, M. Stevenson, J. Brown, A. Porter, & J. D. Irwin, *Distracted Driving+* (S. 623–640). Sydney: NSW: Australasian College of Road Safety.

Young, K. L., Koppel, S., & Charlton, J. L. (2017). Toward best practice in human machine interface design for older drivers: a review of current design guidelines. *Elsevier Ltd., 106*, S. 460–467.

Ziefle, M., Pappachan, P., Jakobs, E.-M., & Wallentowitz, H. (2008). Visual and auditory interfaces of advanced driver assistant systems for older drivers. In M. K., K. J., Z. W., & K. A. (Hrsg.), *Computers Helping People with Special Needs. ICCHP 2008. Lecture Notes in Computer Science, vol 5105.* (S. 62–69). Berlin, Heidelberg: Springer.

Bewertung der Leistungsfähigkeit akustischer Assistenzsysteme für ältere Fahrer

Magnus Schäfer

Inhaltsverzeichnis

Dr.-Ing. Magnus Schäfer, HEAD acoustics GmbH

M. Schäfer (✉)
HEAD acoustics GmbH, Herzogenrath, Deutschland
E-Mail: magnus.schaefer@head-acoustics.de

© Der/die Herausgeber bzw. der/die Autor(en), exklusiv lizenziert durch
Springer Fachmedien Wiesbaden GmbH, ein Teil von Springer Nature 2020
H. Proff et al. (Hrsg.), *Altersgerechte Fahrerassistenzsysteme*,
https://doi.org/10.1007/978-3-658-30871-1_5

1 Einleitung

Für eine Vielzahl von Situationen sind in modernen Fahrzeugen Assistenzsysteme verfügbar, die die Fahrzeugführer unterstützen. Diese Systeme können mit dem Ziel eingesetzt werden, den Komfort zu erhöhen – häufig sind sie aber im normalen Fahrbetrieb nicht wahrnehmbar, sondern sind besonders in kritischen Fahrsituationen von Bedeutung.

Akustische Systeme bieten hier einerseits den Vorteil einer hohen Reaktionsgeschwindigkeit, andererseits kann die wahrgenommene Position der Schallquelle als weitere Informationsebene genutzt werden, so kann z. B. ein Querverkehrassistent signalisieren, aus welcher Richtung Querverkehr detektiert wurde, um die Aufmerksamkeit gezielt zu steuern. Entsprechend sind für eine Bewertung der Leistungsfähigkeit solcher Assistenzsysteme Verfahren zur Bewertung der akustischen Situation im Fahrzeug notwendig.

In diesem Kapitel wird im Anschluss an einen kurzen Überblick über die Lokalisation von Schallquellen ein neuartiges Mikrofonarray vorgestellt, das das Schallfeld auf der Fahrerposition in dem Bereich aufzeichnet, der auch von einem menschlichen Zuhörer zur Lokalisation verwendet werden. Anschließend wird ein Verfahren beschrieben, das eine Lokalisation von Schallquellen mit Methoden des maschinellen Lernens durchführt. Die dafür notwendigen Komponenten werden erläutert und eine Einschätzung der Leistungsfähigkeit des Verfahrens gegeben.

2 Lokalisation von Schallquellen

Die Lokalisation von Schallquellen lässt sich im Allgemeinen von zwei Seiten betrachten: Entweder wird die Frage untersucht, wo sich die Schallquelle tatsächlich befindet, diese Betrachtung ist häufig bei technischen Fragestellungen anzutreffen. Beispielsweise könnte mit einem entsprechenden Lokalisationsverfahren der Ursprung eines unerwünschten Störgeräuschs an einem technischen Gerät geortet werden, womit dann konstruktive Verbesserungen möglich werden. Ein anderes Beispiel wären Mobiltelefone, die mehrere Mikrofone einsetzen, um das Sprachsignal des Nutzers gegenüber dem Hintergrundrauschen zu verstärken.

Die Lokalisationsaufgabe lässt sich aber auch von der Seite des Empfängers verstehen. Hierbei ist es irrelevant, wo die Schallquelle sich tatsächlich befindet, entscheidend ist vielmehr, wo sie wahrgenommen wird. In vielen Fällen gibt es keine großen Unterschiede zwischen der tatsächlichen und der wahrgenommenen Quellposition, eine der relevantesten Ausnahmen hiervon ist allerdings genau der Fall, der in modernen Autos vorliegt: Wiedergabesystemen mit mehreren Lautsprechern bieten die Möglichkeit, durch eine entsprechende Signalverarbeitung auch sogenannte Phantomquellen (Quellen, die an Stellen wahrgenommen werden, an denen sich keine Lautsprecher befinden) zu erzeugen (Pulkki, 1997).

Um zwischen den beiden Fällen zu unterscheiden, bezeichnet im Folgenden der Begriff *Ortung* die Bestimmung der tatsächlichen Position der Quelle und der Begriff *Lokalisation* die Bestimmung der wahrgenommenen Quellposition.

Für die Bewertung der Leistungsfähigkeit von akustischen Fahrerassistenzsystemen ist die Lokalisation die relevantere Aufgabe, da die Wahrnehmung des Fahrzeugführers das entscheidende Kriterium bei der Nutzung des Systems ist. Mit einem technischen Systems die komplexe menschliche Richtungswahrnehmung nachzubilden, ist allerdings eine äußerst anspruchsvolle Aufgabe, für die es bislang noch keinen funktionsfähigen Ansatz gibt, der alle Eigenschaften und Fähigkeiten menschlicher Hörer in angemessener Weise nachbilden kann. Entsprechend wird im Folgenden zunächst ein Verfahren vorgestellt, das es erlaubt, in einer generischen Struktur eine Ortung der Lautsprecher durchzuführen, aber leicht für die Lokalisation adaptiert werden kann, sobald genug Daten zur menschlichen Wahrnehmung vorliegen.

3   Technische Verfahren

Bei der Ortung von Schallquellen werden sogenannte Beamforming-Verfahren eingesetzt. Sie sind typischerweise modellbasiert, d. h., sie nutzen Wissen über die Ausbreitung der akustischen Signale explizit aus, um zu bestimmen, wo sich Quellen befinden. Unter den verwendeten Ausbreitungseigenschaften befindet sich hierbei immer mindestens die Schallgeschwindigkeit, woraus sich Unterschiede in der Laufzeit zwischen der Quelle und den verschiedenen Mikrofonen ergeben. Befindet sich die Quelle in der Nähe der Mikrofone, lassen sich auch noch Lautstärkedifferenzen einsetzen ((Schäfer, Heese, Wernerus, & Vary, 2012), (Heese, Schäfer, Wernerus, & Vary, 2013)).

Abb. 1 Einfaches
Beispiel einer akustischen
Umgebung

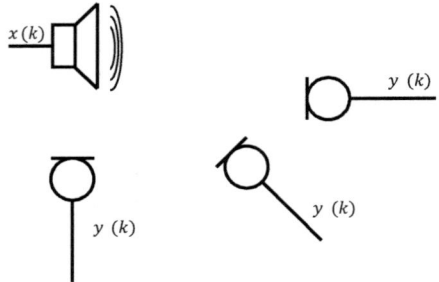

Zur Veranschaulichung ist in Abb. 1 ein sehr einfaches Beispiel für eine akustische Umgebung dargestellt, hierbei ist nur eine Schallquelle vorhanden, die das Signal $x(k)$ emittiert. In der Umgebung der Schallquelle befinden sich drei Mikrofone $M_{1...3}$, die die Signale $y_{1...3}(k)$ empfangen. Das Beispiel zeigt eine idealisierte Freifeldsituation, es befinden sich also keine reflektierenden Objekte in der Nähe, die einen Einfluss auf das Schallfeld haben.

Für die in Abb. 1 dargestellte Situation lassen sich die Mikrofonsignale $y_{1...3}(k)$ mit abstandsabhängigen Dämpfungen $\alpha_{1...3}$ und Verzögerungen $\tau_{1...3}$ in Abhängigkeit des Quellsignals darstellen

$$y_{1...3}(k) = \alpha_{1...3} \cdot x(k - \tau_{1...3})$$

Durch einen Vergleich der drei Mikrofonsignale untereinander lassen sich in diesem idealisierten Fall Laufzeitunterschiede bestimmen, aus denen dann die Position der Schallquelle relativ zu den Mikrofonen bestimmt werden kann. Für eine robuste Lokalisation in komplexeren Situationen mit mehreren Schallquellen bzw. reflektierenden Objekten in der Nähe (vgl. die Modellbeschreibung in (Schäfer, Multi Channel Audio Processing: Enhancement, Compression and Evaluation of Quality, 2014)) sind zusätzliche Maßnahmen erforderlich, hier kann beispielsweise eine größere Anzahl an Mikrofonen eingesetzt werden, die die Anzahl an möglichen Quellen deutlich übersteigt, womit mehr Information zur Verfügung steht.

4   Menschliche Wahrnehmung

Die räumliche Wahrnehmung des Menschen wurde bereits umfangreich phänomenologisch untersucht, ein Überblick über dieses Thema findet sich in (Blauert, 1997). Der Mensch hat durch seine zwei Ohren ebenfalls die

Möglichkeit, die Ausbreitungscharakteristiken von Schall auszunutzen. Hierbei lassen sich die drei entscheidende Signalmerkmale identifizieren, die für die Lokalisation von Schallquellen eingesetzt werden:

- Interaurale Pegeldifferenz
  Zwei Aspekte führen zu einer Pegeldifferenz zwischen den Ohren: Einerseits befindet sich ein Ohr näher an der Schallquelle als das andere, andererseits wirkt sich der Kopf auch noch abschattend aus. Beide Aspekte ergeben, dass das Signal am quellabgewandten Ohr einen geringeren Signalpegel aufweist.
- Interaurale Laufzeitdifferenz
  Der unterschiedliche Abstand zur Schallquelle führt neben dem Pegelunterschied auch zu einem Laufzeitunterschied: Das Signal erreicht das quellabgewandte Ohr später.
- Interaurale Kreuzkorrelation
  Als ein Maß für die Ähnlichkeit zwischen den Signalen an beiden Ohren liefert die Kreuzkorrelation insbesondere Informationen über die wahrgenommene Quellgröße. Hierbei zeigt sich eine kompakte, punktförmige Quelle durch eine hohe Kreuzkorrelation, eine breite, räumlich verteilte Quelle führt zu einer geringeren Kreuzkorrelation.

Diese Merkmale sind allerdings allesamt nicht eindeutig: Mit einer Betrachtung der geometrischen Verhältnisse lässt sich zeigen, dass die Merkmale rotationssymmetrisch zu einer Achse durch die Ohren sind (vgl. Kapralos, Jenkin, & Milios, 2008). Als anschauliches Beispiel führen Signale von vorne und von hinten zu identischen Pegel- und Laufzeitdifferenzen (nämlich keinen Differenzen). Um diese Mehrdeutigkeit aufzulösen, setzen menschliche Zuhörer kleine Kopfbewegungen ein, womit nicht nur das Schallfeld an zwei Punkten im Raum analysiert wird, sondern ein Bereich in der Umgebung der Ohren zur Lokalisation betrachtet wird.

5   Mikrofonarraydesign für die wahrnehmungsrichtige Aufnahme von Schallfeldern

In Anlehnung an das Vorgehen menschlicher Zuhörer bei der Lokalisation von Schallquellen wird im Folgenden ein Mikrofonarray beschrieben, das es ermöglicht, mit einer statischen Messung die für die Lokalisation relevanten Komponenten aufzuzeichnen. Ein Mikrofonarray mit acht Mikrofonen, das spezifisch für diese Anwendung entworfen wurde, ist in Abb. 2 zu sehen, die zugehörigen bemaßten Mikrofonpositionen sind in Abb. 3 schematisch dargestellt.

Das Mikrofonarray lässt sich auf einem Kunstkopf montieren, um auch den abschattenden bzw. reflektierenden Einfluss des Kopfes auf das Schallfeld

Abb. 2 Mikrofonarray montiert auf einem Kunstkopf

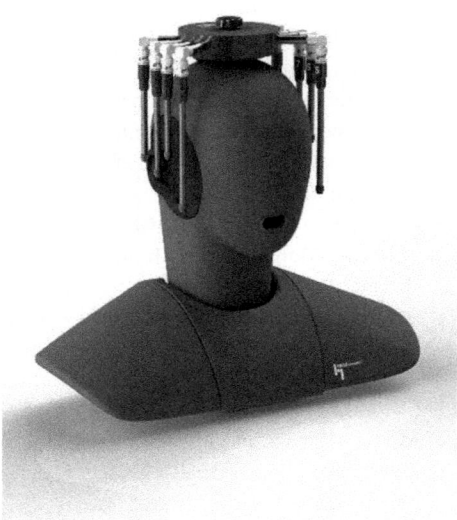

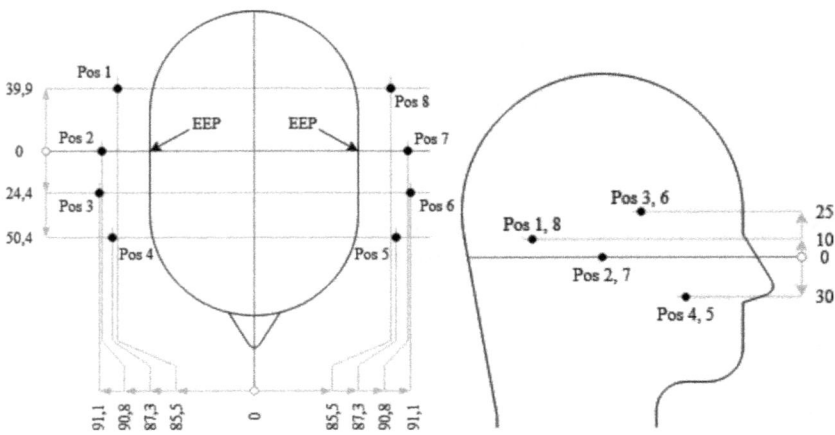

Abb. 3 Visualisierung der Mikrofonpositionen von oben und von der Seite

bei den Aufnahmen zu berücksichtigen. Die Mikrofone sind symmetrisch auf beiden Seiten des Kopfes positioniert und decken den typischen Bewegungs-raum für die zuvor erwähnten kleinen Peilbewegungen ab. Auch wenn für viele Anwendungen (z. B. auch im Bereich der Fahrerassistenzsysteme) hauptsächlich eine Lokalisation in der Azimutebene relevant ist, sind die Mikrofone nicht auf gleicher Höhe positioniert. Der Grund hierfür ist einerseits die Möglichkeit, auch eine Schätzung der Elevation der Quelle durchzuführen, andererseits aber auch den Bereich abzudecken, der durch leichte Neigung des Kopfes erreicht werden kann. Erwähnenswert ist noch die Position der Mikrofone 2 und 7, diese befinden sich direkt vor dem Eingang des Ohrkanals (ear canal entrance point – EEP) und liefern somit Information über die Signale, die von einem menschlichen Zuhörer in Ruheposition wahrgenommen werden.

6 Lokalisation mit Methoden des maschinellen Lernens

Mit dem Mikrofonarray gibt es wie dargestellt also die Möglichkeit, alle Komponenten des Schallfeldes aufzuzeichnen, das auch von einem mensch-lichen Zuhörer für die Lokalisation eingesetzt wird. Gleichzeitig wird durch die Montage auf einem Kunstkopf auch der Einfluss des Kopfes bei den Aufnahmen berücksichtigt. Die nächsten Abschnitte beschreiben ein Verfahren, das die so gewonnenen Signale analysiert und eine Schätzung der Quellposition durchführt.

Das Lokalisationsverfahren verfolgt hierbei einen Ansatz, der auf Methoden des maschinellen Lernens, im Speziellen neuronalen Netzen, basiert. Daher wird zunächst eine Beschreibung der relevanten Komponenten von neuronalen Netzen im Allgemeinen gegeben, bevor die verwendete Netzstruktur vorgestellt und erläutert wird. Anschließend wird die Leistungsfähigkeit des Verfahrens anhand von Daten evaluiert, die mit dem Mikrofonarray in einer realen akustischen Umgebung gewonnen wurden. Hierbei werden zum Vergleich auch zwei kon-ventionelle Beamforming-Verfahren eingesetzt. Um die Ergebnisse aller drei Verfahren direkt vergleichen zu können, bestehen die Daten für die Analyse aus Datensätzen, bei denen jeweils nur eine Quelle aktiv ist.

7 Neuronale Netze

Künstliche neuronale Netze (KNN) werden wegen ihrer Leistungsfähigkeit und Flexibilität heutzutage in vielen Lebensbereichen verwendet: So profitieren bei-spielsweise Wettervorhersagen oder automatische Spracherkenner von ihrem

Eingaben   Gewichtungen

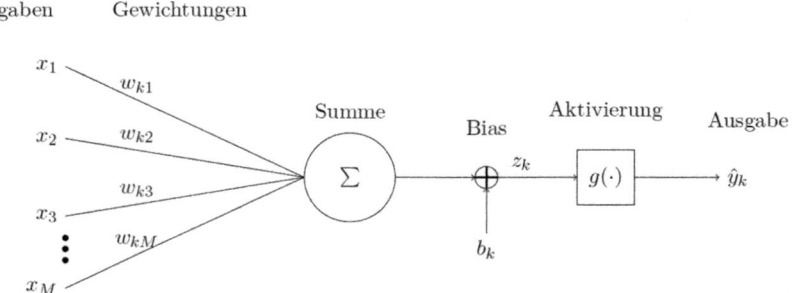

Abb. 4 Ein künstliches Neuron

Einsatz. Im Folgenden wird ein grober Überblick über künstliche neuronale Netze gegeben, wobei besonders auf die Struktur neuronale Netze und die verschiedenen Arten von Layern eingegangen wird.

Die Inspiration für künstliche neuronale Netze stellen die Verknüpfungen von Nervenzellen z. B. im menschlichen Gehirn dar. Aufgebaut sind KNNs aus künstlichen Neuronen. Ein solches Neuron ist schematisch in Abb. 4 dargestellt.

Die Ausgabe $\widehat{y}_k$ des Neurons lässt sich in Abhängigkeit der Eingabewerte $x_1, x_2, \ldots, x_M$ und der Parameter des Neurons bestimmen. Die Parameter des Neurons sind im Einzelnen die multiplikativen Gewichtungsfaktoren $w_{k1}, w_{k2}, \ldots, w_{kM}$, der additive Bias b_k sowie die Aktivierungsfunktion $g(\cdot)$. Insgesamt ergibt sich also die folgende Gleichung für den Ausgang:

$$\widehat{y}_k = g\left(\sum_{i=1}^{M} x_i \cdot w_{ki} + b\_k \right)$$

Die Gewichtungsfaktoren stellen also die Wichtigkeit der zur Verfügung stehenden Eingängen dar und der Bias repräsentiert eine konstante Abweichung, die nicht direkt aus den Eingängen bestimmt werden kann. Die Aktivierungsfunktion bildet die Summe schließlich auf den Wertebereich ab, der für den Ausgang notwendig ist – im Falle einer Lokalisation in der Azimutebene könnte dies beispielsweise ein Wert zwischen 0 und 360 sein, um den Winkel in Grad zu repräsentieren.

7.1 Verknüpfung künstlicher Neuronen zu neuronalen Netzen

Aus diesen künstlichen Neuronen als elementaren Bausteinen lassen sich verschiedene Architekturen neuronaler Netze erzeugen. Hierbei betrachtet man ein KNN in Layern – Schichten, in denen die Neuronen jeweils in gleicher Art und Weise verknüpft sind. Mehrere solcher Layer hintereinander bilden dann das neuronale Netz. Das erste Layer wird dabei als Eingabe-, das letzte Layer als Ausgabelayer bezeichnet, dazwischen befinden sich die Hidden-Layer. Liegen viele Hidden-Layer vor, spricht man von tiefen neuronalen Netzen (LeCun, Bengio, & Hinton, Deep learning, 2015).

Im Folgenden werden die verschiedenen Arten von Layern kurz vorgestellt, die für das Lokalisationssystem notwendig sind.

Fully-Connected-Layer
Als Fully-Connected-Layer (oder Dense-Layer) werden Layer bezeichnet, bei denen alle Ausgabeneuronen mit allen Eingabeknoten verbunden ist. Bei vielen neuronalen Netzen ist mindestens das letzte Layer von dieser Art, da sie die meisten Freiheitsgrade aufweisen, um die Informationen, die im Laufe des Netzes extrahiert wurden, zu einer aussagekräftigen Ausgabe zu verarbeiten.

Convolutional-Layer
Convolutional-Layer (LeCun, Bottou, Bengio, & Haffner, 1998) stellen eine Methode dar, lokale Merkmale aus den Eingabedaten zu extrahieren. Sie tun dies, indem sie ein kompaktes Muster von Gewichtungen (Filter-Kernel) auf alle Bereiche der Eingabedaten anwenden. Bei einem Fully-Connected Layer stellt jeder Ausgabewert die Verknüpfung einer individuellen Gewichtung mit allen Eingangsdaten dar. Im Gegensatz dazu ist jeder Ausgabewert eines Convolutional Layers die Verknüpfung einer festen Gewichtung mit unterschiedlichen Teilen der Eingangsdaten.

Durch diese Anwendung identischer Operationen auf kleine Bereiche der Eingabedaten ist ein Convolutional-Layer in der Lage, lokale Muster an verschiedenen Stellen in den Eingabedaten zu identifizieren. Eine Verkettung von mehreren Convolutional-Layern wird als *Convolutional Neural Network* (CNN) bezeichnet und kann komplexe Strukturen in den Eingangsdaten entdecken. Daher finden sie häufig in der Audio- und Bildanalyse Verwendung.

Pooling Layer

Ein Pooling-Layer lässt sich als eine lokale, statistische Operation auf seinen Eingangswerten auffassen. Die beiden häufigsten Varianten sind das Max-Pooling, bei dem der maximale Wert in einem Bereich der Eingabedaten aus Ergebnis ausgegeben wird, und das Average-Pooling, bei dem das Ergebnis der arithmetische Mittel der Eingabedaten ist.

Eine häufig anzutreffende Kombination ist die Verbindung eines Convolutional-Layers mit einem nachfolgenden Max-Pooling-Layer. Anschaulich liefert diese Kombination eine dateneffiziente Antwort auf die Frage, ob ein bestimmtes Merkmal an einer beliebigen Position in den Eingabedaten vorliegt: Das Convolutional-Layer untersucht die kompletten Eingabedaten auf das gesuchte Merkmal. Statt nun aber den folgenden Layern diese Analyseergebnisse für den kompletten Datenraum zur Verfügung zu stellen, reduziert der Max-Pooling-Layer das Ergebnis auf einen, nämlich den maximalen Wert.

7.2 Struktur neuronaler Netze für unterschiedliche Aufgaben

Je nach Aufgabenstellung können neuronale Netze unterschiedlich strukturiert sein, um den Anforderungen der jeweiligen Aufgabe zu genügen. Die hier betrachtete Aufgabe der Lokalisation einer Schallquelle lässt sich gut durch eine Verkettung von Convolutional-Layern zur Merkmalsextraktion mit nachgeschalteten Fully-Connected-Layern zur Verknüpfung der gewonnenen Information abbilden (vgl. (Chakrabarty & Habets, 2017)). Bei der Dimension des Ausgabelayers sind prinzipiell zwei Varianten möglich: Während ein Netz zur Regression eines (Winkel-)Wertes nur ein einziges Ausgabeneuron aufweist, das einen Schätzwert liefert, hat ein Netz, das zur Klassifizierung in verschiedene, vordefinierte Richtungsklassen eingesetzt wird, pro Klasse ein Ausgabeneuron.

8 Training eines neuronalen Netzes

Unabhängig von der exakten Struktur des betrachteten Netzes besteht die grundsätzliche Idee maschinellen Lernens darin, aus einer Menge von repräsentativen Trainingsdaten die Parameter aller künstlichen Neuronen so zu bestimmen, dass das KNN auch für unbekannte Daten sinnvolle Ergebnisse liefert.

Im Training sind sowohl die Eingangsdaten $x_1, x_2, \ldots, x_M$ wie auch die Ausgangsdaten y_k bekannt. Damit lässt sich ein Fehler e_k bestimmen, der den

Unterschied zwischen der aktuellen und der perfekten Ausgabe des Neurons quantifiziert:

$$e_k = y_k - \widehat{y}_k = y_k - g\left(\sum_{1=1}^{M} x_i \cdot w_{ki} + b_k\right)$$

Dieser Fehler, der hier für ein Neuron definiert ist, lässt sich in ähnlicher Art und Weise auch für das komplette KNN bestimmen – die Gleichung wird nur deutlich unübersichtlicher. Grundsätzlich gibt es aber auch dann für die Vorhersage des Netzwerks eine Darstellung durch die Kombination der Eingangsdaten mit den Parametern des Netzwerks.

Typischerweise wird die zur Verfügung stehende Menge an Daten aufgeteilt: Der größere Teil wird zum Training des KNN verwendet, ein kleinerer Teil wird zur Validierung des KNN eingesetzt, um bereits im Trainingsprozess das Verhalten bei unbekannten Daten untersuchen zu können. In Abb. 5 ist der Ablauf des Trainings zu sehen. Das Training ist ein iterativer Prozess, bei dem die Trainingsdaten mehrfach eingesetzt werden, um die Parameter des Netzes zu optimieren.

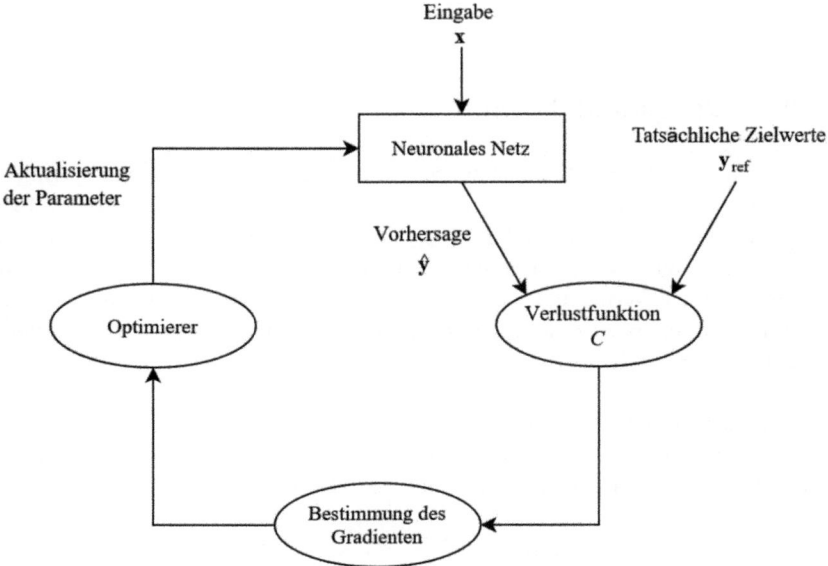

Abb. 5 Ablauf des Trainings eines künstlichen neuronalen Netzes

Der Prozess beginnt mit der Berechnung der Ausgabewerte des aktuellen Zustands des neuronalen Netzes für die Eingabewerte x aus den Trainingsdaten. Die daraus resultierenden Vorhersage y_k wird dann mit den tatsächlichen Zielwerten y_{ref} für diese Trainingsdaten verglichen. Dieser Vergleich wird mit einer (netzstruktur- und ggf. auch anwendungsspezifischen) Verlustfunktion C durchgeführt. Der Backpropagation-Schritt bestimmt den Gradienten der Verlustfunktion in Abhängigkeit der Netzwerkparameter (Gewichtungen und Bias). Auf Basis dieses Gradienten modifiziert der eingesetzte Optimierer dann die Parameter und ein weiterer Trainingsdurchlauf beginnt.

Die Iterationsschleife in Abb. 5 wird typischerweise nicht mit den komplette Trainingsdaten durchlaufen. Stattdessen werden die Daten in mehrere Gruppen unterteilt und nach jeder Gruppe ein Optimierungsschritt durchgeführt. Wenn auf diese Art alle Trainingsdaten verarbeitet worden sind, findet ein Validierungsschritt statt. Dabei werden die Parameter des Netzes nicht aktualisiert, sondern nur die Verlustfunktion (und ggf. weitere Metriken) berechnet. Ein Durchlauf von Training und Validierung wird als Epoche bezeichnet.

Die Aufteilung in Trainings- und Validierungsdaten erlaubt es nun, aus dem Verlauf der Verlustfunktion (bzw. der zusätzlichen Bewertungsmetriken) für die Validierungsdaten einen sinnvollen Zeitpunkt zum Beenden des Trainings abzuleiten.

8.1   Verlustfunktionen

Die Wahl der Verlustfunktion ist ein sehr kritisches Element der Iterationsschleife zur Optimierung der Parameter des Netzwerks. Sie quantifiziert den Vorhersagefehler und ist im Idealfall repräsentativ für die Güte des aktuellen Modells. Je nach konkreter Aufgabenstellung und eingesetzter Modellierungstruktur sind unterschiedliche Verlustfunktionen sinnvoll. Im Folgenden werden zwei Varianten von Verlustfunktionen (eine für Regressionsaufgaben, eine für Klassifizierungsaufgaben) vorgestellt.

Regression: Mean Squared Error
Der mittlere quadratische Fehler (*mean squared error* – MSE) ist eine klassische Wahl für Regressionsaufgaben, er ist definiert als (Nielsen, 2015):

$$C_{MSE} = \frac{1}{2N} \sum_X y_{ref}(x) - \widehat{y}(x)^2$$

Hierbei bezeichnet N die Anzahl an Datensätzen, die verwendet wird, $y_{ref}(x)$ sind die bekannten Referenzdaten und $\widehat{y}(x)$ die Vorhersage des Netzwerks für die

Eingabedaten x aus der Gesamtmenge X. Der MSE ist für Regressionsaufgaben gut geeignet, da er mit dem Vorhersagefehler skaliert: Große Abweichungen zwischen Vorhersage und tatsächlichem Referenzwert führen zu großen Werten der Verlustfunktion.

Klassifizierung: Cross-Entropy
Bei Klassifizierungsaufgaben ist der MSE nicht als Verlustfunktion geeignet. Hier liefert die Cross-Entropy ein aussagekräftiges Maß für die Bewertung der aktuellen Vorhersage. Sie ist definiert durch (Nielsen, 2015):

$$C_{CE} = -\frac{1}{N} \sum_X \sum_J \left(y_{ref,j}(x) \cdot \ln \hat{y}_j(x) + \left(1 - y_{ref,j}(x)\right) \cdot \ln \left(1 - \hat{y}_j(x)\right) \right)$$

Hierbei ist j der Index für die J Ausgabeneuronen des KNNs. Wie in (Nielsen, 2015) gezeigt wird, hat diese Verlustfunktion den Vorteil, dass die resultierende Lernrate nicht vom Verlauf der verwendeten Aktivierungsfunktion abhängt, sondern nur vom Fehler in der Vorhersage.

8.2 Optimierer

Nach der Berechnung der Verlustfunktion wird, wie oben dargestellt, der Gradient der Verlustfunktion in Abhängigkeit von den Parametern des Netzwerks (Gewichtungsfaktoren w_{ki} und Biaswerte b_k) bestimmt. Dieser Gradient ist dann der Eingangswert für den Algorithmus zur Parameteroptimierung.

Ziel dieser Optimierung ist es, den Wert der Verlustfunktion zu verringern. Ein sehr leistungsfähiger Ansatz hierfür ist die *Adaptive Moment Estimation* (AdaM) (Kingma & Ba, 2014), diese kombiniert die Stärken zweier anderer Verfahren: Wie bei der Momentum-Optimierung (Polyak, 1964) werden auch vergangene Gradienten in der Optimierung berücksichtigt und in Anlehnung an RMSprop (Tieleman & Hinton, 2012) wird die Adaptionsgeschwindigkeit der Netzwerkparameter adaptiv aus den aktuellen Daten abgeleitet.

8.3 Metriken zur Überwachung der Vorhersagegenauigkeit

Im Rahmen der iterativen Optimierung der Netzwerkparameter wird nur die Verlustfunktion verwendet. Da diese aber nicht notwendigerweise eine anschauliche Darstellung der aktuellen Vorhersagegenauigkeit bietet, werden parallel auch zwei weitere Metriken aus den Vorhersagen berechnet.

Mean Absolute Error

Der *Mean Absolute Error* (MAE) wird typischerweise bei Regressionsaufgaben eingesetzt, da er direkt die mittlere Abweichung zwischen dem Vorhersagewert und dem Referenzwert angibt und somit direkt zu der entsprechenden Verlustfunktion passt:

$$MAE = \frac{1}{N} \sum_x \left| y_{ref}(x) - \hat{y}(x) \right|$$

Im Fall der Lokalisation in der Azimutebene beträgt der minimale MAE $0°$, wenn immer exakt die richtige Position bestimmt wird. Der maximale Wert beträgt $180°$, wenn die Quelle immer genau gegenüber der richtigen Position bestimmt wird. Hierbei ist die Periodizität des Wertebereichs zu beachten, damit beispielsweise eine Vorhersage von $359°$ bei einer richtigen Position von $0°$ zu einer Abweichung von $1°$ (und nicht $359°$) führt.

Accuracy

Im hier vorliegenden Fall der Lokalisation von Schallquellen in der Azimutebene lässt sich auch bei einer Modellierung als Klassifizierung ein MAE bestimmen, wenn die vorhergesagten Klassen und die Referenzklassen in die entsprechenden Winkel umgerechnet werden. Im allgemeinen Fall ist das bei Klassifizierungen aber nicht möglich, hierfür ist die *Accuracy* (Acc) passender. Sie ist definiert als Quotient von richtigen Vorhersagen und der Gesamtzahl an Vorhersagen:

$$Acc = \frac{\#\text{richtige Vorhersagen}}{\#\text{Vorhersagen}}$$

8.4 Verhindern einer Überanpassung an die Trainingsdaten

Ein tiefes neuronales Netz weist eine sehr hohe Zahl von Freiheitsgraden auf. Entsprechend kann schnell der Fall eintreten, dass im Rahmen des Trainingsprozesses alle Eigenheiten der Trainingsdaten vollständig vom KNN erfasst werden. Damit wäre die Idealsituation für maschinelles Lernen erreicht, wenn die Trainingsdaten perfekt repräsentativ für alle möglichen Daten wären, die das KNN analysieren soll.

Leider ist es selten möglich, einen derart umfangreichen Trainingsdatensatz zu erzeugen. Daher führt eine zu starke Anpassung an die Trainingsdaten normalerweise zu einer niedrigeren Leistungsfähigkeit bei unbekannten

Validierungs- oder Testdaten. Um diese Situation zu vermeiden, gilt es, das Training zu einem passenden Zeitpunkt zu beenden oder bereits durch Komponenten im Training zu verhindern, dass eine Überanpassung entsteht.

Early Stopping

Der einfachste Ansatz zur Vermeidung einer Überanpassung besteht darin, das Training in Abhängigkeit des aktuellen Trainingszustands zu beenden (Prechelt, 1998). Hierzu werden während des Trainingsprozesses Metriken zu den Trainings- und Validierungsdaten berechnet.

Eine solche Metrik könnte beispielsweise der Vorhersagefehler des Netzwerks sein. Dieser Fehler wird für die Trainingsdaten kontinuierlich sinken, bei den Validierungsdaten wird normalerweise auch zunächst ein Sinken des Fehlers beobachtet. Sollte der Fehler für die Validierungsdaten dann zu irgendeinem Zeitpunkt wieder steigen, wird das Training gestoppt.

Dropout

Neben der frühzeitigen Beendigung des Lernvorgangs gibt es auch die Möglichkeit, in den Lernalgorithmus einzugreifen, um eine Überanpassung zu verhindern. Eine Variante hiervon stellt die Integration von Dropout-Layern dar (Srivastava, Hinton, Krizhevsky, Sutskever, & Salakhutdinov, 2014). Ein Dropout-Layer führt dazu, dass im Training mit einer gewählten Wahrscheinlichkeit, der Dropout-Rate, zufällig immer wieder unterschiedliche Neuronen nicht verbunden werden. Für die Validierung werden allerdings alle Neuronen verbunden. Mit jeder Gruppe von Trainingsdaten wird also ein anderes Subnetz des kompletten KNN trainiert.

9   Struktur der Lokalisationsmethode

Ziel der Methode ist die Lokalisation einer Schallquelle hinsichtlich ihres Azimutwinkels. Wie bereits zuvor erwähnt, lässt sich diese Aufgabe prinzipiell sowohl in Form einer Regression, als auch als Klassifizierung darstellen. Zur Anwendung für die Bewertung von Fahrerassistenzsystemen, wo das akustische Signal durchaus auch als Steuergröße für die visuelle Aufmerksamkeit des Fahrzeugführers eingesetzt wird, passt die Klassifizierung sehr gut, da es hierbei annähernd irrelevant ist, ob eine Abweichung um 30° oder eine Abweichung um 180° vorliegt. In beiden Fällen liegt die Zielrichtung bzw. das Zielobjekt nicht zentral im Sichtfeld.

Entsprechend wird im Folgenden ein Lokalisationsverfahren beschrieben und analysiert, das die zuvor beschriebenen Komponenten neuronaler Netze zu einem Klassifizierer kombiniert. Der Klassifizierer verwendet 72 Klassen, die gleichwinklig verteilt sind und entsprechend jeweils ein Fenster von 5° repräsentieren.

9.1   Vorverarbeitung der Trainingsdaten

Die Zeitsignale, die mit dem Mikrofonarray aufgezeichnet werden, werden zunächst mit einer Kurzzeit-Fourier-Transformation in den Zeit-Frequenz-Bereich überführt. Hierbei wird ein Hann-Fenster mit einer Überlappung von 50 % und einer Länge von 2048 Abtastwerten bei einer Abtastrate von 48 kHz als Fensterfunktion angewendet.

Das Ergebnis dieser Transformation ist dreidimensional: Zeit, Frequenz und Mikrofonkanalnummer. Die Analyse wird individuell für jeden Zeitschritt durchgeführt, womit noch die beiden Dimensionen der Frequenz und der Kanalnummern verbleiben. Um den Convolutional-Layern am Anfang möglichst gut strukturierte Daten für ihre Merkmalsextraktion zur Verfügung zu stellen, werden die Koeffizienten in jedem Zeitschritt so umsortiert wie in Abb. 6 zu sehen.

Diese Anordnung approximiert die geometrische Struktur des Mikrofonarrays und erlaubt es somit den Convolutional-Layern, Merkmale aus Kanälen in

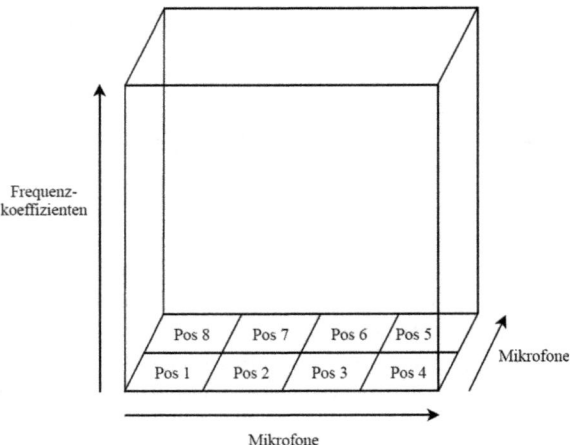

Abb. 6 Strukturierung der Eingabedaten

Beziehung zu setzen, die in einer sinnvollen räumlichen Relation zueinander stehen. Das verwendete Merkmal ist der Phasenwert der Fourier-Transformierten. Diese wird vor dem Eingabelayer noch auf den Wertebereich zwischen 0 und 1 normiert, um eine numerisch günstige Repräsentation in das Netzwerk zu geben.

Eine weitere Vorverarbeitung ist noch bei den Zielwerten notwendig: Da das neuronale Netz zur Klassifizierung eingesetzt wird, müssen die Zielwerte noch von einer Winkeldarstellung in eine Klassendarstellung überführt werden. Basierend auf der Anwendung für die Analyse von Fahrerassistenzsystemen wurde die Azimutebene in 72 gleichwinklige Klassen aufgeteilt. Bei den Trainingsdaten wurde der Klasse, in der sich die Quelle befindet, ein Wert von 1, allen anderen Klassen ein Wert von 0 zugeteilt. In der Anwendung liefert das KNN mit seinen 72 Ausgängen für jede Klasse die Wahrscheinlichkeit dafür, dass sich in der Klasse eine Quelle befindet.

9.2 Aufbau des neuronalen Netzes

Ein Überblick des verwendeten neuronalen Netzes ist in Abb. 7 zu sehen. Die Analyse beginnt mit einer Serie von Convolutional-Layern, diese weisen je nach Dimensionalität der vorliegenden Daten dreidimensionale oder zweidimensionale Kernel auf. Nach diesen Layern sind die Informationen aller Mikrofonkanäle miteinander verknüpft. Umfangreiche Versuchreihen zeigten, dass weitere Convolutional-Layer über die Frequenzdimensionen in diesem Anwendungsfall zu schlechteren Ergebnissen führen. Um die resultierenden Daten mit den drei nachfolgenden Fully-Connected-Layern verarbeiten zu können, müssen sie in einen eindimensionalen Tensor umgeformt werden, dies geschieht im Flatten-Layer.

Die verwendeten Layer sind nach einer Hyperparametersuche folgendermaßen dimensioniert:

- Filterkernel des dreidimensionalen Convolutional-Layers: 256
- Filterkernel des ersten zweidimensionalen Convolutional-Layers: 256
- Filterkernel des zweiten zweidimensionalen Convolutional-Layers: 64
- Dropout-Rate: 75 %
- Neuronen in den ersten beiden Fully-Connected-Layern: 128
- Neuronen im letzten Fully-Connected-Layer: 72 (entsprechend der Klassenanzahl)

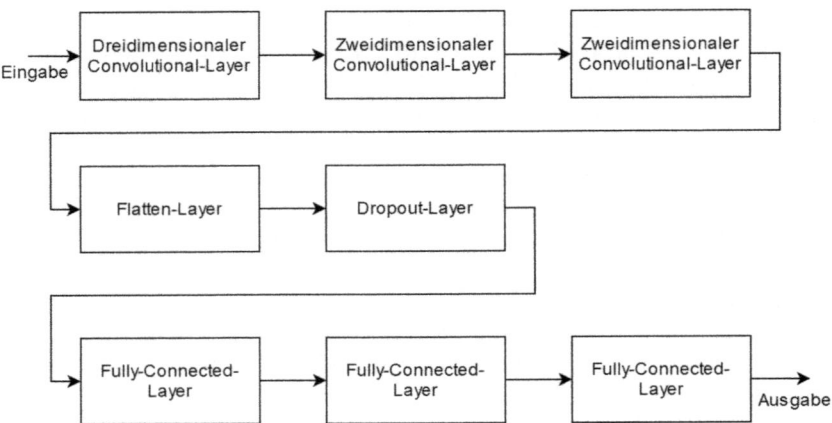

Abb. 7 Aufbau des neuronalen Netzes

Für das Training wird die Cross-Entropy als Verlustfunktion eingesetzt, der verwendete Optimierer ist AdaM.

9.3   Trainings- und Validierungsdaten

Für Training und Validierung werden Daten eingesetzt, die in einer echten akustischen Umgebung und nicht simulativ gewonnen wurden. Die Umgebung besteht dabei aus einer akustisch behandelten Messkammer (Länge: 3,4 m; Breite: 2,4 m; Höhe: 2,02 m) mit einer Nachhallzeit RT_{60} von 65,9 ms. In dieser Messkammer wurden in die Raumecken und auf die Mitten der Wände insgesamt acht Lautsprecher montiert.

Aufnahme der Signale
Zur Aufzeichnung der Signale wurde das zuvor beschriebene Mikrofonarray wie in Abb. 2 dargestellt auf einem Kunstkopf montiert. Dieser Kunstkopf wiederum befand sich auf einem Drehteller, um einen Datensatz mit möglichst vielfältigen Quellrichtungen zu erzeugen. Die Lautsprecher befanden sich auf leicht unterschiedlichen Höhen, um auch hier eine leichte Variabilität im Datensatz zu haben. Auch wenn es nur um die Schätzung des Azimutwinkels geht, kann bei der Anordnung im Auto nicht davon ausgegangen werden, dass sich alle Lautsprecher exakt auf Ohrhöhe des Fahrers befinden. Der Kunstkopf wurde auf dem

Drehteller so ausgerichtet, dass sich seine Ohren ungefähr auf der mittleren Höhe der Lautsprecher befanden (die Elevationswinkel liegen in einem Bereich von 83,4° bis 94,8°).

Es wurden zwei unterschiedliche Arten von Signalen verwendet: weißes Rauschen, das für das Training des neuronalen Netzes eingesetzt wird und Sprachsignale zur Validierung und für einen Vergleich mit den Verfahren aus (DiBiase, 2000) und (Schmidt, 1986). Die Rauschsignale haben jeweils eine Länge von 8 s, die Sprachsignale (mehrere kurze Sätze mit einer Länge von 4 s) stammen aus (ETSI TS 103 281 V1.3.1, 2019). Die deutschen Sprachsignale aus (ETSI TS 103 281 V1.3.1, 2019) werden zur Validierung verwendet, die englischen als Testmaterial für den Vergleich der verschiedenen Verfahren.

Im Messablauf wurde der Kunstkopf mittels des Drehtellers in 5°-Schritten gedreht und an jeder Position alle Signale von allen Lautsprechern sequenziell wiedergegeben. Somit können insgesamt 576 räumliche Anordnungen in diesem Messablauf aufgenommen werden.

Vorverarbeitung der Daten
Um einen reibungslosen Ablauf des Trainings- und Validierungsprozesses zu gewährleisten, wurden die Daten in begrenztem Maße vorverarbeitet. Hierbei wurden die Rauschsignale in Segmente mit einer Länge von 1 s unterteilt und die Sprachsignale, die bei den Aufnahmen in einer langen Sequenz kombiniert waren, in einzelne Sätze unterteilt. Mit einer Sprachaktivitätserkennung wurden aus den Sprachsignalen zusätzlich noch die Zeiträume entfernt, in denen keine Aktivität vorliegt. Bei den Validierungsdaten wurde hierfür eine automatische Aktivitätserkennung mit (Wiseman, o. D.) eingesetzt, für die Test- und Vergleichsdaten wurden manuell Passagen mit aktiver Sprache ausgewählt, um mögliche Fehlerkennungen auszuschließen.

Generierung zusätzlicher Daten
Je größer die Menge und die Varianz der verfügbaren Trainingsdaten ist, desto besser ist normalerweise die Leistungsfähigkeit des neuronalen Netzes. Ein Weg, die Datenmenge schnell zu vergrößern, ist die Anwendung von *Data Augmentation*. Dabei werden aus den vorliegenden Daten durch Modifikationen neue Daten generiert.

Das Hinzufügen unkorrelierten Rauschens zu den Trainingsdatensätzen ist eine solche Modifikation, wobei Signal-zu-Rausch-Abstände von 5 dB, 10 dB, 15 dB, 20 dB, 25 dB, 30 dB, 35 dB und 50 dB erzeugt wurden. Ob diese Erweiterung der Trainingsdatenmenge zu Verbesserungen führt, wird durch einen Leistungsvergleich zweier neuronaler Netze getestet.

10   Experimentelle Ergebnisse

Im Rahmen der experimentellen Untersuchung wurden vier verschiedene Lokalisationsverfahren getestet:

• SRP-PHAT, das Lokalisationsverfahren aus (DiBiase, 2000)
• MUSIC, das Lokalisationsverfahren aus (Schmidt, 1986)
• Das neuronale Netz ohne *Data Augmentation*
• Das neuronale Netz mit *Data Augmentation*

Die neuronalen Netze erreichten ihre besten Lokalisationsgenauigkeiten nach 25 Epochen (ohne *Data Augmentation*) und 21 Epochen (mit *Data Augmentation*). Dabei ist zu bedenken, dass eine Epoche im zweiten Fall wegen der deutlich größeren Datenmenge signifikant umfangreicher ist als eine Epoche im ersten Fall.

Als Bewertungsmetriken werden die zuvor vorgestellten Kennwerte MAE (mittlerer absoluter Fehler) und die *Accuracy* verwendet. Für SRP-PHAT und MUSIC wird die *Accuracy* bestimmt, indem die Vorhersagewerte der beiden Verfahren auf die Klassen quantisiert werden, die für die neuronalen Netze eingesetzt werden. Der mittlere absolute Fehler wird für die neuronalen Netze berechnet, indem die Abweichung zwischen der Mitte der gewählten Klasse und der tatsächlichen Quellposition bestimmt wird. Die über die gesamten Testdaten gemittelten Werte sind in Tab. 1 zusammengestellt.

Bei den beiden Verfahren aus der Literatur ist ersichtlich, dass SRP-PHAT gegenüber MUSIC eindeutig überlegen ist: der mittlere absolute Fehler ist um etwa 7,5° geringer, die *Accuracy* um etwa 11 % höher. Vergleicht man die beiden neuronalen Netze miteinander, ist deutlich ein positiver Einfluss der *Data Augmentation* zu erkennen: Der mittlere absolute Fehler sinkt um über 6°, die *Accuracy* steigt um über 10 %. Stellt man nun SRP-PHAT und das neuronale Netz mit Data Augmentation gegenüber, zeigt sich ein gespaltenes Bild: der

Tab. 1 Auswertung der Leistungsfähigkeit verschiedener Lokalisationsalgorithmen

Verfahren	Mittlerer absoluter Fehler (°)	Accuracy (%)
SRP-PHAT	9,30	54,30
MUSIC	16,88	43,39
Neuronales Netz ohne Data Augmentation	24,96	56,18
Neuronales Netz mit Data Augmentation	18,60	66,50

mittlere absolute Fehler von SRP-PHAT ist nur halb so groß, dafür hat das neuronale Netz eine um über 12 % bessere *Accuracy*. Das neuronale Netz trifft also deutlich häufiger die exakt richtige Richtung, aber wenn eine Fehlklassifikation vorliegt, sind die Abweichungen von der tatsächlichen Quellposition im Mittel größer als bei SRP-PHAT.

11 Adaption von Ortung zu Lokalisation und Anpassbarkeit an unterschiedliche Personengruppen

Soll das hier vorgestellte Verfahren zur Lokalisation von wahrgenommenen Quellpositionen in komplexeren akustischen Umgebungen eingesetzt werden, sind Trainings- und Validierungsdaten notwendig, bei denen die Positionsinformation nicht aus der geometrischen Relation zwischen Mikrofonarray- und Lautsprecherposition bestimmt wird. Stattdessen müssen die Urteile menschlicher Zuhörer eingesetzt werden. Der Aufwand für die Erzeugung eines repräsentativen Datensatzes mit Hörversuchen ist hoch, aber nicht utopisch – nicht zuletzt, weil mit der *Data Augmentation* ein Hilfsmittel zur Verfügung steht, das es erlaubt, die Datenmenge auf simulativer Ebene zu vergrößern.

Eine Anpassung der Eigenschaften des Verfahrens an spezielle Personengruppen ist durch die Auswahl der Teilnehmer für den Hörversuch möglich. Hiermit können spezifische Analyseverfahren für unterschiedliche Nutzergruppen erzeugt werden, die dann beispielsweise für die Bewertung spezifischer Assistenzsysteme für diese Nutzergruppe eingesetzt werden können.

12 Zusammenfassung

Ein Lokalisationssystem für die Bewertung von akustischen Fahrerassistenzsystemen auf Basis eines speziell hierfür entwickelten Mikrofonarrays und neuronaler Netze wurde vorgestellt. Das Mikrofonarray zeichnet die Komponenten des Schallfeldes im Umfeld der Ohren auf, die auch von menschlichen Zuhörern zur Lokalisation verwendet werden. Die so gewonnenen Signale werden von einem neuronalen Netz analysiert, das die Quellposition mit einer Auflösung von 5° durch eine Klassifizierung bestimmt.

Es wurde gezeigt, dass das neuronale Netz verglichen mit konventionellen Beamforming-Algorithmen eine deutlich höhere *Accuracy* erreicht. Außerdem lässt sich das Verfahren durch einen Austausch der Trainings- und Validierungsdaten direkt auf andere Nutzergruppen oder Anwendungsfälle adaptieren.

Literatur

Aditya, J., Bansal, R., Kumar, A., & Singh, K. (2015). A comparative study of visual and auditory reaction times on the basis of gender and physical activity levels of medical first year students. *International Journal of Applied and Basic Medical Research, 5*(2), 124–127.

Blauert, J. (1997). *Spatial Hearing: The Psychophysics of Human Sound Localization.* MIT press.

Chakrabarty, S., & Habets, E. A. (2017). Broadband DOA estimation using convolutional neural networks trained with noise signals. *IEEE Workshop on Applications of Signal Processing to Audio and Acoustics (WASPAA).* New Paltz.

DiBiase, J. H. (2000). *A High-Accuracy, Low-Latency Technique for Talker Localization in Reverberant Environments Using Microphone Arrays.* Providence: Brown University.

ETSI TS 103 281 V1.3.1. (2019). Speech and multimedia Transmission Quality (STQ); Speech quality in the presence of background noise: Objective test methods for super-wideband and fullband terminals. Sophia Antipolis: ETSI.

Fozard, J. L., Vercruyssen, M., Reynolds, S. L., Hancock, P. A., & Quilter, R. E. (1994). Age Differences and Changes in Reaction Time: The Baltimore Longitudinal Study of Aging. *Journal of Gerontology, 49*(4), 179–189.

Heese, F., Schäfer, M., Wernerus, J., & Vary, P. (2013). Numerical Near Field Optimization of a Non-Uniform Sub-band Filter-and-Sum Beamformer. *Proceedings of IEEE International Conference on Acoustics, Speech, and Signal Processing (ICASSP).* Vancouver.

Kapralos, B., Jenkin, M., & Milios, E. (2008). Virtual Audio Systems. *Presence Teleoperators & Virtual Environments, 17*, 527–549.

Kingma, D. P., & Ba, J. (2014). Adam: A method for stochastic optimization. *arXiv preprint arXiv:1412.6980.*

LeCun, Y., Bengio, Y., & Hinton, G. (2015). Deep learning. *Nature, 521*, 436–444.

LeCun, Y., Bottou, L., Bengio, Y., & Haffner, P. (1998). Gradient-based learning applied to document recognition. *Proceedings of the IEEE, 86*(11), 2278–2324.

Nielsen, M. A. (2015). *Neural Networks and Deep Learning.* San Francisco: Determination Press.

Pain, M., & Hibbs, A. (2015). Sprint starts and the minimum auditory reaction time. *Journal of Sports Science, 25*(1), 79–86.

Polyak, B. T. (1964). Some methods of speeding up the convergence of iteration methods. *USSR Computational Mathematics and Mathematical Physics, 4*(5), 791–803.

Prechelt, L. (1998). Early stopping-but when? In *Neural Networks: Tricks of the trade* (pp. 55–69). Berlin, Heidelberg: Springer-Verlag.

Pulkki, V. (1997). Virtual Sound Source Positioning Using Vector Base Amplitude Panning. *Journal of the Audio Engineering Society, 45*(6), 456–466.

Schäfer, M. (2014). *Multi Channel Audio Processing: Enhancement, Compression and Evaluation of Quality.* Aachen: Wissenschaftsverlag Mainz.

Schäfer, M., Heese, F., Wernerus, J., & Vary, P. (2012). Numerical Near Field Optimization of Weighted Delay-and-Sum Microphone Arrays. *Proceedings of International Workshop on Acoustic Signal Enhancement (IWAENC)*. Aachen.

Schmidt, R. (1986). Multiple emitter location and signal parameter estimation. *IEEE transactions on antennas and propagation, 34*(3), 276–280.

Srivastava, N., Hinton, G., Krizhevsky, A., Sutskever, I., & Salakhutdinov, R. (2014). Dropout: a simple way to prevent neural networks from overfitting. *The journal of machine learning research, 15*(1), 1929–1958.

Tieleman, T., & Hinton, G. (2012). Lecture 6.5-rmsprop: Divide the gradient by a running average of its recent magnitude. *COURSERA: Neural networks for machine learning, 4*(2), 26–31.

Wiseman, J. (n. d.). *py-webrtcvad – Python interface to the WebRTC Voice Activity Detector*. Retrieved September 19, 2019, from https://github.com/wiseman/py-webrtcvad.

Fahrverhalten älterer Menschen im Fahrsimulator

Stephan Schweig und Dieter Schramm

Inhaltsverzeichnis

In diesem Kapitel werden der Aufbau des verwendeten Simulators, sowie die durchgeführten Versuche beschrieben. Die Ergebnisse der Versuche werden kurz zusammengefasst.

1   Simulatoraufbau

Fahrsimulatoren werden hauptsächlich zur Erforschung der Mensch-Fahrzeug-Schnittstelle und zur Untersuchung von Systemen eingesetzt, die aufgrund ihrer Funktionalität den Fahrer zwingend mit in die Untersuchung einbeziehen müssen.

Dipl.-Ing. Stephan Schweig, Prof. Dr.-Ing. Dieter Schramm, alle Universität Duisburg-Essen

S. Schweig (✉) · D. Schramm
Lehrstuhl für Mechatronik, Universität Duisburg-Essen, Duisburg, Deutschland
E-Mail: stephan.schweig@uni-due.de

D. Schramm
E-Mail: dieter.schramm@uni-due.de

© Der/die Herausgeber bzw. der/die Autor(en), exklusiv lizenziert durch   103
Springer Fachmedien Wiesbaden GmbH, ein Teil von Springer Nature 2020
H. Proff et al. (Hrsg.), *Altersgerechte Fahrerassistenzsysteme*,
https://doi.org/10.1007/978-3-658-30871-1_6

Moderne Fahrsimulatoren ermöglichen dies, indem sie die Möglichkeit schaffen, einen realen Fahrer (bzw. weitere Personen) in eine realistische Umgebung eintauchen zu lassen. Insbesondere für die Entwicklung von Systemen, die den Fahrer gezielt einbeziehen (z. B. Fahrassistenz), sind Simulatoren ein sehr gutes und beliebtes Werkzeug. Zunehmend werden auch andere Fragestellungen aus dem Bereich der Fahrdynamik oder der Innenraumgestaltung mit entsprechenden Simulatoren untersucht. Fahrsimulatoren können überall dort eingesetzt werden, wo rein simulationstechnische Lösungen nicht ausreichen und Fahrversuche in realen Fahrzeugen zu teuer, zu gefährlich oder auch nicht zugelassen sind, bzw. wenn gar keine Versuchsfahrzeuge verfügbar sind. Bei der im Projekt ALFASY vorliegenden Aufgabenstellung ist der Simulator die einzige Möglichkeit, die projektrelevanten Fragestellungen zu untersuchen.

Wenn ein Fahrsimulator verwendet wird, um realistisches Verhalten eines Fahrers in verschiedenen Szenarien zu induzieren, und damit entweder den Fahrer, das System oder eine Kombination aus beiden zu bewerten, ist ein präzises Modell zur Beschreibung der Physik (die Korrelationen und das Verhalten verschiedener Systeme) erforderlich, das in Echtzeit simuliert werden kann. Darüber hinaus muss dem Fahrer die Möglichkeit gegeben werden, in die Situation einzutauchen. Der Fahrer muss in der Lage sein, die gestellten Aufgaben (beginnend mit der reinen Fahraufgabe) so zu lösen, wie er es in einer realen Umgebung tun würde (Maas, Hesse, Koppers, & Schramm, 2014). Diese Vorbedingungen wurden bei dem eingesetzten Fahrsimulator, bzw. den praktizierten Versuchsabläufen berücksichtigt und erfüllt.

Für die Versuchsdurchführung wurde ein statischer Fahrsimulator am Lehrstuhl für Mechatronik ausgewählt (Abb. 1). Ein ebenfalls verfügbarer dynamischer Simulator wurde aus Sicherheitsgründen ausgeschlossen. Grund hierfür war die besondere Antriebsform des dynamischen Simulators. Der dynamische Simulator wird von mehreren elektrischen Linearmotoren bewegt. Die magnetische Feldstärke der Maschinen kann kleinere elektronische Geräte in der Nähe beeinträchtigen. Daher ist das Betreten des Simulators mit einem Herzschrittmacher untersagt.

Alle Simulatoren und Modelle des Lehrstuhls sind Eigenkonstruktionen, so dass das komplette Know-How am Lehrstuhl vorhanden ist und die Simulatoren jederzeit ohne externe Hilfe für neue Versuche umgebaut und umprogrammiert werden können.

Den grundlegenden Aufbau des statischen Simulators zeigt Abb. 2. Das verwendete Fahrzeug (Ford Fiesta) steht in einem Raum dessen Seitenwände mit Projektoren bespielt werden. Diese ermöglichen ein Sichtfeld von rund 180°. Das Sichtfeld wird durch zusätzliche Displays erweitert. In den Seitenspiegeln des

Abb. 1 Statischer Fahrsimulator

Abb. 2 Schematische Darstellung des Simulatorlabors

Fahrzeugs wurden die Spiegel durch Bildschirme ersetzt, die auch der visuellen Darstellung der Fahrzeugumgebung dienen. Darüber hinaus ist hinter der Heckscheibe des Fahrzeugs ein passend breiter Monitor platziert, der sowohl für die Rückansicht als auch für die Reflexion des Bildes im Innenspiegel verwendet wird.

Das Fahrzeug wurde für die Probandenstudie in der Mittelkonsole mit einem zusätzlichen Touch-Screen und zusätzlichen Lautsprechern (Abb. 3), verteilt im

Abb. 3 Lautsprecher-
verteilung im Simulator

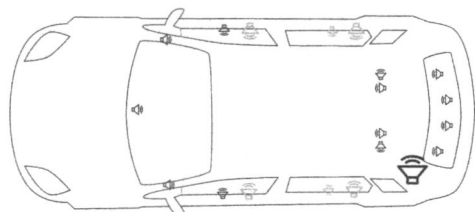

Fahrzeug, ergänzt. Zu den sechs Standardlautsprechen in den Türen (2 vorne, 4 hinten) wurden weitere Lautsprecher in den A-Säulen, der Mittelkonsole, den Kopfstützen der Rückbank und auf der Kofferraumabdeckung montiert.

Mit Ausnahme von Lenksäule und Analoginstrumenten ist das verwendete Fahrzeug ein unverändertes Serienfahrzeug (Abb. 1). An Stelle der Instrumente zeigt ein Display Geschwindigkeit, Drehzahl etc. an (Abb. 4). Weiterhin wird je nach dem eingesetzten Fahrerassistenzsystem eine entsprechende Darstellung ein.

Dies ermöglicht eine Anpassung des Erscheinungsbilds des Kombiinstuments an die Studie anzupassen sowie Assistenzsysteme anzuzeigen, die in dem Fahrzeug herstellerseitig nicht verbaut wurden. Die Lenksäule ist nicht mit den Vorderrädern verbunden und besitzt einen Aktor, der ein fahrwegsinduziertes Gegenmoment auf die Lenkung einprägen kann, um ein realistischen Lenkgefühls zu vermitteln. Alle Eingaben am Fahrzeug wie Gaspedal, Bremspedal, Blinker, Licht, Gang, etc. werden über den CAN- Bus direkt aus dem Fahrzeugnetz ausgelesen und an ein echtzeitfähiges Fahrzeugmodell übergeben. Das verwendete

Abb. 4 Kombiinstrument
im Fahrzeugsimulator

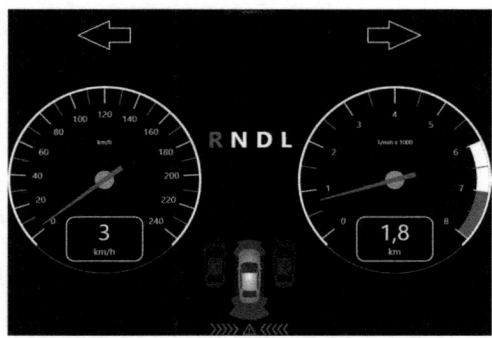

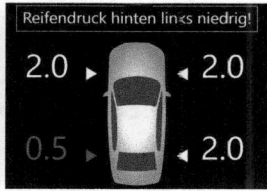

Abb. 5 Anzeigen der aktiven Fahrerassistenzsysteme

Fahrzeugmodell bildet die physikalischen Eigenschaften des Fahrzeugs sowie den Einfluss der Umgebung ab und berechnet alle verfügbaren Fahrzeugparameter.

Ein Teil der berechneten Werte wird an das Instrumentendisplay gesendet und dient zur Anzeige von Geschwindigkeit, Drehzahl, etc. Auch ein Teil der Assistenzsysteme sendet Daten zur Darstellung an das Display Abb. 5. Position und Orientierung im Raum werden aus dem Fahrzeugmodell an die Grafik-steuerung zur Versorgung der Visualisierungssysteme übermittelt, welche das Bild für die Projektion zusammensetzen.

Um Interaktionen im Straßenverkehr zu ermöglichen, werden parallel auf einem zweiten Echtzeitsystem ein Umweltmodell mit weiteren Verkehrsteilnehmern berechnet, Abb. 6. Deren Daten werden sowohl von den Visualisierungen als auch von den Assistenzsystemen im Fahrzeugmodell benötigt.

Abb. 6 Darstellung einer Stadtszene im Fahrsimulator (Beispiel)

Die Kommunikation zwischen Fahrzeugmodell, Verkehrsmodell und allen darstellenden Systemen erfolgt über eine UDP/IP-Netzwerkverbindung. Das UDP-Protokoll wurde gewählt, weil es sich aufgrund einer sehr geringen Latenz sehr gut für Echtzeitübertragungen eignet.

2   Versuche

Die erste Versuchsfahrt im Rahmen von ALFASY erfolgte in einer fiktiven Stadt auf einer Fläche von 3 × 3 km. Das Straßennetz des Szenarios (Abb. 7) ist über 70 km lang und besteht aus verschiedenen Straßentypen. Der Autobahn-ring um die Stadt wird durch Landstraßen mit den Innenstadtstraßen verbunden. Die geschlossene Form der Straßen in Schleifen können Probanden unbegrenzt befahren, ohne in Sackgassen zu fahren.

Vor dem Start wurden die Teilnehmer darüber informiert, dass sie die Teil-nahme jederzeit ohne Konsequenzen beenden können. Anschließend wurden sie in den Fahrsimulator eingewiesen. Neben technischen Anweisungen (z. B., dass es sich um ein Fahrzeug mit Elektroantrieb handelt) wurden die Teilnehmer gebeten, innerhalb des virtuellen Szenarios selbstständig zu wählen, wie und wohin sie fahren, ohne einem vorausfahrenden Auto oder einer vorgegebenen Route zu folgen. Die maximale Fahrzeit im Simulator betrug 25 min.

Für die Untersuchung der Fahrerassistenzsysteme wurden Probanden durch die erste Versuchsfahrt vorselektiert. Probanden, die 20 min oder mehr im ersten Versuch – noch ohne Assistenzsysteme – fahren konnten, ohne dass

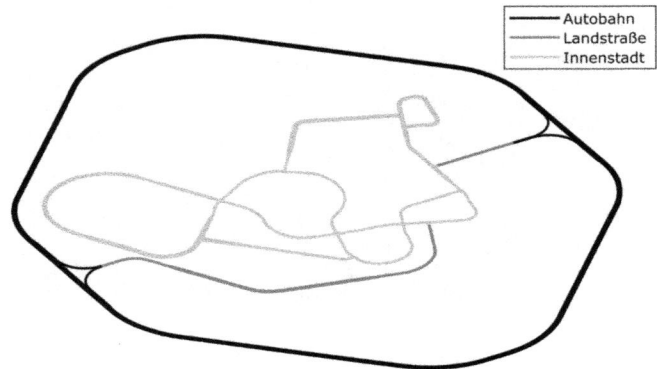

Abb. 7 Stadtplan erste Versuchsfahrt

Simulatorkrankheit (siehe Abschn. 3) auftrat, wurden zur Hauptuntersuchung mit zwei weiteren Fahrten zugelassen.

Für die Hauptuntersuchung, die in zwei Schritten durchgeführt wurde, wurde das Szenario leicht verändert. Als Modell wurde jetzt ein Fahrzeug mit Verbrennungsmotor verwendet, welches auch die verbrennertypischen Geräusche erzeugt. An Stelle der kompletten Stadt wurde die Fahrt auf die Autobahn beschränkt. An der Autobahn wurden jedoch zwei Rastplätze mit Möglichkeiten für parallele und rechtwinklige Parkiervorgänge eingerichtet (Abb. 8). Zusätzlich wurden die in Abschn. 2 aufgelisteten Systeme aktiviert. Die Systeme informieren optisch und akustisch.

Jeder Versuch ist in zwei Blöcke unterteilt (Abb. 9). Jeder Block beginnt mit einer fünfminütigen Einführungsfahrt, um den Probanden die Gelegenheit zu geben, sich an die Fahrzeugsteuerung zu gewöhnen. Anschließend wird jeweils der ein oder andere Rastplatz angesteuert, um im Block A perpendikular und in Block B parallel einzuparken. Nach dem Ausparken bleiben weitere fünf Minuten freie Fahrt. Sowohl bei der freien Fahrt als auch beim Ein- und Ausparken werden Situationen herbeigeführt, die die verwendeten Assistenzsysteme aktivieren.

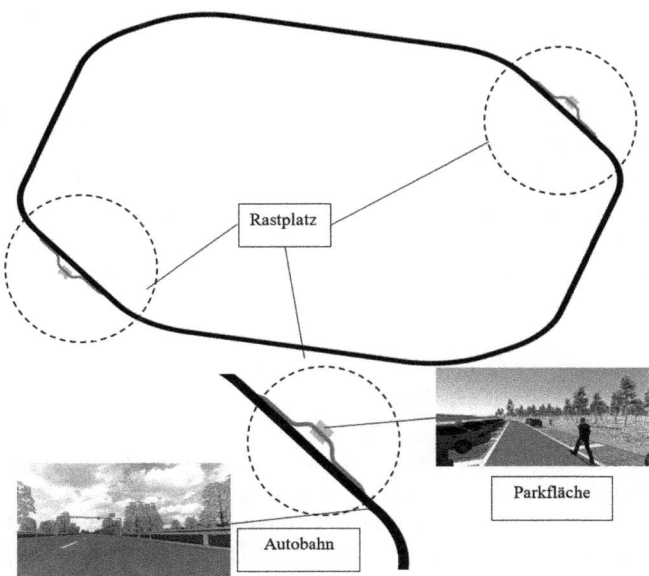

Abb. 8 Straßenplan Versuchsfahrten zwei und drei

Abb. 9 Versuchsablauf

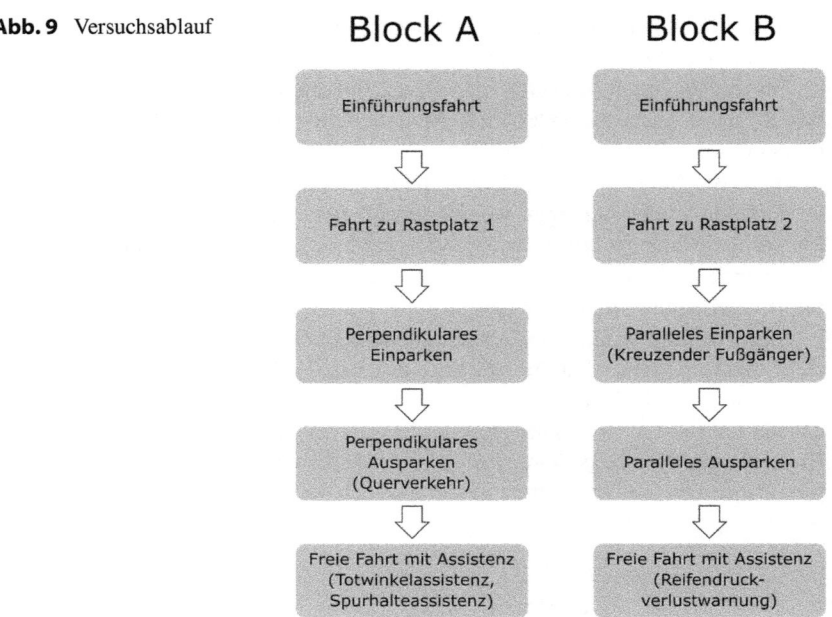

Der erste Durchgang der Hauptuntersuchung ist bei allen Probanden identisch. Die akustischen Signale der Assistenzsysteme kommen aus dem zentralen Lautsprecher in der Mittelkonsole. Im zweiten – zum Vergleich durchgeführten – Durchgang sind variierten die Signale sowohl vom Geräusch als auch von der örtlichen Quelle, d. h. modifizierte Töne aus der Richtung, in der das Ereignis eingetreten ist. In einer weiteren Variante bewegen sich die Signale über mehrere Quellen hinweg im Raum.

3   Simulatorkrankheit

Eine große Herausforderung sämtlicher Studien in Simulatoren ist die häufig auftretende Simulatorkrankheit (Kinetose), welche auf die mangelnde Anpassung des menschlichen Körpers an ungewohnte Kombinationen sensorischer Reize, diskutiert wird. Zudem umfasst diese Beschreibung auch die Differenz z. B. zwischen optischen Reizen und erfassten Beschleunigungen. Sie wird als ein Phänomen beschrieben, das Symptome wie Kopfschmerzen, Schwitzen, Mundtrockenheit,

Schläfrigkeit, Desorientierung, Schwindel, Übelkeit und Erbrechen beinhaltet (Brooks et al. 2010), die denen der Reise- oder Seekrankheit ähnlich sind, aber typischerweise geringer in ihrer Ausprägung (Kennedy, Lane, Berbaum, & Lilienthal, 1993). Frühere Studien berichteten über Abbruchquoten bei Simulationsversuchen von 5 % bis 30 % (Stanney, Kingdon, & Kennedy, 2002). Bezüglich geschlechtsspezifischer Unterschiede beim Auftreten von Simulatorkrankheit belegen mehrere Studien (Freund & Green 2006), (Garcia, Baldwin, & Dworsky, 2010) übereinstimmend ein reduziertes Auftreten der Simulatorkrankheit bei Männern im Vergleich zu Frauen. In der Vergangenheit wurde mit zahlreichen Theorien versucht, ein besseres Verständnis über die Ursache der Simulatorkrankheit zu vermitteln. Das Auftreten der Simulatorkrankheit steht in direktem Zusammenhang mit dem Aspekt der Anpassung. Dies zeigt sich in der Betrachtung der Versuche, die zu verminderten Symptome der Simulatorkrankheit unter den Probanden im Laufe der Studie nach mehreren Versuchsfahrten führten. Auftreten und Intensität der Simulatorkrankheit lässt sich durch Training bzw. Eingewöhnen reduzieren.

Das Diagramm Abb. 10 zeigt eine Übersicht über die absolvierten Fahrten der ersten Versuchsreihe. Die Vorgabe mindestens 25 min frei zu fahren haben 254 von 457 Teilnehmern (55,58 %) geschafft. 29 Teilnehmer (6,35 %) erreichten Zeiten zwischen 20 und 25 min. Die verbliebenen 179 Teilnehmer (38,07 %)

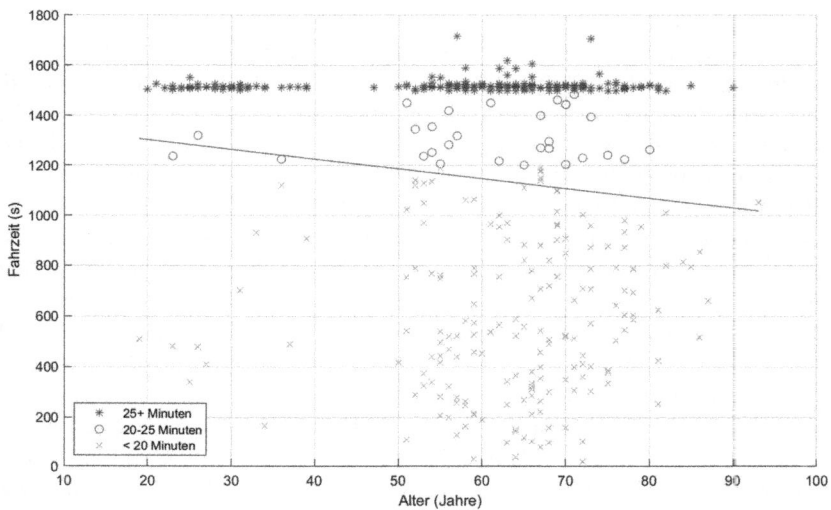

Abb. 10 Fahrzeitverteilung

haben den Versuch unter 20 min abgebrochen. Das Diagramm bestätigt die Ergebnisse aus anderen Studien, dass ältere Erwachsene tendenziell anfälliger für Simulatorkrankheit sind als jüngere Teilnehmer (Brooks et al. 2010).

4   Fahrleistung

Zur objektivierten Bewertung der Fahrleistung wird der Index Of Performance (IOP) (Joshi, Maas, & Schramm, 2017) berechnet. Der Index setzt sich aus mehreren Einzelbewertungen zusammen. Bewertet wird die Aktivität der Pedale, der Fahrkomfort – abgebildet durch Schwellwerte bei den Längs und Querbeschleunigungen – und der Steueraktivität. Letzteres verbindet eine Bewertung über das Halten der Spuren und die Aktivität am Lenkrad.

Der Algorithmus wurde für normale Verkehrsszenarien im Simulatorbetrieb entwickelt – den Bedingungen der ersten Fahrt. Für die Fahrten zwei und drei wurde das Setup jedoch soweit verändert, dass eine reproduzierbare Bewertung in der ursprünglichen Form nicht mehr möglich war. Dies ist zurückzuführen auf die weitläufige Autobahn, welche keine großen Lenkbewegungen und Pedalarbeit erforderten. Für die Autobahnfahrten wurde der IOP daher dahin gehend so verändert, dass die Spurtreue und das Auslenkverhalten am Ende der Kurven stärker bewertet wurden. Damit ist auch in den Fällen zwei und drei eine sinnvolle objektivierte Bewertung der Fahrbewertung möglich.

Über den IOP lassen sich Aussagen zur Adaption des Simulators treffen (Schweig, Liebherr, Schramm, Brand, & Maas, 2018). Dies bedeutet, dass die Probanden kontinuierlich wie in einem realen Fahrzeug fahren ohne z. B. Gas- und Bremspedale abwechselnd komplett durchzudrücken. Bei einer Adaption des Simulators durch eine Person sinkt der IOP. Abb. 11 zeigt exemplarisch zwei IOP Verläufe, mit einer Adaption a) bei welchem nach ca. 6,11 min der IOP kontinuierlich abnimmt und b) ohne Adaption mit einem weiter ansteigenden IOP. Zum besseren Vergleich kann man die Ausgleichsgeraden der beiden Diagramme heranziehen, die nach einer Eingewöhnungsphase eingezeichnet ist. Erst die Einführung dieser obejektivierten Bewertung der Fahrarbeit ermöglicht in diesem Fall eine einigermaßen verlässliche Aussage, ob die durchgeführten Untersuchungen an die Realität angepasst sind.

Von den 463 Probanden haben 102 (66 männlich, 36 weiblich) das System adaptiert. Die Verteilung (Abb. 12) der Adaptionszeiten über das Alter zeigt nahezu keine Veränderungen. Im Durchschnitt verschiebt sich der Adaptionszeitpunkt nur um ca. 0,72 s/Jahr.

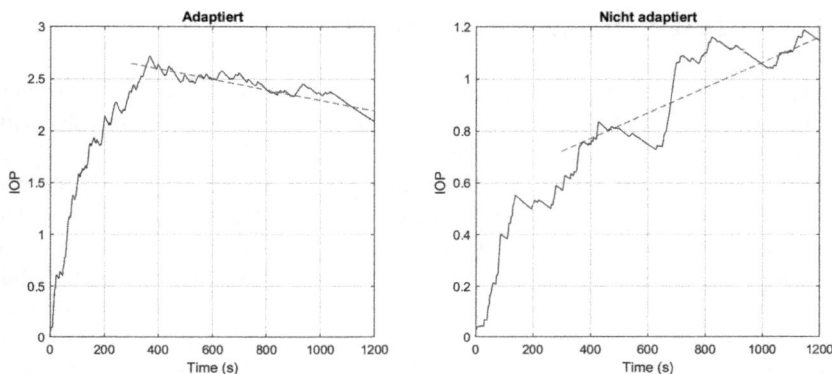

Abb. 11 **a** IOP bei Adaption **b** IOP bei Nicht-Adaption

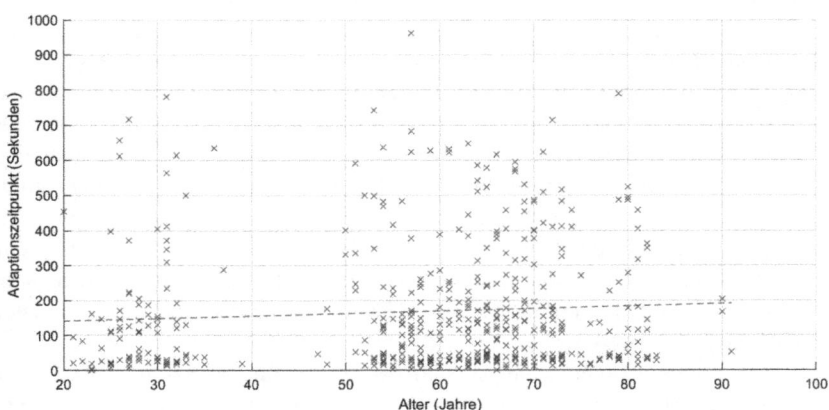

Abb. 12 Adaptionsrate der Probanden

Bei fast allen Teilnehmern ist bei der dritten Versuchsfahrt mit Assistenz-systemen ein Gewöhnungseffekt im Vergleich zur zweiten Fahrt festzustellen. So reduzierte sich im Durchschnitt die benötigte Zeit für die Parkaufgaben um 4,8 s und die insgesamt gefahrene Strecke vergrößerte sich um 1208 m/Block. Eine Verbesserung bei diesen Werten konnte bei Teilnehmern mit und ohne ver-änderten Soundeinstellungen beobachtet werden.

5   Zusammenfassung und Ausblick

Fahrerassistenzsysteme sind neben der Elektrifizierung des Antriebsstrangs einer der Haupttrends in der Fahrzeugtechnik. Ziel der in diesem Buchabschnitt beschriebenen Arbeiten war, die Grundlagen zu schaffen für die Entwicklung, den Aufbau und die empirische Überprüfung eines altersgerechten akustischen Fahrerassistenzsystems. Das aufzubauende Fahrerassistenzsystem sollte speziell auf die Bedürfnisse der stetig wachsenden Gruppe der individualmobilen älteren Fahrerinnen und Fahrer zugeschnitten sein im Produktportfolio von Automobilherstellern und -zulieferern eine betriebswirtschaftlich sinnvolle Rolle spielen. Das zu entwickelnde Fahrerassistenzsystem entstand durch die Integration von Assistenzsystemen, die sich bereits im Serieneinsatz bewähren. Um die Eignung des Gesamtsystems und insbesondere dessen Mensch-Maschine-Schnittstelle zu analysieren und zu bewerten, wurde ein vorhandener Fahrsimulator so erweitert und ausgebaut, dass die entsprechenden Untersuchungen mit einer großen Anzahl von Probanden problemlos durchgeführt werden konnten.

Voraussetzung für eine erfolgreiche Durchführung der Versuche war, eine Umgebung bereitzustellen, die den Probanden eine Immersion in die Simulatorumgebung so ermöglichte, dass jeweils ein realistischer Fahreindruck entstand. Hinzu kamen die Herausforderungen, die aufgrund des Alters der Probanden erwartet wurden. Es zeigte sich, dass sowohl die Fähigkeit den Simulator zu adaptieren als auch der Zeitpunkt über das Alter hinweg gleichmäßig verteilt waren. Altersbedingte Effekte lassen sich daraus nicht ableiten. Eine signifikante Veränderung des Fahrverhaltens durch die veränderten Assistenzsysteme konnte ebenfalls nicht festgestellt werden. Festgestellt werden konnte jedoch ein Zusammenhang zwischen der bei vielen Probanden zu beobachtende Simulatorkrankheit und ihrem Alter.

Für zukünftige Untersuchungen sind zwei Dinge für den Bau und Betrieb von Simulatoren interessant. Zum einen, wie man die Adaption der Probanden weiter verbessern kann und welche Gegenmaßnahmen gegen die Simulatorkrankheit erfolgreich ergriffen werden können.

Literatur

Brooks, J. O., Goodenough, R. R., Crisler, M. C., Klein, N. D., Alley, R. L., Koon, B. L., ... Wills, R. F. (2010). Simulator sickness during driving simulation studies. *Accident Analysis & Prevention, 42*(3), 788–796.

Freund, B., & Green, T. (2006). Simulator sickness amongst older drivers with and without dementia. *Advances in Transportation Studies.*

Garcia, A., Baldwin, C., & Dworsky, M. (2010). *Gender differences in simulator sickness in fixed-versus rotating-base driving simulator.* Paper presented at the Proceedings of the Human Factors and Ergonomics Society Annual Meeting.

Joshi, S. S., Maas, N., & Schramm, D. (2017, 05–06.01.2017). *A Vehicle Dynamics Based Algorithm for Driver Evaluation* Paper presented at the 11th International Conferance on intelligent Systems and Control (ISCO), Karpagam College of Engineering Myleripalayam, Coimbatore, India.

Kennedy, R. S., Lane, N. E., Berbaum, K. S., & Lilienthal, M. G. (1993). Simulator Sickness Questionnaire: An Enhanced Method for Quantifying Simulator Sickness. *The International Journal of Aviation Psychology, 3*(3), 203–220. https://doi.org/10.1207/s15327108ijap0303_3.

Schweig, S., Liebherr, M., Schramm, D., Brand, M., & Maas, N. (2018). The Impact of Psychological and Demographic Parameters on Simulator Sickness. In *Proceedings of Simultech 2018* (S. 91–97).

Stanney, K. M., Kingdon, K. S., & Kennedy, R. S. (2002). *Dropouts and aftereffects: examining general accessibility to virtual environment technology.* Paper presented at the Proceedings of the Human Factors and Ergonomics Society Annual Meeting.

Durchführung der Realfahrtstudien – Testfahrzeug und Versuchsaufbau in t2

Stefan Wolter, Abhinav Dhake und Carsten Starke

Inhaltsverzeichnis

Im Rahmen des Alfasy Projektes wurde die mit t2 benannte Untersuchung im Realfahrzeug durchgeführt. Dies schließt sich zeitlich an die Simulatoruntersuchungen t-1 bis t1 an. Ziel dieser Untersuchung war es, die einzelnen Systeme unter Realfahrbedingungen zu testen. Hierzu wurde ein Testfahrzeug mit entsprechender Ausrüstung aufgebaut.

Dr. Stefan Wolter, Abhinav Dhake, Dr.-Ing. Carsten Starke, alle Ford-Werke GmbH.

S. Wolter (✉) · A. Dhake · C. Starke
Ford-Werke GmbH, Aachen, Deutschland
E-Mail: swolter3@ford.com

A. Dhake
E-Mail: adhake1@ford.com

C. Starke
E-Mail: cstarke3@ford.com

© Der/die Herausgeber bzw. der/die Autor(en), exklusiv lizenziert durch   117
Springer Fachmedien Wiesbaden GmbH, ein Teil von Springer Nature 2020
H. Proff et al. (Hrsg.), *Altersgerechte Fahrerassistenzsysteme*,
https://doi.org/10.1007/978-3-658-30871-1_7

1   Aufbau des Testfahrzeugs

Für die Untersuchung in t2 wurde von der Ford-Werke GmbH ein Testfahrzeug aufgebaut. Es handelt sich um einen Ford Mondeo Modelljahr 2015 (s. Abb. 1). Das Fahrzeug verfügt bereits über eine umfangreiche Sonderausstattung. Dies schließt ein entsprechendes Soundsystem mit mehreren Lautsprechern ein. Der Wagen verfügt im Übrigen über mehrere Fahrerassistenzsysteme. Die dafür verbaute Sensorik, insbesondere das Ultraschallsystem findet Verwendung für die Umsetzung der Assistenzsysteme. Ein Radarsystem zur Erfassung rückwärtiger Verkehrsteilnehmer wurde nachträglich eingebaut. Eine Kamera zur Erkennung der Fahrspur ist bereits vorhanden.

Abb. 2 zeigt schematisch das Testfahrzeug aus der Vogelperspektive. Die Bestandslautsprecher des serienmäßig verbauten Lautsprechersystems sind in Grau gehalten. Die zusätzlich installierten Lautsprecher sind in Schwarz hervorgehoben. Wenngleich das Testfahrzeug bereits über eine recht hohe Anzahl an Lautsprechern verfügt, wurden zur Sicherstellung einer entsprechenden Skalierbarkeit des Systems noch weitere eingebaut. Dies betrifft einerseits vorne die A-Säulen, sowohl rechts als links. Des Weiteren rückwärtig die D-Säulen, ebenfalls rechts und links. Aufgrund der Verteilung der in Abb. 2 markierten Bestandslautsprecher wird deutlich, dass ansonsten weder vorne noch hinten direktionale akustische Signale adäquat wiedergegeben werden könnten. Die Bestandslautsprecher entlang der linken und rechten Fahrzeugseite decken diese Bereiche ab.

Abb. 1 Ford Mondeo Testfahrzeug

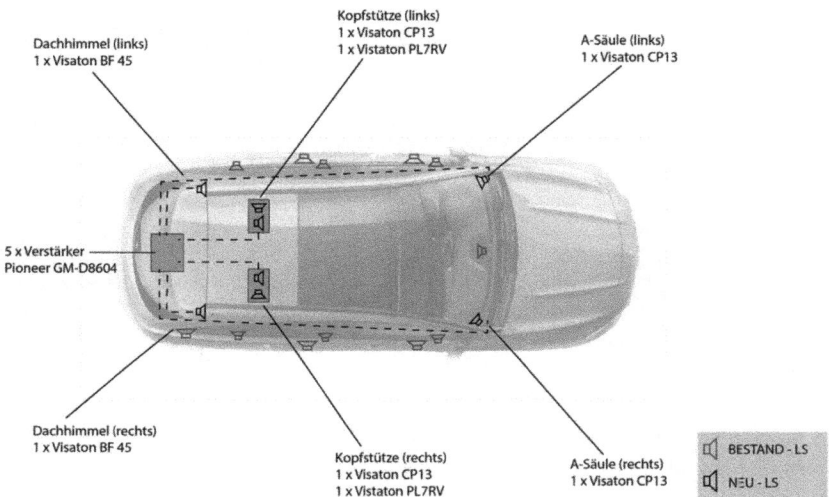

Kopfstütze (links)
1 x Visaton CP13
1 x Vistaton PL7RV

Dachhimmel (links)
1 x Visaton BF 45

A-Säule (links)
1 x Visaton CP13

5 x Verstärker
Pioneer GM-D8604

Dachhimmel (rechts)
1 x Visaton BF 45

Kopfstütze (rechts)
1 x Visaton CP13
1 x Vistaton PL7RV

A-Säule (rechts)
1 x Visaton CP13

BESTAND - LS

NEU - LS

Abb. 2 Lautsprecherpositionen des Testfahrzeugs

Im Armaturenbrett ist des Weiteren mittig ein Lautsprecher vorhanden. Als weitere Besonderheit wurden Lautsprecher in die Kopfstützen der Sitze in der zweiten Reihe eingebaut. Ein im Kofferraum verbauter Subwoofer ist standardmäßig ebenfalls vorhanden, allerdings spielt dieser aufgrund der schlechten Ortbarkeit tieffrequenter akustischer Signale in dieser Untersuchung keine Rolle.

Abb. 3 zeigt weitere Einbauten des Testfahrzeugs, primär zur Ansteuerung des Lautsprechersystems. Der Großteil der verbauten Komponenten ist aus Platzgründen im Kofferraum untergebracht. Dies umfasst zur Sicherstellung einer entsprechenden Stromversorgung eine zweite Batterie, welche mit der Fahrzeugbatterie verbunden ist. Ein Spannungswandler stellt die Versorgung mit einer Spannung von 230 V sicher. Da das Fahrzeugnetz standardmäßig über 12 V verfügt, könnten ansonsten nicht alle zusätzlich verbauten Komponenten mit der nötigen Betriebsspannung versorgt werden. Sämtliche Komponenten im Kofferraum sind auf einer MDF Basisplatte verbaut. Neben den genannten, zur Stromversorgung benötigten, Komponenten handelt es sich hierbei um die zur Ansteuerung der Audiokomponenten benötigte Gerätschaften, wie z. B. das Audio Interface, welches direkt mit den Verstärkern verbunden ist. Letztere sind wiederum mit den Bestandslautsprechern und den zusätzlich eingebauten Lautsprechern verbunden. Die Anbindung erfolgt über einen Klemmblock. Ein

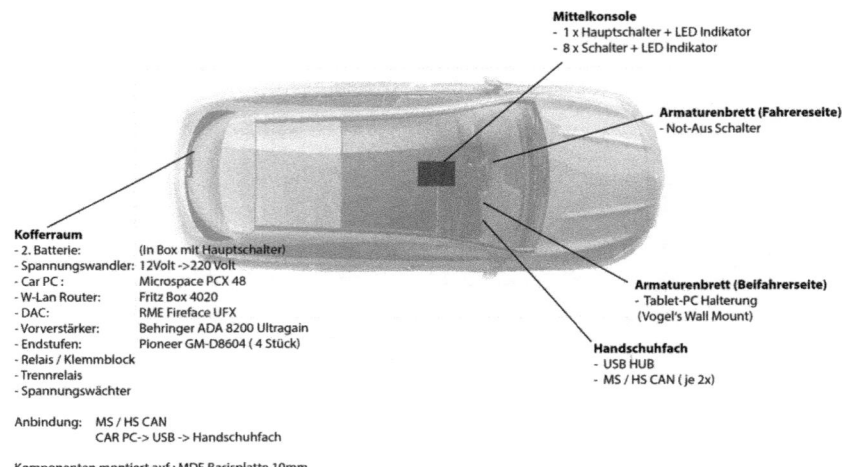

Abb. 3 Einbauten des Testfahrzeugs

Car-PC, alternativ ein Notebook oder auch eine dSpace MicroAutobox kann zur regelungstechnischen Umsetzung der Fahrerassistenzsysteme Verwendung finden. Diese steuern, basierend auf dem Eingangssignal der Sensoren, die Lautsprecher an. Hierfür findet die Software Matlab Simulink Verwendung. Der verwendete Rechner erhält seine Signale über das CAN-BUS System des Fahrzeugs, auf dem die Signale der Sensorik vorliegen. Zugang zum CAN-BUS wurde ebenfalls im Kofferraum geschaffen. Die Verkabelung für die Lautsprecher wird durch das gesamte Fahrzeug geführt. Auf dem Armaturenbrett im Fahrzeugcockpit ist ein Not-Aus Schalter für die gesamte Stromversorgung der installierten Komponenten angebracht. In der Mittelkonsole finden sich ein Hauptschalter sowie Schalter für die Stromversorgung einzelner Komponenten. Eine weitere schematische Darstellung der Komponenten im Kofferraum findet sich in Abb. 4. Ein Foto des Aufbaus zeigt Abb. 5.

Eine Besonderheit betrifft den Einbau der Lausprecher in die A-Säulen auf beiden Seiten. Da sich die zusätzlichen Lautsprecher nicht in die vorhandene A-Säulenverkleidungen integrieren ließen, musste die Verkleidung neu konstruiert werden. Die Neukonstruktion wurde auf einem 3D-Drucker ausgedruckt. Abb. 6 zeigt den Ausdruck vor dem Einbau in das Testfahrzeug.

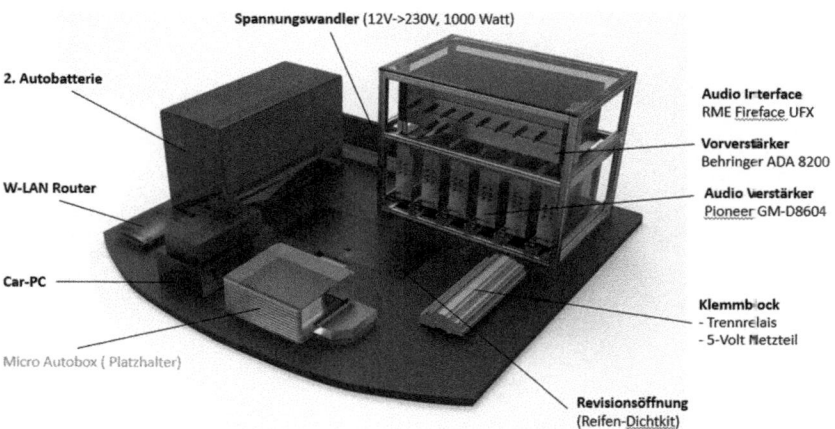

Abb. 4 Ausstattung Kofferraum Testfahrzeug (schematisch)

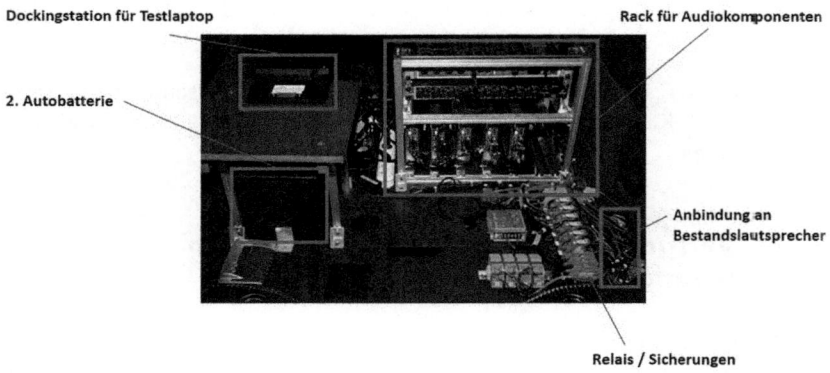

Abb. 5 Ausstattung Kofferraum Testfahrzeug

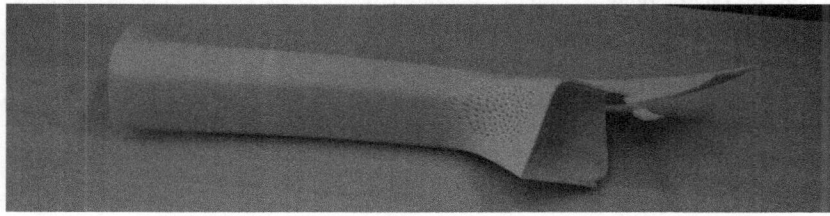

Abb. 6 3D gedruckte A-Säulenverkleidung

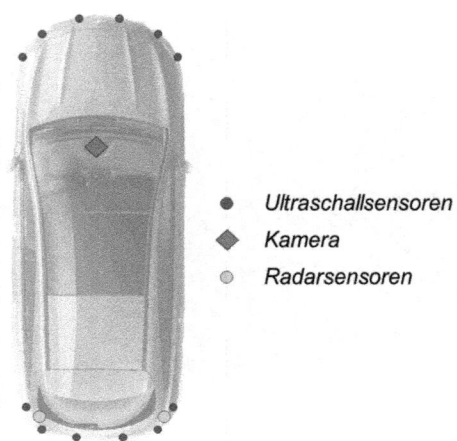

Abb. 7 Ultraschallsensoren, Kamera und Radarsensoren des Testfahrzeugs

Abb. 7 zeigt schematisch die Positionen der Ultraschallsensoren des Test-fahrzeugs, die Kamera zur Fahrspurerkennung sowie die zusätzlich eingebauten Radarsensoren.

2   Versuchsaufbau t2 – Systeme im Bereich niedriger Geschwindigkeit

Die Studie t2 wurde aus organisatorischen und die Sicherheit betreffenden Gründen in zwei Teile geteilt. Dieses Kapitel behandelt den ersten Teil. Hier-bei wurde auf die Fahrerassistenzsysteme fokussiert, welche sich im Bereich niedriger Geschwindigkeit bzw. Schrittgeschwindigkeit bewegen. Dies sind zum einen der Querverkehrassistent sowie die akustische Parkhilfe. Des Weiteren das Reifendruckkontrollsystem. Der Querverkehrassistent erhält die Information von den rückwärtigen Radarsensoren. Abb. 8 zeigt exemplarisch, wie das System funktioniert. Ein Fahrzeug kommt als Hindernis von hinten links, während das Testfahrzeug rückwärts aus einer Parklücke herausfährt. Hierbei wird die akustische Warnung aktiv. Der Fahrer wird dadurch zum Bremsen angehalten. Das System an sich funktioniert auch mit Radfahrern und Fußgängern.

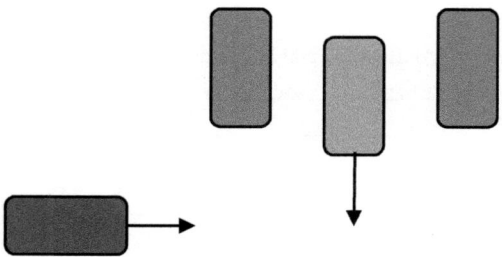

Abb. 8 Querverkehrassistent

In Abb. 9 ist am Beispiel einer parallelen Parklücke das Szenario des akustischen Parksystem aufgezeigt. Die Ultraschallsensoren um das Fahrzeug herum detektieren verschiedene Hindernisse. Diese Hindernisse werden über das akustische System an den Fahrer weitergegeben. Es funktioniert für perpendikulare Parklücken genauso, ebenso beim Ausparken. Das Reifendruckkontrollsystem zeigt akustisch an, ob ein Reifen Luft verliert.

Tab. 1 zeigt die akustischen Ausgabemodalitäten der untersuchten Systeme an. Für alle drei Systeme gibt es die nicht-direktionale Variante des akustischen Feedbacks. Hierbei wurde in allen Fällen der betreffende Sound aus dem Lautsprecher im Armaturenbrett abgespielt. Dies ist die Baseline Variante, da sich so der Sound räumlich nicht mit dem assoziierten Ereignis in Verbindung bringen lässt. Die statisch direktionale Variante wurde ebenfalls für alle genannten Systeme umgesetzt. In diesem Fall wird der Sound aus dem Lautsprecher abgespielt,

Abb. 9 Paralleles Einparken

Tab. 1 Untersuchte Systeme und Ausgabemodalitäten

	Akustische Parkhilfe	Querverkehrsassistent	Reifendruckver-lustwarnung
Nicht-direktional	X	X	X
Statisch direktional	X	X	X
Dynamisch direktional		X	

welcher dem Hindernis bzw. Ereignis am nächsten ist. Es bleibt allerdings hierbei auch bei nur einem Lautsprecher. Die dynamisch direktionale Variante findet nur auf den Querverkehrassistenten Anwendung. In diesem Falle läuft der Sound über mehrere Lautsprecher. Nähert sich das Hindernis von hinten links, so wird zuerst der hintere linke Lautsprecher aktiv. Das Soundsignal wandert danach von hinten links über mehrere Lautsprecher nach hinten rechts, um dadurch den Weg des erkannten Hindernisses nachzuverfolgen. Die Anwendung eines dynamischen Sounds für die akustische Parkhilfe und die Reifendruckverlustwarnung macht keinen Sinn und wurde daher nicht implementiert und getestet. Abb. 10 zeigt die Ausgabemodalitäten schematisch auf.

Abb. 11 zeigt die Teststrecke schematisch aus der Vogelperspektive. Es handelt sich dabei um einen abgesperrten Bereich des Parkplatzes der Galopprennbahn in Köln. Startposition während der Kundenstudie war für jeden Probanden die vierte Parklücke (Slot). Des Weiteren gibt es zwei parallele Parklücken. Parklücke Nr. 1 ist nur nach hinten begrenzt und somit eine längere Parklücke. Parklücke Nummer 2 dahinter ist recht eng. Die Länge von insgesamt 5,70 m wurde vorne und hinten durch aufblasbare Ballonfahrzeuge begrenzt. Die dritte Parklücke ist perpendikular und von zwei Fahrzeugen zu den Seiten hin begrenzt. Jeder Durchgang in der Kundenstudie endete in der vierten Parklücke. Die vierte und letzte Parklücke wurde für den Querverkehrassistenten verwendet. Ebenso für das Ereignis mit dem Reifendruckkontrollsystem. Das Ein- und

Abb. 10 Visualisierung der Ausgabemodalitäten (links nicht-direktional, rechts direktional, statisch oder dynamisch)

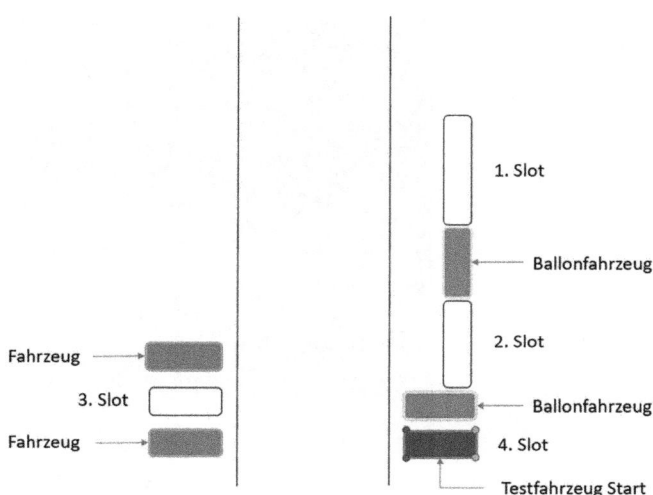

Abb. 11 Teststrecke Vogelperspektive

Ausparken aus dieser und allen anderen Parklücken diente zur Bewertung der akustischen Parkhilfe.

Abb. 12 zeigt ein Foto der Teststrecke mit Absperrband. Abb. 13 die beiden Ballonfahrzeuge, welche die Parklücke Nummer 2 begrenzen. Die Parklücke Nummer 2 stellte mit Ihrer Länge von 5,70 m eine besondere, wenn auch nicht unrealistische Herausforderung dar. Daher war eine Begrenzung dieser Parklücke

Abb. 12 Foto abgesperrte
Teststrecke

Abb. 13 Foto Parklücke
Nr. 2 mit Ballonfahrzeugen

mit Hilfe von Ballonfahrzeugen sinnvoll. Abb. 14 zeigt ein Foto, welches die Parklücke Nummer 3 zeigt.

Die Probanden für diese Studie wurden über die Universität Duisburg-Essen akquiriert. Details zu den Probanden finden sich in Kap. „Ältere Autofahrer: Untersuchung und Stichprobe im Projekt ALFASY" dieses Buches.

Nach der Ankunft eines Probanden wurden diese in Bezug auf demografische Daten befragt. Im Anschluss an diese Befragung erfolgte bereits im Testfahrzeug ein sogenanntes Lokalisierungsscreening. Hierbei wurden

Abb. 14 Foto Parklücke
Nr. 3

dem Probanden, auf dem Fahrersitz des Testfahrzeugs sitzend, Töne aus verschiedenen Richtungen vorgespielt. Beim Ton handelt es sich hierbei um einen der Töne der akustischen Parkhilfe. Hierfür wurde einerseits der Lautsprecher auf dem Armaturenbrett mittig verwendet. Des Weiteren jeweils Lautsprecher vorne links und rechts, sowie hinten links und rechts. Diese wurden basierend auf einer Randomisierungsliste in verschiedenen Reihenfolgen vorgespielt. Ist die Richtung des Tones bzw. die Position des Lautsprechers falsch erkannt worden, so wurde der Proband über diesen Fehler in Kenntnis gesetzt. Nach dem ersten Durchgang aller Positionen gab es eine zweite Runde, in welcher man diese dem Probanden nochmals mit einer konkreten Benennung der Richtung vorgespielt hat.

Danach begann die eigentliche Studie. Den Probanden sind zu Beginn die Fahrerassistenzsysteme sowie die möglichen Soundoptionen erläutert worden. Die dabei verwendeten Zusammenfassungen finden sich in Tab. 2. Die Probanden starteten immer in Parklücke Nummer 1. Die bereits oben beschriebene Abfolge der Parklücken wurde für jede der Bedingungen durchfahren. Dabei handelt es sich um die nicht-direktionale, die statisch direktionale sowie die dynamisch direktionale Variante. Während der Querverkehrassistent über alle drei Varianten verfügt, fällt die dynamisch direktionale Variante für die Reifendruckverlustwarnung und die akustische Parkhilfe weg. Beim Durchfahren des Parcours wurden die Varianten in randomisierter Reihenfolge den Probanden dargeboten. Geblockt war hierbei allerdings immer die Abfolge der einzelnen Fahrerassistenzsysteme. Beginnend mit der akustischen Parkhilfe endete jeder Durchgang für eine Akustikvariante immer mit dem Ereignis des Querverkehrassistenten, gefolgt von der Reifendruckverlustwarnung. Da der Querverkehrassistent als einziger über drei Akustikvarianten verfügte, gab es am Ende immer jeweils einer einzelnen Durchgang mit diesem. Der gesamte Vorgang für einen Probanden dauerte bis zu 90 min.

Die Universität-Duisburg Essen führte im Rahmen dieser Studie ihre Erhebung mit einem abschließenden Fragebogen durch. Die Ergebnisse dieser Befragung finden sich in Kap. „Marktpotenziale älterer Fahrer Zahlungsbereitschaft und Akzeptanz altersgerechter Fahrerassistenzsysteme" dieses Buches.

Tab. 2 Erläuterung der untersuchten Systeme

Akustische Parkhilfe
Die Parkhilfe nutzt ein Netz von 12 Ultraschallsensoren um das Fahrzeug herum, um beim Ein- und Ausparken vor Hindernissen wie parkenden Autos oder Fußgängern zu warnen (s. Bild). Parkhilfe beim rückwärts einparken 
Querverkehrassistent
Der Querverkehrassistent überwacht beim rückwärts Ausparken den Raum links und rechts hinter dem Fahrzeug, um vor kreuzenden Autos, Fahrradfahrern oder Fußgängern zu warnen (s. Bild). Die Radarsensoren decken dabei zu jeder Seite eine Reichweite von jeweils 20 Metern ab. Querverkehr beim Ausparken 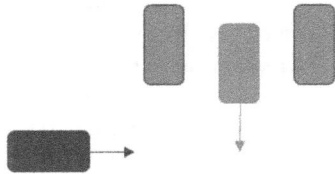
Reifendruckkontrollsystem
Das Reifendruckkontrollsystem kontrolliert permanent den Reifendruck des Fahrzeugs. Für den Fall, dass ein Reifen einen plötzlichen Druckverlust aufweist, wird der Fahrer umgehend darüber informiert.
Akustikvarianten
- Nicht-direktional, „Töne kommen immer nur aus einem Lautsprecher, unabhängig von Position des Hindernisses" - Statisch direktional, „Töne kommen nur aus dem Lautsprecher, welcher dem jeweiligen Hindernis zugewandt ist" - Dynamisch direktional (nur für Querverkehr), „Töne wandern über die Lautsprecher hinweg, um die Bewegung des Hindernisses anzuzeigen"

3   Versuchsaufbau t2 – Systeme im Bereich höherer Geschwindigkeit

Der zweite Teil der Studie t2 wurde aus Gründen der Sicherheit vom ersten Teil abgespalten und aufgrund der höheren Geschwindigkeiten ausschließlich auf dem Ford Lommel Proving Ground in Belgien durchgeführt. Der Toter Winkel Assistent und die Spurverlassenswarnung wurden hierfür als Systeme mit einer erweiterten Akustik dem Test unterzogen.

Abb. 15 zeigt die generelle Funktionsweise des Toter Winkel Assistenten auf. Das Fahrzeug auf der rechten Seite verfügt über das entsprechende Assistenzsystem. Durch nach hinten gerichtete Radarsensoren werden Fahrzeuge in einem Abstand von bis zu 15 m hinter dem Ende des Fahrzeuges erfasst, sodass eine normalerweise visuelle Warnung ausgelöst wird. Im Falle dieser Untersuchung eine akustische. Da die Außenspiegel nicht den kompletten Bereich neben dem Fahrzeug abdecken (sogenannter toter Winkel), handelt es sich hierbei um ein generell sehr nützliches Fahrerassistenzsystem. Ein wie in Abb. 15 dargestelltes kritisches Szenario, bei dem ein Unfall mit dem Wagen auf der linken Seite droht, wird somit vermieden.

Die Abb. 16 bis 18 zeigen die einzelnen Anwendungsfälle der in t2 durchgeführten Studie auf. Abb. 16 zeigt hierbei auf, wie das Testfahrzeug auf der zweispurigen Teststrecke von einem auf der linken Seite fahrenden Zielfahrzeug

Abb. 15 Toter Winkel
Assistent Grundprinzip

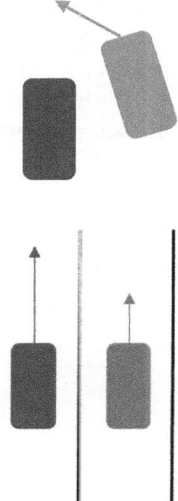

Abb. 16 Toter Winkel
Assistent – Anwendungsfall
überholt werden

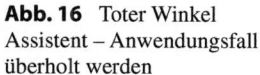

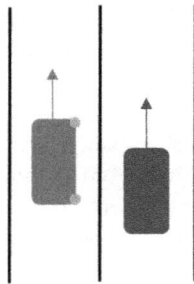

überholt wird. Das Zielfahrzeug wird hierbei vom System erfasst und im Testfahrzeug eine entsprechende Warnung ausgelöst.

Abb. 17 zeigt einen weiteren Anwendungsfall auf, bei welchem das Testfahrzeug das Zielfahrzeug von der linken Spur aus überholt. Hierbei gibt es keine
standardmäßige Warnung, sofern sich ein Fahrzeug im toten Winkel befindet.
Dies wäre bei vielen Überholmanövern auf der linken Spur auch nicht ziel-
führend. Ziel dieses Anwendungsfalls ist es stattdessen, eine weitere Warnstufe
auszulösen. Dies geschieht durch die Aktivierung des Blinkers. Hierbei wird ein
besonders auffälliger Warnton aktiviert, um den Fahrer auf die Gefahr des Über-
holvorganges hinzuweisen.

Abb. 18 zeigt einen Anwendungsfall auf, welcher analog zu dem in Abb. 17 aufgebaut ist. Das Testfahrzeug fährt auf der rechten Spur und wird von einem anderen
Fahrzeug verfolgt, welches im toten Winkel verbleibt. Hierbei aktiviert der Fahrer
wieder den Blinker, wodurch ein besonders auffälliger Warnton ausgelöst wird.

Die Spurverlassenswarnung funktioniert über die Erfassung der Fahrbahnmarkierung durch ein Kamerasystem. Wird die Spur unabsichtlich, d. h. ohne

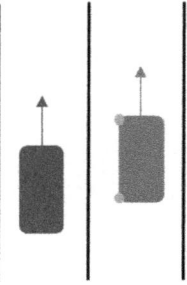

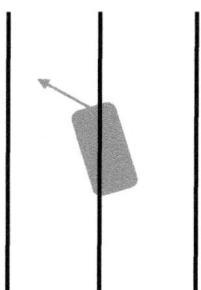

Abb. 19 Spurverlassenswarnung – Überfahren der Markierung

Aktivierung des Blinkers verlassen, so erfolgt abhängig von der konkreten Implementierung eine Warnung, meist durch die Vibration des Lenkrades. In Bezug auf die Spurverlassenswarnung zeigt Abb. 19 den verwendeten Anwendungsfall auf. Der Testwagen fährt auf der rechten Spur der zweispurigen Teststrecke. Um die akustische Warnung der Spurverlassenswarnung auszulösen, fährt der Fahrer nach links über die Spurmarkierung. Dies geschieht, ohne den Blinker auszulösen. Der Fahrer fährt daraufhin wieder zurück auf die rechte Spur, um von dort aus den nächsten Durchgang zu starten. Dieser Durchgang wurde stets von einem weiteren Fahrzeug von hinten aus gedeckt, um die Sicherheit auf der Teststrecke zu gewährleisten.

Wie beim ersten Teil von t2 gab es hier wiederum drei verschiedene Implementierungen der Akustik sowohl für die Spurverlassenswarnung als auch für den Toter Winkel Assistent. Einerseits wurden die Warnungen nicht-direktional dargeboten, d. h. einzig und allein über den Lautsprecher in der Mitte des Armaturenbretts des Fahrzeugs. In der statisch direktionalen Bedingung ist die Position des angesteuerten Lautsprechers abhängig von der Position des Hindernisses bzw. der überfahrenen Spur. In der dynamisch direktionalen Variante wiederum gibt es nicht nur eine Abhängigkeit von der Position. Der Sound wandert ebenfalls entlang des Hindernisses im Falle des Toter Winkel Assistenten. Im Falle der Spurverlassenswarnung entlang der gerade verlassenen Spur. Beim Toter Winkel Assistent läuft der Sound auf der jeweiligen Seite von rechts oder links hinten nach vorne. Bei der Spurverlassenswarnung auf der jeweiligen Seite von der Mitte nach vorne. Tab. 3 zeigt die experimentellen Bedingungen für die beiden untersuchten Fahrerassistenzsysteme auf.

Im Rahmen der eigentlichen Studie wurde ein Teilabschnitt des Ford Lommel Proving Ground in Belgien für die Studiendurchführung ausgewählt. Es handelt

Tab. 3 Untersuchte Fahrerassistenzsysteme und Ausgabemodalitäten

	Spurverlassenswarnung	Toter Winkel Assistent
Nicht-direktional	X	X
Statisch direktional	X	X
Dynamisch direktional	X	X

sich dabei um eine ovalförmige, 6 km lange Strecke mit zwei Spuren. Pro Runde bedeutete dies eine Fahrtzeit von ca. 4 min. Für die Studie wurden 20 Personen ausgewählt, bei denen es sich ausschließlich um Ford Mitarbeiter handelt. Aufgrund entsprechender Sicherheitsvorkehrungen wurden nur Teilnehmer zugelassen mit einer Mindesteinstufung als Testfahrer. Des Weiteren gab es eine ausführliche Begutachtung der Sicherheitsstandards durch die zuständigen Stellen vor Ort.

Die Studiendurchführung begann mit einer Erfassung der demografischen Daten. Es folgte daraufhin ein Lokalisierungsscreening in der Form, dass bei stehendem Fahrzeug Töne aus fünf verschiedenen Richtungen vorgespielt wurden. Die Herkunft dieser Töne musste von den Teilnehmern erkannt werden. Wurde die Richtung eines Tones falsch erkannt, so wurde der Proband informiert und über die tatsächliche Richtung aufgeklärt. Wie beim ersten Teil der Studie mit den Fahrerassistenzsystemen im Bereich niedriger Geschwindigkeiten sind hierbei die gleichen Lautsprecher in randomisierter Reihenfolge angesteuert worden. Nach diesem Durchgang wurden alle Töne mit konkreter Benennung der Richtung nochmals vorgespielt. Die beiden zu bewertenden Systeme Spurverlassenswarnung und Toter Winkel Assistent wurden den Probanden vor Beginn der eigentlichen Fahrt erläutert, ebenso wie die verschiedenen zu testenden Akustikvarianten (d. h. nicht-direktional, statisch direktional und dynamisch direktional). Tab. 4 zeigt die verwendete Erläuterung der Systeme auf. Die Erläuterung der Akustikvarianten erfolgte analog zur Beschreibung in Tab. 2. Die eigentliche Fahrt begann mit einer Einführungsrunde auf der Teststrecke. Die Teilnehmer sollten eine Geschwindigkeit von 90 km/h halten. Basierend auf der randomisierten Reihenfolge begannen die Probanden entweder mit der Spurverlassenswarnung oder mit dem Toter Winkel Assistent. Innerhalb der einzelnen Systeme wurde auch die Zuweisung der Akustikvarianten randomisiert, d. h. die Abfolge der nicht-direktionalen, statisch direktionalen und dynamisch direktionalen Varianten. Während bei der Spurverlassenswarnung nur ein Anwendungsfall mit dem Verlassen der Spur untersucht wurde, unterteilte sich die Erfahrung des Toter Winkel Assistenten in drei verschiedene Anwendungsfälle: Wie oben bereits beschrieben in das überholt werden, das rechts neben dem Zielfahrzeug fahren mit aktiviertem Blinker und zuletzt das auf der linken Seite fahren, ebenfalls mit aktiviertem Blinker. Aus organisatorischen

Tab. 4 Erläuterung der untersuchten Systeme

Der Toter Winkel Assistent nutzt Radarsensoren, um links und rechts vom Fahrzeug Objekte im toten Winkel zu erfassen. Primär geht es dabei um andere Autos, allerdings können auch z.B. Fahrräder erfasst werden. Das System geht über den Bereich des toten Winkels hinaus und erfasst Objekte bis zu 15 Meter hinter dem Ende des eigenen Fahrzeugs, um z.B. bei Spurwechseln auf der Autobahn zu unterstützen (s. Bild). Die Warnung erfolgt in diesem Fall akustisch. Ist ein Fahrzeug im toten Winkel und der Blinker ist aktiv, wird ein weiterer Sound abgespielt.

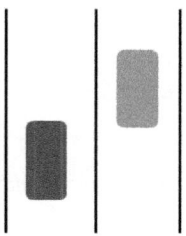

Fahrzeug im toten Winkel (rechts: eigenes Fahrzeug; links: Fahrzeug im toten Winkel)

Die Spurverlassenswarnung macht den Fahrer durch ein Warnsystem darauf aufmerksam, wenn das Fahrzeug aus der Spur gerät (s. Bild). Die Erfassung der Fahrspuren erfolgt über ein Kamerasystem. Der Spurhalteassistent wird beim Setzen des Blinkers kurzzeitig abgeschaltet, um beim Wechseln der Fahrspur keinen Fehlalarm auszulösen. Die Warnung erfolgt akustisch und über die Vibration des Lenkrades..

Fahrzeug verlässt Spur, Spurverlassenswarnung wird aktiv

Gründen wurde die Abfolge der Anwendungsfälle stets in dieser Reihenfolge dargeboten. Das Ausprobieren jeder Akustikvariante pro Anwendungsfall dauerte circa eine halbe Runde auf der ovalen Teststrecke. Hierbei kam es jeweils zu mindestens drei Aktivierungen. Bei den beiden letztgenannten Anwendungsfällen des Toter Winkel Assistenten wurde nur die nicht-direktionale und statisch direktionale

Variante dargeboten, da es sich hierbei um eine Eskalationsstufe handelt. Nach jedem Durchgang gab es eine kurze Nachbefragung zum Gefallen und zur Frage, wie hilfreich das System ist. Bei der finalen Nachbefragung wurde erfasst, welche Akustikvariante jeweils für die Spurverlassenswarnung und für den Toter Winkel Assistenten bevorzugt wird. Des Weiteren wurde die van der Laan Skala (van der Laan, Heino & de Waard, 1997) verwendet für die Bewertung der verschiedenen Akustikvarianten über beide Fahrerassistenzsysteme hinweg. Die gesamte Studiendurchführung dauerte eine Stunde.

4 Ergebnisse t2 – Systeme im Bereich höherer Geschwindigkeit

Im Falle der zweiten Untersuchung von t2 wurden, wie beschrieben, mehrere Skalen zur Bewertung der Fahrerassistenzsysteme appliziert. Im Folgenden werden die wichtigsten Ergebnisse wiedergegeben.

Abb. 20 zeigt die Bewertung des Toter Winkel Assistenten. Verglichen wurden hierbei die drei Akustikvarianten auf einer 5-stufigen Skala von 1 = „Stimme gar nicht zu" bis 5 = „Stimme sehr zu". Gefragt wurde in jedem Falle, ob das System bevorzugt wird, welches nicht-direktionale, statisch direktionale oder dynamisch direktionale Sounds abspielt. Die statisch direktionale Variante wird am besten

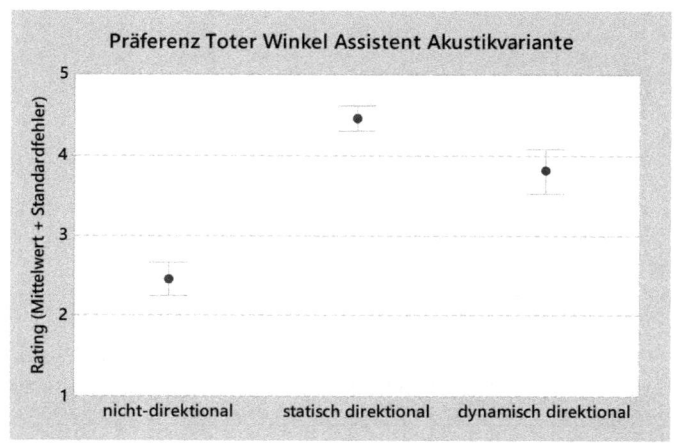

Abb. 20 Bewertung der Akustikvarianten des Toter Winkel Assistent

bewertet, gefolgt von der dynamisch direktionalen und erst mit großem Abstand der nicht-direktionalen Akustikvariante. Der Unterschied zwischen der statisch direktionalen und dynamisch direktionalen Variante ist im t-Test nicht signifikant. Der Unterschied zwischen den beiden anderen Paarvergleichen ist signifikant, mit p < ,001 zwischen nicht-direktional und statisch direktional und p < ,01 zwischen nicht-direktional und dynamisch direktional.

Abb. 21 zeigt die Bewertung der Spurverlassenswarnung. Verglichen wurden hierbei wiederum die drei Akustikvarianten auf einer 5-stufigen Skala in der gleichen Art und Weise wie beim vorherigen Item. Es zeigt sich hierbei ein ähnliches Ergebnismuster wie in Abb. 20. Die statisch direktionale Variante wird am besten bewertet, gefolgt von der dynamisch direktionalen und mit Abstand der nicht-direktionalen Akustikvariante. Die beiden direktionalen Varianten werden allerdings nicht mehr ganz so positiv bewertet wie beim Toter Winkel Assistent. Der Unterschied zwischen der statisch direktionalen und dynamisch direktionalen Variante ist im t-Test auf dem p < ,05 Niveau signifikant. Der Unterschied zwischen nicht-direktional und statisch direktional ist auf dem p < ,001 Niveau signifikant und der zwischen nicht-direktional und dynamisch direktional auf dem p < ,05 Niveau.

Tab. 5 zeigt die Bewertung der Akustikvarianten auf der van der Laan Skala (van der Laan et al., 1997). Hierbei wurden diese allgemein ohne Bezug zu den konkreten Systemen bewertet. Die van der Laan Skala unterteilt sich in zwei Subskalen, einerseits die Nützlichkeit, andererseits die Zufriedenheit. Die Skala

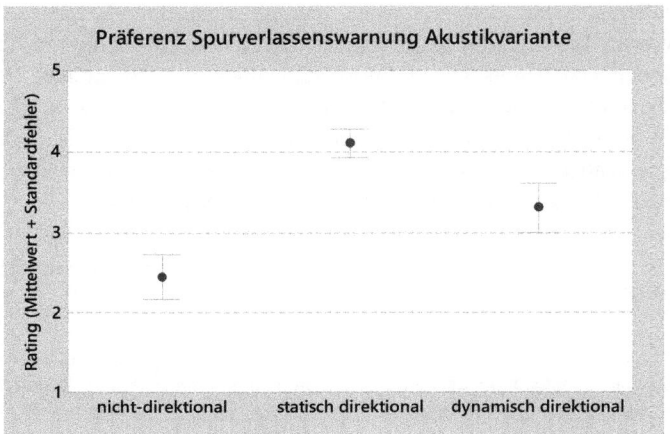

Abb. 21 Bewertung der Akustikvarianten der Spurverlassenswarnung

Tab. 5 Bewertung der Akustikvarianten auf der van der Laan Skala

Mittelwert (Standardfehler)	Nützlichkeit	Zufriedenheit
Nicht-direktional	−0,01 *(0,12)*	−0,35 *(0,10)*
Statisch direktional	1,24 *(0,07)*	0,79 *(0,08)*
Dynamisch direktional	0,75 *(0,11)*	0,33 *(0,13)*

reicht jeweils von −2 bis 2. Generell sind die Bewertungen auf der Subskala für Nützlichkeit höher als auf der für Zufriedenheit, das Muster der Abfolge allerdings gleich. Die Bewertung der statisch direktionalen Akustikvariante fällt am besten aus, gefolgt von der dynamisch direktionalen und zuletzt der nicht-direktionalen. Der Unterschied zwischen dem nicht-direktionalen und dem statisch direktionalen ist auf beiden Skalen auf dem Niveau $p < ,001$ signifikant. Sämtliche anderen Paarvergleiche sind auf dem $p < ,05$ Niveau signifikant.

Insgesamt zeigt sich sowohl für den Toter Winkel Assistent als auch für die Spurverlassenswarnung eine Bevorzugung der statisch direktionalen Akustikvariante. Die dynamisch direktionale fällt dahinter ab, die nicht-direktionale Variante schneidet am schlechtesten ab. Erklären lässt sich dieses Ergebnis dadurch, dass die nicht-direktionale Variante den geringsten Informationswert liefert. Bei den beiden direktionalen Varianten ist die Codierung des Ortes, d. h. des Hindernisses bzw. der verlassenen Spur enthalten. Beim Vergleich der beiden direktionalen Varianten ist zu beachten, dass die statisch direktionale Variante in beiden Fällen bereits genug Information über den Ort enthält. Die zusätzliche Dynamik des Sounds bringt keinen weiteren Vorteil und wird ggf. auch noch als störend bzw. irritierend empfunden. Basierend auf diesen Daten stellt die Implementierung eines statisch direktionalen akustischen Feedbacks für die genannten Fahrerassistenzsysteme die optimalste Variante dar.

Literatur

Van der Laan, J.D., Heino, A., & de Waard, D. (1997). A simple procedure for the assessment of acceptance of advanced transport telematics. *Transportation Research – Part C: Emerging Technologies, 5*, 1–10.

Neuropsychologische und -physiologische Korrelate des Fahrverhaltens älterer Fahrer innerhalb simulierter Umgebungen

Magnus Liebherr, Melanie Zerr und Matthias Brand

Inhaltsverzeichnis

Die Primärmobilität stellt einen der wichtigsten Faktoren zur Aufrechterhaltung von Lebensqualität und Selbstständigkeit älterer Menschen dar. Dabei werden aufgrund der zunehmenden Komplexität des Straßenverkehrs zunehmend höhere Anforderungen an die Aufmerksamkeit, Konzentration und Informationsverarbeitung aller Verkehrsteilnehmenden gestellt. Den steigenden Anforderungen an

Dr. Magnus Liebherr, Melanie Zerr, B.Sc., Prof. Dr. Matthias Brand, alle Universität Duisburg-Essen

M. Liebherr (✉) · M. Zerr (✉) · M. Brand
Universität Duisburg-Essen, Essen, Deutschland
E-Mail: magnus.liebherr@uni-due.de

M. Zerr
E-Mail: melanie.zerr@stud.uni-due.de

M. Brand
E-Mail: matthias.brand@uni-due.de

© Der/die Herausgeber bzw. der/die Autor(en), exklusiv lizenziert durch   137
Springer Fachmedien Wiesbaden GmbH, ein Teil von Springer Nature 2020
H. Proff et al. (Hrsg.), *Altersgerechte Fahrerassistenzsysteme*,
https://doi.org/10.1007/978-3-658-30871-1_8

kognitive Fähigkeiten steht eine altersbedingte Abnahme kognitiver Leistungen gegenüber. Auch werden erhöhte Unfallraten und eine Verschlechterung der Fahrperformanz mit zunehmendem Alter berichtet (z. B., Wood, 2002). Fahrsimulatoren stellen eine gute Möglichkeit dar, um potenzielle Einfluss- und Interaktionseffekte auf die Fahrperformanz zu untersuchen. Während Studien im Feld häufig durch eine erhöhte Komplexität und das Auftreten verschiedener Schwierigkeiten gekennzeichnet sind, die die Vergleichbarkeit der Fahrbedingungen reduzieren, ermöglichen Simulatoren relevante Faktoren auf einem hoch standardisierten, aber auch kosten- und zeiteffizienten Niveau zu untersuchen (Desmond & Matthews, 1997). Darüber hinaus kann das Risiko von Unfällen oder Verletzungen, die in realen Situationen auftreten können, durch die Verwendung von simulierten Umgebungen ausgeschlossen werden. Während Simulatoren ursprünglich im Kontext des Fliegens entwickelt wurden, werden sie heutzutage am häufigsten in Studien zum Fahrverhalten verwendet (Weinberg & Harsham, 2009). Im Gegensatz zu frühen Simulatoren, die sehr einfach und rudimentär waren, sind derzeitige Simulatoren hochentwickelt, um möglichst realistische Verhaltensweisen zu reproduzieren (Bayarri, Fernandez, & Perez, 1996). Obgleich vorangegangene Studien keinen Unterschied zwischen dem Fahrverhalten in Simulatoren und auf realen Straßen feststellen konnten (Underwood, Crundall, & Chapman, 2011), sind manche Autoren immer noch besorgt über die Gültigkeit der in Fahrsimulatoren gesammelten Erkenntnisse. Kemeny und Panerai (2003) haben beispielsweise festgestellt, dass Fahrsimulatoren nicht alle relevanten visuellen Hinweise liefern, damit die Fahrenden sich vergleichbar einer realen Fahrsituation fühlen und verhalten. Darüber hinaus weisen Owsley und McGwin Jr (2010) auf eine grobe visuelle Darstellung in Fahrsimulatoren hin, die zu ungültigen Messungen führen kann. Zusätzlich zeigen Studien, dass die Teilnehmenden dazu neigen im Simulator langsamer zu fahren, was auf eine wahrscheinliche Unsicherheit in Bezug auf die im Simulator gezeigte virtuelle Realität hinweist (Godley, Triggs, & Fildes, 2002; Klee, Bauer, Radwan, & Al-Deek, 1999). Aufgrund der bestehenden Unterschiede zwischen realer und simulierter Fahrt treten bei der Nutzung von Simulatoren häufig Probleme wie Simulatorkrankheit (für eine detaillierte Erklärung, siehe nächster Abschnitt) und eine mangelnde Adaptation an den Simulator auf (Brooks et al., 2010), welche wiederum die Fahrperformanz der Teilnehmenden beeinflussen können. Der Prozess des Alters wird in diesem Kontext häufig als Faktor diskutiert, welcher das Auftreten von Simulatorkrankheit, den Prozess der Adaptation an den Simulator aber auch simulator-assoziierte Stressreaktionen beeinflussen könnte. Nachweise aus früheren Simulatorstudien weisen auf eine verringerte Fahrleistung (Andrews & Westerman, 2012), ein erhöhtes Unfallrisiko

(Lee, Cameron, & Lee, 2003) sowie eine erhöhte Belastung (Cantin, Lavallière, Simoneau, & Teasdale, 2009) bei älteren im Vergleich zu jüngeren Fahrern und Fahrerinnen hin. Das vorliegende Kapitel adressiert diese Aspekte auf Grundlage von drei Untersuchungen. Es werden Ergebnisse zu den Themen 1) Kognitive Fähigkeiten, Simulatoradaptation und Simulatorkrankheit, 2) Stressreaktionen beim Fahren im Simulator, sowie 3) Aufmerksamkeit und Fahrverhalten, jeweils unter Berücksichtigung des Alters der Fahrenden beschrieben.

1 Kognitive Fähigkeiten, Simulatoradaptation und Simulatorkrankheit

Sahami, Jenkins, und Sayed (2009) beschreiben Simulatoradaptation als den Zeitpunkt, zu dem vorhandene Fahrfähigkeiten erfolgreich auf den Simulator übertragen werden. Um dies zu gewährleisten wurden in früheren Studien vordefinierte Übungszeiten (Horberry, Anderson, & Regan, 2006), Übungsstrecken (Lewis-Evans & Charlton, 2006), sowie Abfragen hinsichtlich des Wohlbefindens der Teilnehmenden (Takayama & Nass, 2008) verwendet. Diese Ansätze sind jedoch methodisch nicht ausreichend, da sie die individuellen Fähigkeiten der jeweiligen Versuchsteilnehmenden nicht berücksichtigen. Ein objektives Maß des Zeitpunkts der Simulatoradaptation wird von McGehee, Lee, Rizzo, Dawson, und Bateman (2004) beschrieben. Die Autoren identifizierten auf Basis der Messung von Lenkbewegungen eine durchschnittliche Anpassung an den Simulator innerhalb von ca. 3 min. nach Start der Simulation. Darüber hinaus berichteten sie keine signifikanten Unterschiede zwischen jüngeren und älteren Teilnehmenden.

Simulatorkrankheit ist ein Phänomen, das gelegentlich im Zusammenhang mit simulierten Umgebungen berichtet wird und Symptome wie Kopfschmerzen, (kaltes) Schwitzen, trockener Mund, Schwindel, Orientierungslosigkeit, Schläfrigkeit, Übelkeit, Schwindel und Erbrechen umfasst (Balk, Bertola, & Inman, 2013; Brooks et al., 2010). Vorangegangene Studien beschreiben Abbruchraten aufgrund von Symptomen der Simulatorkrankheit von 5 % bis 30 % (Cobb, Nichols, Ramsey, & Wilson, 1999; Stanney, Kingdon, & Kennedy, 2002; Stanney, Mourant, & Kennedy, 1998). Dabei identifizierten einige Studien geschlechterspezifische Unterschiede mit einer geringeren Abbruchrate bei Männern (Garcia, Baldwin, & Dworsky, 2010). Zusätzlich zeigen frühere Ergebnisse eine Zunahme von Symptomen der Simulatorkrankheit bei älteren Erwachsenen im Vergleich zu Jüngeren (Brooks et al., 2010), was durch eine verringerte Erfahrung mit simulierten Umgebungen erklärt wird

(Domeyer, Cassavaugh, & Backs, 2013). Hinsichtlich des Einflusses kognitiver Funktionen konnten auf der einen Seite keine Effekte auf das Auftreten von Symptomen der Simulatorkrankheit identifiziert werden (Mullen, Weaver, Riendeau, Morrison, & Bédard, 2010). Auf der anderen Seite berichten Studien über eine erhöhte Rate bei Menschen mit reduzierten visuell-räumlichen Leistungen (Kawano et al., 2012). Studien mit kognitiv beeinträchtigten Teilnehmenden beschreiben eine Beziehung zwischen kognitiven Funktionen und der Inzidenzrate der Simulatorkrankheit (Freund & Green, 2006). Basierend auf bestehenden Theorien zur Simulatorkrankheit kann ein Zusammenhang zwischen der Adaptation an eine virtuelle Umgebung und dem Auftreten von Symptomen der Simulatorkrankheit angenommen werden (Claremont, 1931; Ebenholtz, 1992; Money & Myles, 1974; Reason, 1978). Dies spiegelt sich auch in empirischen Daten wider, die zeigen, dass eine bessere Anpassung an neue virtuelle Umgebungen im Simulator das Auftreten der Symptome verringert (Mackrous, Lavallière, & Teasdale, 2014).

Frühere Studien, die reduzierte kognitiven Fähigkeiten mit zunehmendem Alter beschreiben (Wecker, Kramer, Hallam, & Delis, 2005), zusammen mit Erkenntnissen dass ältere Menschen eine geringe Anpassung an neue Technologien aufweisen (Roupa et al., 2010), legen die Annahme nahe, dass ältere Personen Schwierigkeiten haben, sich an virtuelle Fahrumgebungen anzupassen und anfälliger sind für Symptome der Simulatorkrankheit. Darüber hinaus wird davon ausgegangen, dass Personen, die in der vorangegangenen Nutzung von Simulatoren an das System adaptiert haben, sich im Auftreten von Symptomen der Simulatorkrankheit von denen unterscheiden, die nicht adaptiert haben. Um ein besseres Verständnis hinsichtlich individueller Faktoren wie Alter, logisches Denken, kognitive Flexibilität, und Aufmerksamkeit / Konzentration im Kontext der Simulatoradaptation und Simulatorkrankheit zu erhalten wurden diese Aspekte innerhalb des vorliegenden Projekts adressiert.

Hierfür führten 414 Versuchsteilnehmende ($M = 61{,}69$ Jahre, $SD = 12{,}66$, 25-89 Jahre,153 Frauen) der in Kap. 2 beschriebenen Gesamtstichprobe unterschiedliche Testverfahren zu Aufmerksamkeit [d2-test] (Brickenkamp, 1962), kognitiver Flexibilität [Trail Making Test-B] (Reitan, 1971) und logischem Denken [Leistungsprüfungssystem Subtest 4] (Horn, 1983) durch. Innerhalb des *d2-tests* sollen die Teilnehmenden auf einem Blatt Papier alle „d" Zeichen, welche mit zwei Strichen entweder über oder unter dem Zeichen kombiniert sind, durchstreichen (Brickenkamp, 1962). Auf dem einseitigen Blatt Papier befinden sich 14 Reihen, jede Reihe mit 47 „p" und „d"-Zeichen, die mit einem bis vier Strichen über und/oder unter jedem Buchstaben kombiniert sind. Pro Zeile stehen den Teilnehmenden 20 s zur Verfügung. Die Testleistung wird über die Summe der falsch angekreuzten Zeichen und der fehlenden korrekten Zeichen quantifiziert. Daraus resultierend spiegelt ein höherer Wert eine schlechtere Leistung wider. Der *Trail Making Test* besteht aus zwei Teilen (A & B) in denn die Teilnehmenden Zahlen (A) oder Zahlen und Buchstaben (B) auf einer Papierseite miteinander verbinden (Lezak, 1995). Innerhalb von Teil B müssen 12 Buchstaben (A-K) und 13 Ziffern (1-13) so schnell wie möglich abwechselnd verbunden werden. Die Ergebnisvariable wird über die Zeit, die die Teilnehmenden benötigen um die Aufgabe abzuschließen, abgebildet. Bei Fehlern werden die Teilnehmenden vom Versuchsleiter direkt darauf aufmerksam gemacht, was sich in einer Erhöhung der benötigten Zeit widerspiegelt. Der *LPS-4* stellt einen Subtest des Leistungsprüfsystems dar und bildet das logische Denken der Versuchspersonen ab (Horn, 1983). Der Test umfasst 40 Zeilen mit jeweils 9 Ziffern und/oder Buchstaben. Jede Zeile hat eine logische Reihenfolge mit einem Buchstaben oder einer Zahl, welcher/welche nicht in diese Reihenfolge passt. Ziel der Aufgabe ist es das nicht übereinstimmende Zeichen zu identifizieren und zu markieren. Der Schwierigkeitsgrad steigt über die 40 Reihen an. Die verfügbare Zeit ist auf acht Minuten begrenzt. Der Ergebnisparameter ist die Summe der korrekten Zeilen. Dementsprechend bedeutet ein höherer Wert in dem Test ein besseres Ergebnis. Der *Zeitpunkt der Adaptation* wurde auf Grundlage des „Index of Performance" (Joshi, Maas, & Schramm, 2017) der ersten Fahrt im Simulator bestimmt. *Simulatorkrankheit* wurde über den Zeitpunkt des Abbruchs aufgrund des Auftretens von entsprechenden Symptomen quantifiziert.

Die Ergebnisse zeigen einen signifikanten Zusammenhang zwischen dem Alter und der Zeit im Fahrsimulator ($M = 1.018,18$ s, $SD = 454,94$), sowie den getesteten kognitiven Fähigkeiten von Aufmerksamkeit ($M = 158,81$ Fehler, $SD = 40,15$), kognitiver Flexibilität ($M = 83,29$ s, $SD = 34,33$) und logischem Denken ($M = 25,19$ Anzahl, $SD = 4,14$) (siehe Tab. 1).

Tab. 1 Korrelation von Alter, Zeit im Simulator und kognitiven Fähigkeiten

	2	3	4	5
1. Alter	−,103*	,351**	,475**	−,387**
2. Zeit im Simulator	−	−,054	−,069	,052
3. d2		−	,470**	−,429**
4. TMT(B)			−	−,522**
5. LPS-4				−

$*p \leq ,050.$ $**p \leq ,010$

Die Ergebnisse zusammenfassend kann festgehalten werden, dass ein zunehmendes Alter mit einer schlechteren Aufmerksamkeitsleistung (d2-test), einer verringerten kognitiven Flexibilität (TMT-B), reduzierten Leistungen im logischen Denken (LPS-4) und einer kürzeren Zeit die die Personen im Simulator verbrachten (zunehmendes Alter führte dazu, dass die Personen aufgrund von Symptomen der Simulatorkrankheit vorzeitig abbrechen mussten), einhergeht. Insgesamt zeigten 193 Teilnehmende (46,62 %) einen vorzeitigen Abbruch aufgrund von Symptomen einer Simulatorkrankheit (z. B. Kopfschmerzen, Kaltschweiß, Schwindel, Übelkeit und Erbrechen). Innerhalb der Stichprobe zeigten 90 Teilnehmende ($M = 60{,}36$ Jahre, $SD = 14{,}39$) eine Adaptation an den Fahrsimulator. Die mittlere Zeit der Adaptation betrug 549,97 s ($SD = 280{,}68$). Es konnten keine Korrelationen zwischen dem Alter und der Zeit der Simulator-adaptation identifiziert werden. Jedoch konnte eine Korrelation zwischen der Leistung im d2 Test und der Zeit der Simulatoradaptation identifiziert werden. Die Ergebnisse der 414 Teilnehmenden hinsichtlich der Korrelationen zwischen Alter und kognitiven Fähigkeiten konnten repliziert werden (siehe Tab. 2).

Moderierte Regressionsanalysen mit dem Alter als Prädiktor und den Moderatoren a) Intelligenz, b) kognitive Flexibilität, c) Aufmerksamkeit, sowie der Interaktion von Alter und den kognitiven Funktionen auf die Intensität der Symptome der Simulatorkrankheit (Kriterium) wurden berechnet. Im ersten Schritt erklärte das Alter signifikant die Varianz der Simulatorkrankheit, $\Delta R2 = {,}011$, $\Delta F(1, 412) = 4{,}455$, $p = {,}035$. Im zweiten Schritt führten Intelligenz ($\Delta R^2 = {,}011$, $\Delta F(1, 411) = {,}067$, $p = {,}796$), kognitive Flexibilität ($\Delta R^2 = {,}011$, $\Delta F(1, 411) = {,}222$. $P = {,}638$) und Aufmerksamkeit ($\Delta R^2 = {,}011$, $\Delta F(1, 411) = {,}146$, $p = {,}702$) zu keinem signifikanten Anstieg der Varianzaufklärung. Im dritten Schritt wurde die Interaktion zwischen Alter und Intelligenz ($\Delta R^2 = {,}014$, $\Delta F(1, 410) = 1{,}397$, $p = {,}238$), Alter und kognitiver Flexibilität ($\Delta R^2 = {,}013$,

Tab. 2 Korrelation von Alter, Simulatoradaptation und kognitiven Fähigkeiten bei Personen die an den Simulator adaptiert haben

	2	3	4	5
1. Alter	−,150	,315**	,461**	−,364**
2. Zeit im Simulator	−	,222	−,051	,009
3. d2		−	,401**	−,352**
4. TMT(B)			−	−,599**
5. LPS-4				−

$N = 90$; $*p \leq {,}050$. $**p \leq {,}010$

$\Delta F(1, 410) = ,816$, $p = ,367$) und Alter und Aufmerksamkeit ($\Delta R^2 = ,013$, $\Delta F(1,410) = ,678$, $p = ,411$) ebenfalls nicht signifikant. Auch bezüglich der Erklärung des Zeitpunktes der Adaptation wurden moderierte Regressionsanalysen gerechnet. In die Berechnung eingeflossen sind das Alter (Prädiktor) und a) Intelligenz, b) kognitive Flexibilität, c) Aufmerksamkeit als Moderatoren, sowie die Interaktionen zwischen Alter und den kognitiven Funktionen auf den Zeitpunkt der Adaptation (Kriterium). Im ersten Schritt erklärte das Alter nicht signifikant die Varianz der Simulatoradaptation $\Delta R2 = ,022$, $\Delta F(1, 88) = 2,013$, $p = ,160$. Im zweiten Schritt führten Intelligenz ($\Delta R2 = ,025$, $\Delta F(1, 87) = ,210$, $p = ,648$) und kognitive Flexibilität ($\Delta R^2 = ,023$, $\Delta F(1, 87) = ,035$, $p = ,853$) zu keinem signifikanten Anstieg der Varianz, Aufmerksamkeit hingegen schon ($\Delta R2 = ,103$, $\Delta F(1, 87) = 7,793$, $p = ,006$). Im dritten Schritt wurde die Interaktion von Alter und Intelligenz ($\Delta R^2 = ,025$, $\Delta F(1,86) < ,000$, $p = ,990$), Alter und kognitiver Flexibilität ($\Delta R^2 = ,025$, $\Delta F(1,86) = ,160$, $p = ,690$), sowie Alter und Aufmerksamkeit ($\Delta R^2 = ,105$, $\Delta F(1,86) = ,265$, $p = ,608$) ebenfalls nicht signifikant. Zusätzlich konnte gezeigt werden, dass Personen, die an den Simulator adaptierten ($M = 1395,12$, $SD = 287,90$) signifikant längere Zeit im Simulator verbrachten, verglichen mit den Teilnehmenden, die nicht adaptiert haben ($M = 1053,16$, $SD = 512,17$) ($t(259,1) = -8,220$, $p < 0,001$, $d = ,823$).

2 Nutzung von Fahrsimulatoren und assoziierte Stressreaktionen

Für die Anforderungen, die das Autofahren an das Individuum stellt, sind auf Hirnebene unter anderem der präfrontale Kortex (Jäncke, Brunner, & Esslen, 2008) und die Basalganglien besonders relevant (Uchiyama, Ebe, Kozato, Okada, & Sadato, 2003). Beides sind Hirnregionen, deren Funktionsweise von einem stress-induzierten Anstieg an Katecholaminen und Kortisol beeinflusst werden können (Cabib & Puglisi-Allegra, 2012; Cohen, Braver, & Brown, 2002; Ramos & Arnsten, 2007). Um die akuten psychophysiologischen Auswirkungen des Fahrens auf die Fahrenden zu quantifizieren, haben Yamaguchi und Sakakima (2007) zu mehreren Messzeitpunkten (vor einer Fahrt im Simulator und alle drei Minuten während der 21-minütigen Fahrt) das Enzym Alpha-Amylase im Speichel gemessen. Die Ergebnisse zeigen einen signifikanten Anstieg des Stresslevels (operationalisiert über noradrenerge Aktivität, angezeigt durch die Alpha-Amylase Konzentrationen) im Verlauf der Fahrt. Neben der Beurteilung von Veränderungen der endokrinen Aktivität, wird die Herzfrequenz häufig als Biomarker zur Untersuchung des Stresslevels verwendet (Vrijkotte, Van Doornen, & De Geus, 2000).

Im Vergleich von simulierter und realer Fahrt zeigen frühe Studien keine Unterschiede hinsichtlich des Stresslevels (Dorn & Matthews, 1995; Gulian, Matthews, Glendon, Davies, & Debney, 1989). Im Gegensatz dazu identifizierten Engström, Johansson, und Östlund (2005) Unterschiede in den physiologischen Parametern des realen Fahrens, im Vergleich zum simulierten Fahren, wobei das reale Fahren stärkere Stressreaktionen hervorrief. Johnson et al. (2011) bestätigt diese Ergebnisse. Die Autoren berichten über signifikant höhere Mittelwerte der Herzfrequenz im Straßenverkehr im Vergleich zum simulierten Fahren.

Neben technischen Aspekten der derzeit verwendeten Simulatorsysteme müssen im vorliegenden Kontext jedoch einige andere Faktoren berücksichtigt werden. Es müssen beispielsweise frühere Erfahrungen mit Symptomen der Simulatorkrankheit – wie im vorherigen Abschnitt näher besprochen – mit einem erhöhten Stresslevel bei zukünftigen Untersuchungen im Simulator in Verbindung gebracht werden. Eversmann et al. (1978) berichten in diesem Kontext über eine Stimulierung der Hormonsekretion, die durch verschiedene Grade der Reisekrankheit induziert wird. Zusätzlich identifizierten die Autoren die Sekretion von antidiuretischen Hormonen als den empfindlichsten Indikator für durch Reisekrankheit induzierten Stress. Des Weitern zeigen Studien einen Zusammenhang zwischen Simulatorkrankheit und dem Glucocorticoid-/Symphaticoadrenergen-System (Otto, Riepl, Klosterhalfen, & Enck, 2006) sowie dem Endocannabinoid-System (Choukèr et al., 2010). Stress wird außerdem durch die Erwartung eines stressigen Ereignisses induziert. Vorangegangene Studien zeigen, dass die einfache Anweisung zu einer öffentlichen Rede zu erhöhter Angst und negativer Stimmung (Al'Absi et al., 1997) sowie einem erhöhten Kortisolspiegel führt (Dickerson & Kemeny, 2004; Juster, Perna, Marin, Sindi, & Lupien, 2012). Basierend auf diesen Erkenntnissen kann davon ausgegangen werden, dass frühere Erfahrungen mit Symptomen der Simulatorkrankheit das Stresslevel vor einer erneuten Nutzung des Simulators beeinflussen. Wie im Vorherigen ausführlich beschrieben kann die (Nicht-)Adaptation an Simulatoren mit dem Auftreten von Simulatorkrankheit in Verbindung gebracht werden. Hier konnten wir zeigen, dass Personen, die sich nicht an den Simulator gewöhnt hatten, eine höhere Ausfallrate aufgrund von Simulatorkrankheit aufweisen. Es ist daher davon auszugehen, dass eine mangelnde Anpassung an simulierte Umgebungen zu Stress führen kann. Dies steht im Einklang mit dem von Sterling und Eyer (1988) eingeführten Modell der allostatischen Belastung, wonach Stress hauptsächlich durch mentale und körperliche Anpassung an neue und sich ändernde Bedingungen entsteht (Sterling, 2012). In diesen Situationen beschreibt allostatisch, den Prozess durch den der Körper seine Stabilität durch Verhaltensänderungen beibehält (McEwen, 1998, 2010). Übertragen auf den

Bereich simulierter Umgebungen kann davon ausgegangen werden, dass diese Situationen neuartige und sich ändernde Bedingungen darstellen – insbesondere für Personen mit wenig oder keiner Erfahrung mit simulierten Umgebungen – und daher zu einem erhöhten Stresslevel führen. Darüber hinaus gaben Domeyer et al. (2013) an, dass eine anfängliche Gewöhnung an den Fahrsimulator, die Symptome der Simulatorkrankheit verringert. Daher kann davon ausgegangen werden, dass Personen, die zuvor an einen Simulator adaptiert haben, vor der anschließenden Verwendung des Simulators ein niedrigeres Stresslevel aufweisen als Personen, die zuvor nicht adaptiert haben. Wir gehen davon aus, dass letztere vor einer zweiten Simulator-Fahrt ein höheres antizipatives Stresslevel aufweisen.

Gerade altersbedingte Effekte werden in dem vorliegenden Kontext häufig diskutiert. Beispielsweise beschreiben Matthews, Joyner, und Newman (1999) bei älteren Erwachsenen ein höheres Stressniveau als bei jüngeren Personen, während des Fahrens in einem Simulator. Reimer, Mehler, Pohlmeyer, Coughlin, und Dusek (2006) berichten, dass ältere im Vergleich zu jüngeren Fahrern während einer Simulator-Fahraufgabe eine höhere Belastung aufweisen. Eine mögliche Erklärung kommt von Aldwin (1991). Die Autorin argumentiert, dass ältere Erwachsene eine geringere Kontrolle über ihre Umwelt haben als jüngere Erwachsene und daher ein höheres Stresslevel zeigen. Weitere Studien berichten über erhöhte Symptome der Simulatorkrankheit (Classen, Bewernitz, & Shechtman, 2011) sowie eine verringerte Adaptationsrate (Domeyer et al., 2013) bei älteren im Vergleich zu jüngeren Erwachsenen. Nach dem Modell der allostatischen Belastung ergibt sich ein erhöhtes Stresslevel aus einer erhöhten Belastung hinsichtlich der Anpassung an eine neue Umgebung oder sich ändernde Bedingungen. Dies könnte eine weitere Erklärung für altersbedingte Unterschiede bei Simulator Aufgaben sein (Findlater, Froehlich, Fattal, Wobbrock, & Dastyar, 2013; Kang & Yoon, 2008). Basierend auf vorangegangenen Erkenntnissen wurde das folgende hypothetische Modell aufgestellt, das Gegenstand der vorliegenden Untersuchung war (siehe Abb. 1):

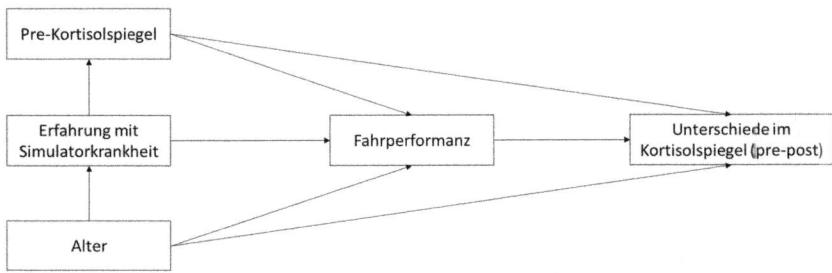

Abb. 1 Hypothetisches Modell zu Stress, Erfahrung mit Simulatorkrankheit und Alter

Neben der statistischen Testung des Modells zielte die vorliegende Teilstudie darauf ab, den Effekt der Adaptation an einen Simulator auf das Stresslevel vor einer weiteren Nutzung zu untersuchen.

Für die Untersuchung wurden 164 Teilnehmende ($M = 61{,}62$ Jahre, $SD = 12{,}66$, 25-89 Jahre, 42 Frauen) der Gesamtstichprobe inkludiert. Zur Erfassung der Intensität der Symptome der Simulatorkrankheit wurden die Teilnehmenden 5 Tage nach Abschluss der ersten Simulator-Fahrt aufgefordert, online eine modifizierte Version des „Simulator Sickness Questionnaires" (SSQ) auszufüllen (Brooks et al., 2010). Im Vorfeld sowie im direkten Anschluss zur zweiten Fahrt im Simulator wurde das Stresslevel mittels Speichel-Alpha-Amylase gemessen.

Die durchschnittlichen Werte der Intensität der Symptome der Simulatorkrankheit (als Maß für die Erfahrung mit Simulatorkrankheit), des Pre-Kortisolspiegels, der Differenz des Post-Pre Kortisolspiegels, sowie der Fahrperformanz sind in Tab. 3 aufgeführt.

Die Fahrleistung in der zweiten Simulator-Fahrt korreliert mit dem Alter, jedoch nicht mit der Erfahrung mit Simulatorkrankheit oder dem Pre-Stresslevel. Darüber hinaus korreliert die Erfahrung mit Simulatorkrankheit ausschließlich mit dem Unterschied im Cortisolspiegel. Dadurch konnte das ursprüngliche hypothetische Modell nicht getestet werden.

Basierend auf dem theoretischen Hintergrund des ursprünglichen Modells wurden zwei hierarchische moderierte Regressionsanalysen mit Alter (Prädiktor), a) der Fahrleistung, b) der Erfahrung mit Simulatorkrankheit (Moderator) und der Interaktion auf den Unterschied im Cortisolspiegel (post-pre) durchgeführt (alle Variablen wurden zentralisiert) (Cohen, Cohen, West, & Aiken, 2003).

Im ersten Schritt erklärte das Alter signifikant den Unterschied im Cortisolspiegel, $R^2 = 0{,}029$, F $(1{,}162) = 5{,}914$, p $= 0{,}016$. Weder das Hinzufügen der

Tab. 3 Bivariate Korrelationen zwischen Alter, Erfahrung mit Simulatorkrankheit, Pre-Kortisolspiegel, Unterschied im Kortisolspiegel (vor und nach der Fahrt) und Fahrleistung

	M(SD)	1.	2.	3.	4.
1. Alter	61.62(12.66)				
2. Symptome der Simulatorkrankheit (SSQ)	3.31(2.65)	−,125			
3. Pre-Kortisol	17.25(13.48)	,073	−,064		
4. Differenz Kortisolspiegel (post-pre)	,63(17.48)	,188*	,244**	−,434**	
5. Fahrperformanz (2. Fahrt)	−,03(.23)	,216**	,049	,042	,114

$*p \leq {,}050$. $**p \leq {,}010$

Fahrleistung im zweiten Schritt ($\Delta R^2 = 0,006$, ΔF $(1,161) = 0,954$, $p = 0,330$) noch die Wechselwirkung von Alter und Fahrleistung im dritten Schritt ($\Delta R2 = 0,003$, ΔF $(1,160) = 0,474$, $p = 0,492$) führten zu einer signifikanten Erhöhung der Varianzerklärung. Das Gesamtmodell erklärt 2,6 % der Varianz der Veränderung im Cortisolspiegel ($F = 2,439$, $p = 0,492$). Die zweite Analyse, einschließlich der Erfahrung mit Simulatorkrankheit, ergab eine signifikante zusätzliche Erklärung der Varianz (über den Effekt des Alters hinaus) in Bezug auf die Differenz des Cortisolspiegels von nahezu 10 % ($\Delta R^2 = 0,073$, ΔF $(1,161) = 13,097$, $p < 0,001$). Im dritten Schritt wurde die Wechselwirkung zwischen Alter und der Erfahrung mit Simulatorkrankheit nicht signifikant ($\Delta R^2 = 0,014$, ΔF $(1\ 160) = 2,470$, $p = 0,118$). Das Gesamtmodell wurde signifikant und erklärt 10,5 % Varianz der Veränderung im Cortisolspiegel ($F = 7,366$, $p < 0,001$).

Innerhalb der zweiten Simulator-Fahrt betrug der mittlere Pre-Kortisolspiegel der Teilnehmenden, welche bei der ersten Fahrt an den Simulator adaptiert hatten, 16,55 ($SD = 11,70$) und 17,67 ($SD = 14,39$) bei denjenigen, die nicht adaptiert hatten. Es konnten keine statistisch signifikanten Gruppenunterschiede identifiziert werden $t(160) = 0,493$, $p = ,623$.

3   Aufmerksamkeit und Fahrverhalten

Zahlreiche vorangegangene Studien unterstreichen die Relevanz von Aufmerksamkeitsprozessen im Kontext der Fahrleistung und Unfallrate (Horberry, Anderson, Regan, Triggs, & Brown, 2006). Klauer, Dingus, Neale, Sudweeks, und Ramsey (2006) beispielsweise identifizierten eine Unfallrate aufgrund von Unachtsamkeit von 80 %. Insbesondere lange Blicke innerhalb des Fahrzeuginneren werden häufig in Zusammenhang mit Unfällen gesetzt (Horrey & Wickens, 2007; Klauer et al., 2006; Wikman, Nieminen, & Summala, 1998). Dabei steigt das Ausmaß dieses Problems mit zunehmender Popularität von Fahrzeugtechnologien (Lerner & Boyd, 2005).

In der Vergangenheit wurde gezeigt, dass verschiedene Aufmerksamkeitsdomänen für das erfolgreiche Fahren von Relevanz sind. Beispielsweise wird die selektive Aufmerksamkeit häufig als wichtige Fähigkeit diskutiert und Einschränkungen dieser mit einem erhöhten Unfallrisiko sowie einer verringerten Fahrleistung assoziiert (De Raedt & Ponjaert-Kristoffersen, 2000; Lundqvist, Gerdle, & Rönnberg, 2000; Richardson & Marottoli, 2003). Darüber hinaus berichten frühere Studien über Beziehungen zwischen visueller selektiver Aufmerksamkeitsleistung (Baldock, Mathias, McLean, & Berndt, 2007) sowie auditiver selektiver Aufmerksamkeitsleistung (Arthur Jr & Doverspike, 1992) und der Fahrleistung auf der Straße sowie der Unfallrate.

Mit zunehmender Popularität des Telefonierens während des Fahrens rückten Prozesse der geteilten Aufmerksamkeit in Fahrstudien vermehrt in den Vordergrund (McCartt, Hellinga, & Bratiman, 2006; Strayer & Drews, 2007). Strayer und Johnston (2001) zeigen beispielsweise, dass Gespräche mit Mobiltelefonen, nicht aber das alleinige Halten eines Mobiltelefons oder das Hören von Hörbüchern, die Erkennung von Ampeln beeinträchtigt. Zusätzliche Eyetracking-Daten weisen auf eine geringere Aufmerksamkeitsleistung hinsichtlich visueller Informationen hin, sobald simultan mit einem Handy telefoniert wird (Strayer & Drews, 2007). Darüber hinaus zeigen Studien einen Zusammenhang zwischen Defiziten in der geteilten Aufmerksamkeit älterer Erwachsener und einer schlechteren Leistung beim Autofahren (De Raedt & Ponjaert-Kristoffersen, 2000), einer erhöhten Unfallbeteiligung (Owsley et al., 1998), sowie einer verringerten Erkennung von Verkehrszeichen (Chaparro, Wood, & Carberry, 2005).

Neben Prozessen der selektiven und geteilten Aufmerksamkeit wird häufig die Fähigkeit zum Aufgabenwechsel im Kontext der Fahrperformanz untersucht. Vorangegangene Ergebnisse belegen beispielsweise einen Zusammenhang zwischen der Leistung in einer Aufmerksamkeitswechselaufgabe und dem Unfallrisiko (Elander, West, & French, 1993; Mihal & Barrett, 1976). Darüber hinaus wird argumentiert, dass langsamere Reaktionszeiten bei der Nutzung des Mobiltelefons mit Kopfhörern im Vergleich zur Nutzung im Freisprechmodus (über Lautsprecher) auf eine erforderliche räumliche Aufmerksamkeitsverlagerung zurückzuführen sind (Fagioli & Ferlazzo, 2006; Ferlazzo, Fagioli, Di Nocera, & Sdoia, 2008). Hunt, Morris, Edwards, und Wilson (1993) fanden heraus, dass die Leistung innerhalb eines einfachen Papier-Bleistift-Test zum Aufmerksamkeitswechsel signifikant mit der Fahrleistung von gesunden älteren Menschen sowie Menschen mit leichter seniler Demenz korreliert.

Eine weitere Aufmerksamkeitsdomäne, die beim Fahren eine wichtige Rolle zu spielen scheint, ist die Vigilanz, welche die Daueraufmerksamkeitsleistung bzw. die Wachheit der jeweiligen Person beschreibt. Ergebnisse aus Fahrstudien deuten auf eine Beeinträchtigung der Fahrleistung mit ansteigender Hypovigilanz hin (Larue, Rakotonirainy, & Pettitt, 2011). Des Weiteren weisen Versuchsteilnehmende ein erhöhtes Unfallrisiko auf eintönigen Straßen, aufgrund des Verlusts der Aufmerksamkeit auf (Larue et al., 2011; Thiffault & Bergeron, 2003). Schmidt et al. (2007) zeigen in diesem Kontext eine lineare Verschlechterung der Reaktionszeiten.

Um die Aufmerksamkeitsleistung im Kontext des Autofahrens zu testen, haben Ball, Owsley, Sloane, Roenker, und Bruni (1993) den „Useful Field of View Test" (UFOV) entwickelt, der drei Untertests der Verarbeitungsgeschwindigkeit, der geteilten Aufmerksamkeit und der selektiven Aufmerksamkeit umfasst (Ball et al., 1993; Ball & Rebok, 1994; Owsley, Ball, & Keeton, 1995; Owsley et al., 1998; Owsley, Ball, Sloane, Roenker, & Bruni, 1991). Ball et al. (1993) berichten über eine hohe Sensitivität (89 %) und Spezifität (81 %) des Tests zur Vorhersage des Unfallrisikos älterer Fahrer. Clay et al. (2005) beschreiben in ihrer Metaanalyse eine große Effektgröße (Cohens $d = 0{,}945$) für die Beziehung zwischen dem UFOV-Test und negativen Fahrergebnissen bei älteren Menschen.

Zusammenfassend lässt sich sagen, dass frühere Fahrstudien häufig die Relevanz von Aufmerksamkeitsprozessen hervorheben. Diese Untersuchungen schließen jedoch meist aus den jeweiligen Fahrsituationen und dem entsprechenden Fahrverhalten auf Aufmerksamkeitsprozesse. Darüber hinaus wurde eine domänenspezifische Betrachtung innerhalb dieser Studien vernachlässigt. Obwohl der UFOV-Test sowohl die selektive als auch die geteilte Aufmerksamkeitsleistung erfasst, schließt dieser weitere visuelle und kognitive Verarbeitungsprozesse mit ein. Die vorliegende Untersuchung zielt daher darauf ab, die Beziehung zwischen domänenspezifischen Aufmerksamkeitsleistungen und der Fahrleistung in einem Simulator zu testen. Um die jeweiligen Aufmerksamkeitsbereiche so spezifisch wie möglich zu untersuchen, wurden Tests zur visuellen selektiven Aufmerksamkeit, auditorischen selektiven Aufmerksamkeit, visuellen geteilten Aufmerksamkeit, zum Wechsel zwischen verschiedenen Aufmerksamkeitsanforderungen, zum Wechsel zwischen Attributen, zum Wechsel zwischen Regeln und zur Vigilanz durchgeführt. Aufgrund früherer verhaltens- und neurophysiologischer Studien, die einen Zusammenhang zwischen Aufmerksamkeits- und Inhibitionsprozessen sowie dem Arbeitsgedächtnis zeigen (Awh & Jonides, 2001; Awh, Vogel, & Oh, 2006; Booth et al., 2003; Chun, 2011; Conway, Cowan, & Bunting, 2001; Lijffijt et al., 2009), wurden Drei-Wege-Interaktionseffekte mit den jeweiligen Aufmerksamkeitsbereichen und den beiden Faktoren Inhibition und Arbeitsgedächtnis getestet (siehe Abb. 2). Zusätzlich wurde der Aspekt des Alters durch die Fokussierung auf eine breite Altersspanne berücksichtigt.

Die Untersuchung wurde an 123 Teilnehmenden ($M = 57{,}39$ Jahre, $SD = 15{,}61$, 23-89 Jahre, 31 Frauen) der Gesamtstichprobe durchgeführt. Die visuelle selektive Aufmerksamkeitsleistung, die visuelle geteilte Aufmerksamkeitsleistung und der Wechsel zwischen den beiden wurde mit der „Switching Attentional Demands Task" (SwAD) getestet (Liebherr, Antons, & Brand, 2019). Die akustische selektive Aufmerksamkeitsleistung wurde mit einer modifizierten Version einer Oddball Aufgabe getestet (Fichtenholtz et al., 2004). Zur

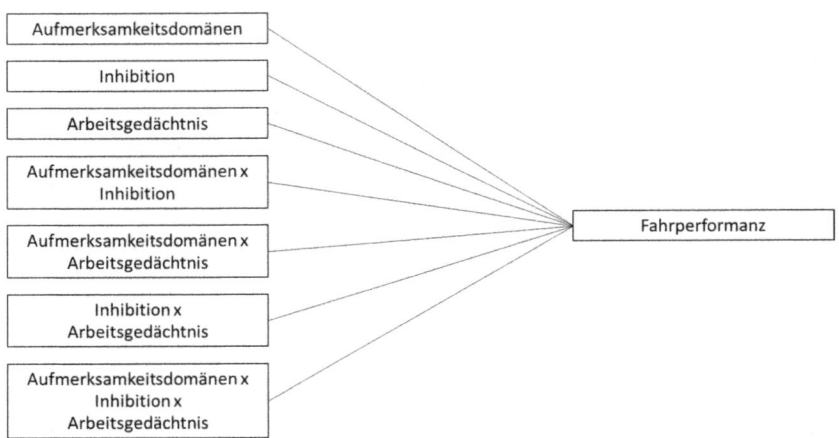

Abb. 2 Drei-Wege-Interaktionseffekte mit den jeweiligen Aufmerksamkeitsbereichen und den beiden Faktoren Inhibition und Arbeitsgedächtnis

Testung des Wechsels zwischen Attributen wurde der Trail Making Test herangezogen (Reitan, 1971). Darüber hinaus wurde der Modified Card Sorting Test zur Messung des Wechsels zwischen verschiedenen Regeln (Nelson, 1976), der d2 Test zur Messung der Vigilanz (Brickenkamp, 1962), die „Visual digit span backwards task" zur Quantifizierung der Arbeitsgedächtnisleistung (Ramsay & Reynolds, 1995) und eine akustische „go/no-go-task" zur Testung der Inhibitionsleistung (Wegmann, Brand, Snagowski, & Schiebener, 2017), verwendet. Zur Messung der Fahrperformanz wurde der von Joshi et al. (2017) beschriebene „Index of performance" verwendet. Dieser wurde nach einer standardisierten Einfahrzeit von fünf Minuten (IOP_{5-15}) und nach einer objektiven Bewertung des Adaptationszeitpunkts ($IOP_{adapt.}$) berechnet. Die objektive Bewertung des Adaptationszeitpunkts erfolgte mittels visueller Bewertung des „Index of performance" über die Zeit.

Die Mittelwerte des $IOP_{(5-15)}$ korrelierten nicht signifikant mit spezifischen Aufmerksamkeitsbereichen sowie der Inhibitions- und Arbeitsgedächtnisleistung. Nur 40 Personen zeigten eine Adaptation an den Simulator. Zusätzliche Analysen für diese Personen ergaben keine signifikanten Beziehungen zwischen $IOP_{(adapt)}$ und den verwendeten neuropsychologischen Messverfahren. Deskriptive Ergebnisse und Teststatistiken für die Korrelationen sind in Tab. 4 dargestellt. Keines der Drei-Wege-Interaktionsmodelle erklärt einen signifikanten Anteil der Varianz

Tab. 4 Korrelationen zwischen Fahrleistung und gängigen Maßen für Aufmerksamkeitsanforderungen sowie Hemmung und Arbeitsgedächtnis

	M	SD	(1)	(2)	(3)	(4)	(5)	(6)	(7)	(8)	(9)	(10)	(11)
(1) IOP$_{(5-15)}$	0,31	0,84	–										
(2) IOP$_{(adapt.)}$	1,62	0,52	,246	–									
(3) SwAD selektiv	457,07	59,31	–,109	,152	–								
(4) SwAD geteilt	664,34	93,90	,024	,218	,613**	–							
(5) SwAD Wechsel selektiv	473,65	58,98	–,146	,157	,736**	,556**	–						
(6) SwAD Wechsel geteilt	648,58	87,18	–,057	,084	,685**	,747**	,681**	–					
(7) Oddball	448,77	68,39	–,038	,204	,522**	,471**	,622**	,523**	–				
(8) D2	149,94	46,40	,068	–,244	,130	,331**	,149	,309**	,174	–			
(9) TMT (B)	75,08	28,64	,055	,053	,213*	,307**	,210*	,275**	,247**	,483**	–		
(10) Digit span	5,20	1,52	–,095	–,204	–,015	–,156	–,012	–,120	–,114	–,317**	–,415**	–	
(11) Go/Nogo-task	10,07	4,97	,021	–,006	,226*	,371**	,273**	,335**	,278**	,428**	,432**	–,374**	–
(12) MCST	14,07	9,84	,157	,196	,133	,243**	,141	,175	,046	,345**	,439**	–,239**	,358**

Alle Korrelationen mit IOP$_{(adapt.)}$ beziehen sich auf $N = 40$, *$p \leq ,050$. **$p \leq ,010$

(alle $F(7, 122) \leq 1{,}47$, alle $ps \geq 0{,}183$). Post-hoc wurden die Korrelationen des Alters und der beiden Fahrleistungen analysiert. Hier wurden keine signifikanten Korrelationen für den $IOP_{(5\text{-}15)}$ ($r = -{,}076$, $p = {,}406$) und den $IOP_{(adapt)}$ ($r = -{,}142$, $p = {,}384$), gefunden (Tab. 4).

4   Zusammenfassung

Aufmerksamkeitsleistungen scheinen zumindest leicht mit der Adaptation an den Simulator zusammenzuhängen, wobei höhere Aufmerksamkeitsleistungen eine (schnellere) Adaptation begünstigen könnten, wenngleich sich dieses Bild nicht systematisch für alle Aufmerksamkeitsleistungen zeigt. Das Zusammenspiel von Alter und a) Intelligenz, b) kognitiver Flexibilität, sowie c) Aufmerksamkeit führte weder zu einem akkumulierenden Effekt auf den Zeitpunkt der Adaptation noch des Auftretens von Simulatorkrankheit. In Übereinstimmung mit vorangegangenen Studien, konnten geschlechterspezifische Unterschiede bei der Simulatorkrankheit festgestellt werden. Die Ergebnisse zeigen eine geringere Wahrscheinlichkeit für das Auftreten einer Simulatorkrankheit bei Personen, die an den Simulator adaptiert haben. Die Fahrleistung der Teilnehmenden korrelierte nicht signifikant mit dem Stresslevel vor Fahrantritt oder früheren Erfahrungen mit der Simulatorkrankheit. Das Alter korrelierte jedoch signifikant mit der Fahrleistung. Darüber hinaus zeigten Personen, die sich zuvor an einen Simulator adaptiert haben, und solche, die dies nicht taten, keine Unterschiede im Kortisollevel im Vorfeld zu einer weiteren Simulator Fahrt. Die Ergebnisse zeigen keine signifikanten Korrelationen zwischen spezifischen Aufmerksamkeitsbereichen und der Fahrleistung im Simulator. Drei-Wege-Interaktionen bestimmter Aufmerksamkeitsbereiche mit Inhibition und Arbeitsgedächtnis klären das Fahrverhalten im Simulator nicht weiter auf. Die vorliegenden Ergebnisse legen nahe, für die Vorhersage der Fahrleistung, eher kontextspezifische Aufgaben zu verwenden, als grundlegende neuropsychologische Testverfahren. Zusammen mit früheren Ergebnissen sollte die Relevanz hervorgehoben werden, zwischen spezifischen Aufmerksamkeitsbereichen wie selektiver Aufmerksamkeit oder geteilter Aufmerksamkeit zu unterscheiden. In Bezug auf Design und Implementierung von neuen Fahrzeugtechnologien empfehlen wir zusätzlich grundlegende Erkenntnisse zu spezifischen Effekten wie Modalitäts- und Räumlichkeitseffekte zu berücksichtigen. Um die Auswirkungen neuer Fahrzeugtechnologien auf die Aufmerksamkeitsprozesse und daraus resultierend die Fahrperformanz und das Unfallrisiko besser zu verstehen, ist jedoch mehr angewandte Forschung in Bezug auf bestimmte Aufmerksamkeitsbereiche erforderlich. Insbesondere im Hinblick auf die Gestaltung von Verkehrssicherheitsprogrammen sollten die Beziehungen zwischen bestimmten Aufmerksamkeitsbereichen, der Fahrleistung und altersassoziierten Veränderungen in der künftigen Forschung auch aus einer stärker angewandten Perspektive heraus betrachtet werden.

Darüber hinaus ist das Ergebnis eines fehlenden Effekts der früheren Erfahrung mit Symptomen der Simulatorkrankheit auf die weitere Fahrleistung im Simulator, gerade für künftige Simulator-Studien von besonderer Relevanz. Jedoch sollte dieser Aspekt im Hinblick auf unterschiedliche Zeiten zwischen verschiedenen Messzeitpunkten sowie bei Teilnehmenden, die die erste Simulator-Fahrt aufgrund von Simulatorkrankheit abbrechen mussten, weiter untersucht werden. Im Hinblick auf Symptome der Simulatorkrankheit sollten zukünftige Studien verschiedene Ansätze zur Messung der Symptome kombinieren und bestehende Fragebögen unter Berücksichtigung des Symptomverlaufs über die Zeit weiterentwickeln.

Literatur

Al'Absi, M., Bongard, S., Buchanan, T., Pincomb, G. A., Licinio, J., & Lovallo, W. R. (1997). Cardiovascular and neuroendocrine adjustment to public speaking and mental arithmetic stressors. *Psychophysiology, 34*(3), 266–275.

Aldwin, C. M. (1991). Does age affect the stress and coping process? implications of age differences in perceived control. *Journal of gerontology, 46*(4), P174–P180.

Andrews, E. C., & Westerman, S. J. (2012). Age differences in simulated driving performance: Compensatory processes. *Accident Analysis & Prevention, 45*, 660–668.

Arthur Jr, W., & Doverspike, D. (1992). Locus of control and auditory selective attention as predictors of driving accident involvement: a comparative longitudinal investigation. *Journal of safety research, 23*(2), 73–80.

Awh, E., & Jonides, J. (2001). Overlapping mechanisms of attention and spatial working memory. *Trends in cognitive sciences, 5*(3), 119–126. https://doi.org/10.1016/s1364-6613(00)01593-x

Awh, E., Vogel, E. K., & Oh, S. H. (2006). Interactions between attention and working memory. *Neuroscience, 139*(1), 201–208. https://doi.org/10.1016/j.neuroscience.2005.08.023

Baldock, M. R. J., Mathias, J., McLean, J., & Berndt, A. (2007). Visual attention as a predictor of on-road driving performance of older drivers. *Australian Journal of Psychology, 59*(3), 159–168.

Balk, S. A., Bertola, M. A., & Inman, V. W. (2013). *Simulator sickness questionnaire: Twenty years later.* Paper presented at the Proceedings of the Seventh International Driving Symposium on Human Factors in Driver Assessment, Training, and Vehicle Design, Iowa City, IA, University of Iowa.

Ball, K., Owsley, C., Sloane, M. E., Roenker, D. L., & Bruni, J. R. (1993). Visual attention problems as a predictor of vehicle crashes in older drivers. *Investigative ophthalmology & visual science, 34*(11), 3110–3123.

Ball, K., & Rebok, G. (1994). Evaluating the driving ability of older adults. *Journal of Applied Gerontology, 13*(1), 20–38. https://doi.org/10.3758/pbr.17.1.15

Bayarri, S., Fernandez, M., & Perez, M. (1996). Virtual reality for driving simulation. *Communications of the ACM, 39*(5), 72–76.

Booth, J. R., Burman, D. D., Meyer, J. R., Lei, Z., Trommer, B. L., Davenport, N. D., . . . Mesulam, M. M. (2003). Neural development of selective attention and response inhibition. *Neuroimage, 20*(2), 737–751. https://doi.org/10.1016/s1053-8119(03)00404-x

Brickenkamp, R. (1962). *Aufmerksamkeits-Belastungs-Test (Test d2).* Göttingen: Hogrefe.

Brooks, J. O., Goodenough, R. R., Crisler, M. C., Klein, N. D., Alley, R. L., Koon, B. L., . . . Wills, R. F. (2010). Simulator sickness during driving simulation studies. *Accident Analysis & Prevention, 42*(3), 788–796. doi:doi.org/10.1016/j.aap.2009.04.013

Cabib, S., & Puglisi-Allegra, S. (2012). The mesoaccumbens dopamine in coping with stress. *Neuroscience & Biobehavioral Reviews, 36*(1), 79–89.

Cantin, V., Lavallière, M., Simoneau, M., & Teasdale, N. (2009). Mental workload when driving in a simulator: effects of age and driving complexity. *Accident Analysis & Prevention, 41*(4), 763–771.

Chaparro, A., Wood, J. M., & Carberry, T. (2005). Effects of age and auditory and visual dual tasks on closed-road driving performance. *Optometry and vision science, 82*(8), 747–754. https://doi.org/10.1097/01.opx.0000174724.74957.45

Choukèr, A., Kaufmann, I., Kreth, S., Hauer, D., Feuerecker, M., Thieme, D., . . . Schelling, G. (2010). Motion sickness, stress and the endocannabinoid system. *PloS one, 5*(5), e10752. https://doi.org/10.1371/journal.pone.0010752

Chun, M. M. (2011). Visual working memory as visual attention sustained internally over time. *Neuropsychologia, 49*(6), 1407–1409. https://doi.org/10.1016/j.neuropsychologia.2011.01.029

Claremont, C. A. (1931). The psychology of seasickness. *Psyche, 11*, 86–90.

Classen, S., Bewernitz, M., & Shechtman, O. (2011). Driving simulator sickness: an evidence-based review of the literature. *American Journal of Occupational Therapy, 65*(2), 179–188.

Clay, O. J., Wadley, V. G., Edwards, J. D., Roth, D. L., Roenker, D. L., & Ball, K. K. (2005). Cumulative meta-analysis of the relationship between useful field of view and driving performance in older adults: Current and future implications. *Optometry and vision science, 82*(8), 724–731. https://doi.org/10.1097/01.opx.0000175009.08626.65

Cobb, S. V., Nichols, S., Ramsey, A., & Wilson, J. R. (1999). Virtual reality-induced symptoms and effects (VRISE). *Presence: Teleoperators & Virtual Environments, 8*(2), 169–186. https://doi.org/10.1162/105474699566152

Cohen, J. D., Braver, T. S., & Brown, J. W. (2002). Computational perspectives on dopamine function in prefrontal cortex. *Current opinion in neurobiology, 12*(2), 223–229.

Cohen, J. D., Cohen, P., West, S. G., & Aiken, L. S. (2003). *Applied multiple regression/correlation analysis for the behavioral sciences.* Mahwah, NJ: Lawrence Erlbaum.

Conway, A. R., Cowan, N., & Bunting, M. F. (2001). The cocktail party phenomenon revisited: The importance of working memory capacity. *Psychonomic Bulletin & Review, 8*(2), 331–335. https://doi.org/10.3758/bf03196169

De Raedt, R., & Ponjaert-Kristoffersen, I. (2000). The relationship between cognitive/neuropsychological factors and car driving performance in older adults. *Journal of the American Geriatrics Society, 48*(12), 1664–1668. https://doi.org/10.1111/j.1532-5415.2000.tb03880.x

Desmond, P. A., & Matthews, G. (1997). Implications of task-induced fatigue effects for in-vehicle countermeasures to driver fatigue. *Accident Analysis & Prevention, 29*(4), 515–523.

Dickerson, S. S., & Kemeny, M. E. (2004). Acute stressors and cortisol responses: a theoretical integration and synthesis of laboratory research. *Psychological Bulletin, 130*(3), 355.

Domeyer, J. E., Cassavaugh, N. D., & Backs, R. W. (2013). The use of adaptation to reduce simulator sickness in driving assessment and research. *Accident Analysis & Prevention, 53*, 127–132. https://doi.org/10.1016/j.aap.2012.12.039

Dorn, L., & Matthews, G. (1995). Prediction of mood and risk appraisals from trait measures: Two studies of simulated driving. *European Journal of Personality, 9*(1), 25–42.

Ebenholtz, S. M. (1992). Motion sickness and oculomotor systems in virtual environments. *Presence: Teleoperators & Virtual Environments, 1*(3), 302–305. https://doi.org/10.1162/pres.1992.1.3.302

Elander, J., West, R., & French, D. (1993). Behavioral correlates of individual differences in road-traffic crash risk: An examination of methods and findings. *Psychological Bulletin, 113*(2), 279. https://doi.org/10.1037/0033-2909.113.2.279

Engström, J., Johansson, E., & Östlund, J. (2005). Effects of visual and cognitive load in real and simulated motorway driving. *Transportation Research Part F: Traffic Psychology and Behaviour, 8*(2), 97–120.

Eversmann, T., Gottsmann, M., Uhlich, E., Ulbrecht, G., Werder, K., & Scriba, P. C. (1978). Increased secretion of growth hormone, prolactin, antidiuretic hormone, and cortisol induced by the stress of motion sickness. *Aviation, space & environmental medicine*(1), 53–57.

Fagioli, S., & Ferlazzo, F. (2006). Shifting attention across spaces while driving: are hands-free mobile phones really safer? *Cognitive Processing, 7*(1), 147–147. https://doi.org/10.1007/s10339-006-0110-6

Ferlazzo, F., Fagioli, S., Di Nocera, F., & Sdoia, S. (2008). Shifting attention across near and far spaces: Implications for the use of hands-free cell phones while driving. *Accident Analysis & Prevention, 40*(6), 1859–1864. https://doi.org/10.1016/j.aap.2008.07.003

Fichtenholtz, H. M., Dean, H. L., Dillon, D. G., Yamasaki, H., McCarthy, G., & LaBar, K. S. (2004). Emotion–attention network interactions during a visual oddball task. *Cognitive Brain Research, 20*(1), 67–80. https://doi.org/10.1016/s0926-6410(04)00037-0

Findlater, L., Froehlich, J. E., Fattal, K., Wobbrock, J. O., & Dastyar, T. (2013). *Age-related differences in performance with touchscreens compared to traditional mouse input.* Paper presented at the Proceedings of the SIGCHI Conference on Human Factors in Computing Systems.

Freund, B., & Green, T. R. (2006). Simulator sickness amongst older drivers with and without dementia. *Advances in Transportation Studies*, 71–74.

Garcia, A., Baldwin, C., & Dworsky, M. (2010). *Gender differences in simulator sickness in fixed-versus rotating-base driving simulator.* Paper presented at the Proceedings of the Human Factors and Ergonomics Society Annual Meeting.

Godley, S. T., Triggs, T. J., & Fildes, B. N. (2002). Driving simulator validation for speed research. *Accident Analysis & Prevention, 34*(5), 589–600.

Gulian, E., Matthews, G., Glendon, A. I., Davies, D. R., & Debney, L. M. (1989). Dimensions of driver stress. *Ergonomics, 32*(6), 585–602.

Horberry, T., Anderson, J., & Regan, M. A. (2006). The possible safety benefits of enhanced road markings: a driving simulator evaluation. *Transportation Research Part F: Traffic Psychology and Behaviour, 9*(1), 77–87. https://doi.org/10.1016/j.trf.2005.09.002

Horberry, T., Anderson, J., Regan, M. A., Triggs, T. J., & Brown, J. W. (2006). Driver distraction: The effects of concurrent in-vehicle tasks, road environment complexity and age on driving performance. *Accident Analysis & Prevention, 38*(1), 185–191. https://doi.org/10.1016/j.aap.2005.09.007

Horn, W. (1983). *L-P-S-Leistungsprüfungssystem.* Göttingen: Hogrefe.

Horrey, W. J., & Wickens, C. D. (2007). In-vehicle glance duration: distributions, tails, and model of crash risk. *Transportation research record, 2018*(1), 22–28. https://doi.org/10.3141/2018-04

Hunt, L., Morris, J. C., Edwards, D., & Wilson, B. S. (1993). Driving performance in persons with mild senile dementia of the Alzheimer type. *Journal of the American Geriatrics Society, 41*(7), 747–753. https://doi.org/10.1111/j.1532-5415.1993.tb07465.x

Jäncke, L., Brunner, B., & Esslen, M. (2008). Brain activation during fast driving in a driving simulator: the role of the lateral prefrontal cortex. *Neuroreport, 19*(11), 1127–1130.

Johnson, M. J., Chahal, T., Stinchcombe, A., Mullen, N., Weaver, B., & Bedard, M. (2011). Physiological responses to simulated and on-road driving. *International journal of Psychophysiology, 81*(3), 203–208.

Joshi, S. S., Maas, N., & Schramm, D. (2017). *A vehicle dynamics based algorithm for driver evaluation.* Paper presented at the 11th International Conference on Intelligent Systems and Control (ISCO).

Juster, R. P., Perna, A., Marin, M. F., Sindi, S., & Lupien, S. J. (2012). Timing is everything: Anticipatory stress dynamics among cortisol and blood pressure reactivity and recovery in healthy adults. *Stress, 15*(6), 569–577.

Kang, N. E., & Yoon, W. C. (2008). Age-and experience-related user behavior differences in the use of complicated electronic devices. *International Journal of Human-Computer Studies, 66*(6), 425–437.

Kawano, N., Iwamoto, K., Ebe, K., Aleksic, B., Noda, A., Umegaki, H., . . . Ozaki, N. (2012). Slower adaptation to driving simulator and simulator sickness in older adults aging clinical and experimental research. *Aging clinical and experimental research, 24*(3), 285–289.

Kemeny, A., & Panerai, F. (2003). Evaluating perception in driving simulation experiments. *Trends in cognitive sciences, 7*(1), 31–37.

Klauer, S. G., Dingus, T. A., Neale, V. L., Sudweeks, J. D., & Ramsey, D. J. (2006). The impact of driver inattention on near-crash/crash risk: An analysis using the 100-car naturalistic driving study data. *Springfield, Virginia: National Technical Information Service.* https://doi.org/10.1037/e729262011-001

Klee, H., Bauer, C., Radwan, E., & Al-Deek, H. (1999). Preliminary validation of driving simulator based on forward speed. *Transportation research record, 1689*(1), 33–39.

Larue, G. S., Rakotonirainy, A., & Pettitt, A. N. (2011). Driving performance impairments due to hypovigilance on monotonous roads. *Accident Analysis & Prevention, 43*(6), 2037–2046. https://doi.org/10.1016/j.aap.2011.05.023

Lee, H. C., Cameron, D., & Lee, A. H. (2003). Assessing the driving performance of older adult drivers: on-road versus simulated driving. *Accident Analysis & Prevention, 35*(5), 797–803.

Lerner, N., & Boyd, S. (2005). *On-road study of willingness to engage in distracting tasks.* Retrieved from

Lewis-Evans, B., & Charlton, S. G. (2006). Explicit and implicit processes in behavioural adaptation to road width. *Accident Analysis & Prevention, 38*(3), 610–617. https://doi.org/10.1016/j.aap.2005.12.005

Lezak, M. (1995). *Neuropsychological Assessment (3rd edition).* Oxford: Oxford University Press.

Liebherr, M., Antons, S., & Brand, M. (2019). The SwAD-Task–An Innovative Paradigm for Measuring Costs of Switching Between Different Attentional Demands. *Frontiers in Psychology, 10,* 2178.

Lijffijt, M., Lane, S. D., Meier, S. L., Boutros, N. N., Burroughs, S., Steinberg, J. L., . . . Swann, A. C. (2009). P50, N100, and P200 sensory gating: relationships with behavioral inhibition, attention, and working memory. *Psychophysiology, 46*(5), 1059–1068. https://doi.org/10.1111/j.1469-8986.2009.00845.x

Lundqvist, A., Gerdle, B., & Rönnberg, J. (2000). Neuropsychological aspects of driving after a stroke—in the simulator and on the road. *Applied Cognitive Psychology: The Official Journal of the Society for Applied Research in Memory and Cognition, 14*(2), 135–150. https://doi.org/10.1002/(sici)1099-0720(200003/04)14:2<135::aid-acp628>3.0.co;2-s

Mackrous, I., Lavallière, M., & Teasdale, N. (2014). Adaptation to simulator sickness in older drivers following multiple sessions in a driving simulator. *Gerontechnology, 12*(2), 101–111. https://doi.org/10.4017/gt.2013.12.2.004.00

Matthews, G., Joyner, L. A., & Newman, R. (1999). *Age and gender differences in stress responses during simulated driving.* Paper presented at the Proceedings of the Human Factors and Ergonomics Society Annual Meeting.

McCartt, A. T., Hellinga, L. A., & Bratiman, K. A. (2006). Cell phones and driving: review of research. *Traffic Injury Prevention, 7*(2), 89–106.

McEwen, B. S. (1998). Protective and damaging effects of stress mediators. *New England journal of medicine, 338*(3), 171–179.

McEwen, B. S. (2010). Stress, sex and neural adaptation to a changing environment: mechanisms of neuronal remodeling. *Annals of the New York Academy of Sciences, 1204*(Suppl), E38.

McGehee, D. V., Lee, J. D., Rizzo, M., Dawson, J., & Bateman, K. (2004). Quantitative analysis of steering adaptation on a high performance fixed-base driving simulator. *Transportation Research Part F: Traffic Psychology and Behaviour, 7*(3), 181–196.

Mihal, W. L., & Barrett, G. V. (1976). Individual differences in perceptual information processing and their relation to automobile accident involvement. *Journal of applied psychology, 61*(2), 229. https://doi.org/10.1037//0021-9010.61.2.229

Money, K. E., & Myles, W. S. (1974). Heavy water nystagmus and effects of alcohol. *Nature, 247*(5440), 404–405. https://doi.org/10.1038/247404a0

Mullen, N. W., Weaver, B., Riendeau, J. A., Morrison, L. E., & Bédard, M. (2010). Driving performance and susceptibility to simulator sickness: Are they related? *American Journal of Occupational Therapy, 64*(2), 288–295. https://doi.org/10.5014/ajot.64.2.28810.5014/ajot.64.2.288

Nelson, H. E. (1976). A modified card sorting test sensitive to frontal lobe defects. *Cortex, 12*(4), 313–324. https://doi.org/10.1016/s0010-9452(76)80035-4

Otto, B., Riepl, R. L., Klosterhalfen, S., & Enck, P. (2006). Endocrine correlates of acute nausea and vomiting. *Autonomic Neuroscience, 129*(1-2), 17–21.

Owsley, C., Ball, K., & Keeton, D. M. (1995). Relationship between visual sensitivity and target localization in older adults. *Vision research, 35*(4), 579–587. https://doi.org/10.1016/0042-6989(94)00166-j

Owsley, C., Ball, K., McGwin Jr, G., Sloane, M. E., Roenker, D. L., White, M. F., & Overley, E. T. (1998). Visual processing impairment and risk of motor vehicle crash among older adults. *Jama, 279*(14), 1083–1088. https://doi.org/10.1001/jama.279.14.1083

Owsley, C., Ball, K., Sloane, M. E., Roenker, D. L., & Bruni, J. R. (1991). Visual/cognitive correlates of vehicle accidents in older drivers. *Psychology and aging, 6*(3), 403. https://doi.org/10.1037//0882-7974.6.3.403

Owsley, C., & McGwin Jr, G. (2010). Vision and driving. *Vision research, 50*(23), 2348–2361.

Ramos, B. P., & Arnsten, A. F. (2007). Adrenergic pharmacology and cognition: focus on the prefrontal cortex. *Pharmacology & therapeutics, 113*(3), 523–536.

Ramsay, M. C., & Reynolds, C. R. (1995). Separate digits tests: A brief history, a literature review, and a reexamination of the factor structure of the Test of Memory and Learning (TOMAL). *Neuropsychology Review, 5*(3), 151–171. https://doi.org/10.1007/bf02214760

Reason, J. T. (1978). Motion sickness adaptation: a neural mismatch model. *Journal of the Royal Society of Medicine, 71*(11), 819–829. https://doi.org/10.1177/014107687807101109

Reimer, B., Mehler, B. L., Pohlmeyer, A. E., Coughlin, J. F., & Dusek, J. A. (2006). The use of heart rate in a driving simulator as an indicator of age-related differences in driver workload. *Advances in Transportation Studies*, 9–29.

Reitan, R. M. (1971). Trail making test results for normal and brain-damaged children. *Perceptual and motor skills, 33*(2), 575–581. https://doi.org/10.2466/pms.1971.33.2.575

Richardson, E. D., & Marottoli, R. A. (2003). Visual attention and driving behaviors among community-living older persons. *The Journals of Gerontology Series A: Biological Sciences and Medical Sciences, 58*(9), M832–M836. https://doi.org/10.1093/gerona/58.9.m832

Roupa, Z., Nikas, M., Gerasimou, E., Zafeiri, V., Giasyrani, L., Kazitori, E., & Sotiropoulou, P. (2010). The use of technology by the elderly. *Health Science Journal, 4*(2), 118.

Sahami, S., Jenkins, J. M., & Sayed, T. (2009). Methodology to analyze adaptation in driving simulators. *Transportation research record, 2138*(1), 94–101.

Stanney, K. M., Kingdon, K. S., & Kennedy, R. S. (2002). Dropouts and Aftereffects: Examining General Accessibility to Virtual Environment Technology. *Proceedings of the Human Factors and Ergonomics Society Annual Meeting, 46*(26), 2114–2118. https://doi.org/10.1177/154193120204602603

Stanney, K. M., Mourant, R. R., & Kennedy, R. S. (1998). Human Factors Issues in Virtual Environments: A Review of the Literature. *Presence: Teleoperators and Virtual Environments, 7*(4), 327–351. https://doi.org/10.1162/105474698565767

Sterling, P. (2012). Allostasis: a model of predictive regulation. *Physiology & behavior, 106*(1), 5–15.

Sterling, P., & Eyer, J. (1988). Allostasis: a new paradigm to explain arousal pathology. In S. Fisher & J. Reason (Eds.), *Handbook of life stress, cognition and health* (pp. 629–649): J. Wiley and Sons: New York.

Strayer, D. L., & Drews, F. A. (2007). Cell-phone-induced driver distraction. *Current Directions in Psychological Science., 16*(3), 128–131. https://doi.org/10.1111/j.1467-8721.2007.00489.x

Strayer, D. L., & Johnston, W. A. (2001). Driven to distraction: dual-task studies of simulated driving and conversing on a cellular telephone. *Psychological Science, 12*(6), 462–466. https://doi.org/10.1111/1467-9280.00386

Takayama, L., & Nass, C. (2008). Driver safety and information from afar: an experimental driving simulator study of wireless vs. in-car information services. *International Journal of Human-Computer Studies, 66*(3), 173–184. https://doi.org/10.1016/j.ijhcs.2006.06.005

Thiffault, P., & Bergeron, J. (2003). Monotony of road environment and driver fatigue: a simulator study. *Accident Analysis & Prevention, 35*(3), 381–391. https://doi.org/10.1016/s0001-4575(02)00014-3

Uchiyama, Y., Ebe, K., Kozato, A., Okada, T., & Sadato, N. (2003). The neural substrates of driving at a safe distance: a functional MRI study. *Neuroscience letters, 352*(3), 199–202.

Underwood, G., Crundall, D., & Chapman, P. (2011). Driving simulator validation with hazard perception. *Transportation Research Part F: Traffic Psychology and Behaviour, 14*(6), 435–446.

Vrijkotte, T. G., Van Doornen, L. J., & De Geus, E. (2000). Effects of work stress on ambulatory blood pressure, heart rate, and heart rate variability. *Hypertension, 35*(4), 880–886.

Wecker, N. S., Kramer, J. H., Hallam, B. J., & Delis, D. C. (2005). Mental flexibility: age effects on switching. *Neuropsychology, 19*(3), 345. https://doi.org/10.1037/0894-4105.19.3.345

Wegmann, E., Brand, M., Snagowski, J., & Schiebener, J. (2017). Are you able not to react to what you hear? Inhibition behavior measured with an auditory Go/NoGo paradigm. *Journal of clinical and Experimental Neuropsychology, 39*(1), 58–71. https://doi.org/10.1080/13803395.2016.1201461

Weinberg, G., & Harsham, B. (2009). Developing a low-cost driving simulator for the evaluation of in-vehicle technologies. *AutomotiveUI, 9*, 51–54.

Wikman, A. S., Nieminen, T., & Summala, H. (1998). Driving experience and time-sharing during in-car tasks on roads of different width. *Ergonomics, 41*(3), 358–372. https://doi.org/10.1080/001401398187080

Wood, J. M. (2002). Age and visual impairment decrease driving performance as measured on a closed-road circuit. *Human factors, 44*(3), 482–494.

Yamaguchi, M., & Sakakima, J. (2007). Evaluation of driver stress in a motor-vehicle driving simulator using a biochemical marker. *Journal of international medical research, 35*(1), 91–100.

Marktpotenziale älterer Fahrer – Zahlungsbereitschaft und Akzeptanz altersgerechter Fahrerassistenzsysteme

Timo Günthner, Lukas Zeymer, Heike Proff und Josip Jovic

Inhaltsverzeichnis

Timo Günthner, M.Sc., Lukas Zeymer, B.Sc., Prof. Dr. Heike Proff, Josip Jovic, M.Sc., alle
Universität Duisburg-Essen

T. Günthner · L. Zeymer · H. Proff · J. Jovic (✉)
Lehrstuhl für ABWL & Internationales Automobilmanagement,
Universität Duisburg-Essen, Duisburg, Deutschland
E-Mail: josip.jovic@uni-due.de

T. Günthner
E-Mail: timo.guenthner@uni-due.de

L. Zeymer
E-Mail: lukas.zeymer@uni-due.de

H. Proff
E-Mail: heike.proff@uni-due.de

© Der/die Herausgeber bzw. der/die Autor(en), exklusiv lizenziert durch
Springer Fachmedien Wiesbaden GmbH, ein Teil von Springer Nature 2020
H. Proff et al. (Hrsg.), *Altersgerechte Fahrerassistenzsysteme*,
https://doi.org/10.1007/978-3-658-30871-1_9

161

Angesichts der stagnierenden Automobilmärkte in der Triade suchen Automobilunternehmen nach neuen Marktpotenzialen, z. B. die wachsende Gruppe älterer Autofahrer (Proff 2019). Wie in Kap. „Mobilität im Alter – Eine Einleitung" dieses Buches gezeigt, nimmt ihre Zahl zu. Sie haben zumindest in höher entwickelten Ländern Geld für Angebote, die Sicherheit und Komfort erhöhen und die es ihnen trotz physischer und psychischer Einschränkungen erlauben, im Alter länger mobil zu sein. Aus Managementsicht ist deshalb von Bedeutung, ob Marktpotenziale für altersgerechte Fahrerassistenzsysteme existieren, d. h. vor allem, ob ältere Fahrer bereit sind, für mehr Mobilität und somit den Erhalt ihrer Mobilität im Alter zu zahlen[1]. Nur dann lassen sich profitable Geschäftsmodelle entwickeln.

Für die fünf in der Voruntersuchung (vgl. Kap. „Ältere Autofahrer: Untersuchung und Stichprobe im Projekt ALFASY") ausgewählten Fahrerassistenzsysteme (Querverkehrsassistent, Einparkhilfe, Totwinkelassistent, Spurhalteassistent und Reifendruckkontrollsystem) wurde die Zahlungsbereitschaft in Abhängigkeit vom Alter untersucht und ergänzend die Akzeptanz, die als wesentlicher Einflussfaktor auf die Zahlungsbereitschaft gilt. In der ersten der drei Hauptuntersuchungen wurden Zahlungsbereitschaft und Akzeptanz der angebotenen Assistenzsysteme zunächst im Fahrsimulator erfasst. Anschließend wurden verbesserte akustische Assistenzsysteme getestet, in der zweiten Hauptuntersuchung ebenfalls im Simulator und in der dritten Hauptuntersuchung nach

---

[1]In diesem Kapitel wird statt von „Autofahrerinnen und Autofahrern" verkürzt von „Autofahrern" gesprochen.

einer Testfahrt. Da Alter und Lebensereignisse nicht immer übereinstimmen, wurde auch nach dem Einfluss kritischer Lebensereignisse im Alter wie Krankheit oder Tod des Ehe- oder Lebenspartners gefragt.

In diesem Kapitel werden zunächst wichtige Forschungsergebnisse vorgestellt (Abschn. 1), dann Erklärungen für die Zahlungsbereitschaft und Akzeptanz von Fahrerassistenzsystemen für ältere Fahrer sowie für den Einfluss kritischer Lebensereignisse gesucht (Abschn. 2). In Abschn. 3 wird das Untersuchungskonzept erläutert. Anschließend werden die Untersuchungsergebnisse der ersten Hauptuntersuchung zur Zahlungsbereitschaft und Akzeptanz der angebotenen Fahrerassistenzsysteme zusammengefasst (Abschn. 4) und mit den Ergebnissen der zweiten Hauptuntersuchung zu verbesserten akustischen Fahrerassistenzsystemen verglichen (Abschn. 5). Die Ergebnisse der dritten Hauptuntersuchung nach einer Fahrt auf einer Teststrecke werden nur kurz genannt, da die Stichprobe (vgl. Kap. „Ältere Autofahrer: Untersuchung und Stichprobe im Projekt ALFASY") relativ klein ausfällt (n = 46) und mit den Untersuchungen zuvor kaum vergleichbar ist. Abschließend werden Folgerungen aus dem ALFASY-Projekt für die weitere Forschung angesprochen (Abschn. 6).

1 Literatur zu Marktpotenzialen, zur Akzeptanz und zu kritischen Lebensereignissen im Alter

Wie in Kap. „Mobilität im Alter – Eine Einleitung" belegt, steht im Alter Mobilität oft für Lebensqualität (Burghard 2005; Engeln 2001). Durch ein Auto können ältere Menschen soziale Beziehungen und Kontakte halten, unabhängig bleiben und das Wohlbefinden verbessern (z. B. Nobis et al. 2019; Musselwhite et al. 2015; Edwards et al. 2009). Entsprechend nimmt die wahrgenommene Lebensqualität ab, wenn die Mobilität eingeschränkt ist (Musselwhite & Haddad 2018; Holley-Moore & Creighton 2015). Assistenzsysteme sollen helfen, die Fahrtüchtigkeit zu erhalten oder wiederzuerlangen (Günthner et al. 2020; Boot & Scialfa 2016; Karthaus et al. 2016).

Obwohl die Bedeutung von Assistenzsystemen und vor allem des autonomen Fahrens bekannt ist, wird dazu in der wirtschafts- und sozialwissenschaftlichen Forschung kaum gearbeitet (Günthner et al. 2020; Musselwhite et al. 2015; Winner & Schopper 2015). Es gibt jedoch einige Studien, die eine höhere Zahlungsbereitschaft älterer Menschen für Produkte und Leistungen belegen, die die Lebensqualität erhöhen (Souders et al. 2017; Schulz et al. 2013). Zahlungsbereitschaft wird dabei als der Kaufpreis verstanden, den ein Kunde für ein Produkt oder eine Dienstleistung höchstens zu zahlen bereit ist (Proff & Fojcik 2014; Miller et al. 2011) und gilt damit als Indikator für Marktpotenziale.

Die wenigen Untersuchungen zur Zahlungsbereitschaft für Fahrerassistenzsysteme kommen zu unterschiedlichen Ergebnissen. Nach Blythe und Curtis (2004) ist die Zahlungsbereitschaft gering; nach einer aktuelleren Studie von BCG und MEMA (2015) bleibt sie sogar unter dem aktuellen Preis für solche Systeme. Trübswetter (2015) belegt dagegen eine höhere Zahlungsbereitschaft der über 50-Jährigen und somit ein Marktpotenzial. Dieses Ergebnis bestätigt eine Untersuchung zum Totwinkelassistenten (Souders et al. 2017): ältere Menschen sind bereit, für diesen Assistenten etwa doppelt so viel zu zahlen wie junge Fahrer, vor allem wenn sie ihn kennen (Trübswetter & Bengler 2011 sowie Piao et al. 2005 bezogen auf den Tempomat).

Andere Studien zeigen wiederum, dass die Akzeptanz bei älteren Fahrern besonders hoch ist (Son et al. 2015; Stevens 2012) und die Bewertung positiver als durch jüngere Fahrer (Viborg 1999). Autonom fahrende Fahrzeuge sehen sie dagegen eher als skeptisch an (König & Neumayr 2017).

Elder (1994) konnte zeigen, dass sich Alter nicht linear auf die Bedürfnisse auswirkt (vgl. auch Glenn 2003) und ältere Menschen nach Alter und nach kritischen Lebensereignissen differenziert werden müssen (vgl. auch Günthner et al. 2020). Im ALFASY-Projekt wurden deshalb Zahlungsbereitschaft und Akzeptanz altersgerechter Fahrerassistenzsysteme allgemein sowie differenziert nach Altersgruppen und kritischen Lebensereignissen untersucht, um das Marktpotenzial von Assistenzsystemen für ältere Autofahrer abschätzen zu können.

2 Erklärung und Annahmen zu den Marktpotenzialen von Fahrerassistenzsysteme für ältere Fahrer

Für die Untersuchung der Marktpotenziale von Fahrerassistenzsystemen für ältere Autofahrer, d. h. der Bereitschaft, zur Behebung wahrgenommener Defizite und damit zur Befriedigung von Bedürfnissen, Geld auszugeben (Kap. „Ältere Autofahrer: Untersuchung und Stichprobe im Projekt ALFASY"), werden Erklärungen der Zahlungsbereitschaft für altersgerechte Fahrerassistenzsysteme gesucht (Abschn. 2.1). Aber auch Erklärungen der Akzeptanz technischer Systeme, jeweils in Abhängigkeit von Alter. Akzeptanz (Abschn. 2.2) sowie Betroffenheit durch kritische Lebensereignisse (Abschn. 2.3), dürften die Zahlungsbereitschaft beeinflussen.

2.1 Erklärung der Marktpotenziale (Zahlungsbereitschaft) für Fahrerassistenzsystem bei älteren Fahrern

Die Erklärung der Marktpotenziale von Fahrerassistenzsystemen für ältere Fahrer stützt sich auf die Haushaltstheorie und Erklärungen des intertemporalen Konsums (Proff 2019). Gemäß der Theorie des Haushalts kann ein Haushalt wie ein Individuum den gegenwärtigen und zukünftigen Konsum einkommensabhängig optimieren (Varian 2014, Kap. „Fahrerassistenzsysteme im Kontext altersgerechter HMI-Gestaltung"). Da die Annahme unrealistisch ist, sie seien vollständig informiert, werden Warenkörbe mit Gütern und Dienstleistungen unterschieden, z. B. Güter des täglichen Bedarfs, Gebrauchsgüter und Luxusgüter, die sich mit dem Alter verändern (vgl. Abb. 1).

Untersuchungen belegen einen buckelförmigen („hump-shaped") Verlauf der Kurve der Konsumausgaben über den gesamten Lebenszyklus (z. B. Yang 2009; Fernández-Villaverde & Krueger 2007). Die Theorie des intertemporalen Konsums (Blundell et al. 1994), die den Zusammenhang zwischen Alter und Nachfrage über Warenkörbe erklärt, bestätigt die Ergebnisse. Es wird unterstellt, dass ein Haushalt seine Konsumausgaben so bestimmt, dass der Grenznutzen des Einkommens im Laufe des Lebens gleichbleibt. Das bedeutet, dass z. B. junge Menschen zuerst ihre Grundbedürfnisse decken und im mittleren Alter, wenn die Nachfrage gesättigt ist, zusätzliche und weniger rationale

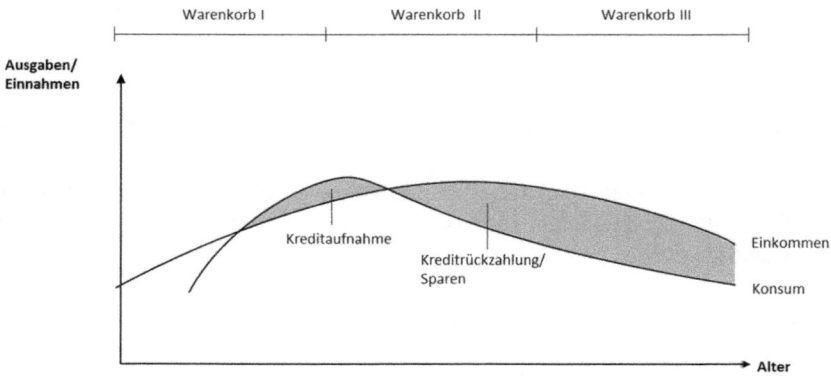

Abb. 1 Mobilitätsbedarf (Konsum) abhängig vom Alter der Konsumenten. (Quelle: Proff 2019 bezogen auf Blundell et al. 1994)

Bedürfnisse befriedigen. Sie können dann die erwarteten zukünftigen Einkommen, die Einkommensrisiken und die Sparneigung realistischer einschätzen (Proff 2019 bezogen auf Miles 1997). Entsprechend der ungleichmäßigen Verteilung der Einkommens- und Verbrauchskurven über den Lebenszyklus (vgl. ebenfalls Abb. 1) sind auch Kreditaufnahme, Kreditrückzahlung und Ersparnis ungleichmäßig über den Lebenszyklus verteilt.

Aus dem intertemporalen Konsumverhalten von Haushalten mit altersbedingt unterschiedlichen Bedürfnissen lassen sich Warenkörbe ableiten (z. B. Moschis 2012 sowie Abb. 1):

- Warenkorb I junger Haushalte (Grundbedürfnisse),
- Warenkorb II einer durchschnittlichen Familie mittleren Alters mit jüngeren Kindern (Grund- und Luxusbedürfnisse, insbesondere Personen mittleren Alters) und
- Warenkorb III von Rentnerhaushalten (Güter des Ersatzbedarfs, insbesondere für ältere Menschen).

Die Bevölkerungskohorten entsprechen – zumindest in Deutschland – in etwa den Altersgruppen unter 25-Jährige, 25 bis 65-Jährige und über 65-Jährige. Diese Altersverteilung weist allerdings erhebliche länderspezifische Unterschiede auf, da sowohl die Mobilitätsoptionen als auch die Freiheitsgrade der Mobilitätsnachfrage in den einzelnen Ländern unterschiedlich sind (Proff 2019). Selbst in der Gruppe der älteren Menschen (über 65-Jährige mit Warenkorb III) sind Bedarf und Verbraucherverhalten unterschiedlich.

Abb. 1 kann erweitert werden, weil angenommen werden kann, dass ältere Menschen nicht nur Güter kaufen, um ihren Ersatzbedarf zu decken. Es kann vermutet werden (Abschn. 1), dass

- sie eine höhere Zahlungsbereitschaft für Güter haben, die die Lebensqualität verbessern (Schulz et al. 2013) und
- die Zahlungsbereitschaft für Fahrerassistenzsysteme mit dem Alter zunimmt, da sie die Lebensqualität verbessern (Souders et al. 2017; Trübswetter 2015; Davidse 2006).

Dies begründet zwei Hypothesen für die empirische Untersuchung:

H_1 Die Zahlungsbereitschaft für altersgerechte Fahrerassistenzsysteme korreliert mit dem Alter.

H_2 Die Zahlungsbereitschaft für altersgerechte Fahrerassistenzsysteme steigt mit dem Durchschnittsalter der Altersgruppen

2.2 Erklärung der Akzeptanz von Fahrerassistenzsystemen bei älteren Fahrern als Einflussfaktor auf die Zahlungsbereitschaft

Die Zahlungsbereitschaft für Fahrerassistenzsysteme steigt, wenn Technologien zur Verbesserung der Sicherheit sozial erwünscht sind (Schleiffer 2020). Technologie-Akzeptanzmodelle versuchen, die Akzeptanz neuer Produkte und Dienstleistungen sowie Nutzung bzw. Nichtnutzung zu erklären (z. B. Dudenhöffer 2015; Proff & Fojcik 2014).

Die betriebswirtschaftliche Forschung bezieht sich zur Untersuchung der Akzeptanz in einer Vielzahl von Modellen auf die Informatik, die Psychologie und die Soziologie (z. B. Venkatesh & Bala 2008; Venkatesh & Davis 2000; Davis et al. 1989). Sie begründen verhaltenstheoretisch die Absicht, Produkte und Dienstleistungen zu nutzen (Ajzen & Fishbein 1980). Nach einem Überblick über verbreitete Erklärungen der Akzeptanz (1), wird das Modell zur Untersuchung der Akzeptanz neuer Technologien im ALFASY-Projekt beschrieben (2).

(1) Erklärungen der Akzeptanz
Grundlage vieler Akzeptanzmodelle sind die Theorie des überlegten Handelns, die Theorie des geplanten Verhaltens und ein Technologie-Akzeptanzmodell.

Die Theorie des überlegten Handelns (Theory of Reasoned Action, TRA) von Ajzen und Fishbein (1980) erklärt das tatsächliche Verhalten aus einer Verhaltensabsicht bzw. Nutzungsintention, die sich aus der Einstellung zum Verhalten und einer „subjektiven Norm" als Wahrnehmung eines sozialen Drucks ergibt (Ajzen & Fishbein 1980 und Abb. 2). Sie wurde erweitert durch die Theorie des geplanten Verhaltens (Theory of Planned Behavior, TPB), die neben Einstellung und subjektiver Norm die „wahrgenommene Verhaltenskontrolle" als dritten Einflussfaktor auf die Verhaltensabsicht aufnimmt, der mit den anderen Einflussfaktoren in einer Wechselwirkung steht (Ajzen 1991 und Abb. 2). Es wird davon ausgegangen, dass ein Verhalten umso wahrscheinlicher ist, je größer die subjektive Überzeugung ist, über genügend Möglichkeiten und Ressourcen, u. a. Fähigkeiten, zu verfügen, um die Verhaltensabsicht zu realisieren (vgl. z. B. Dudenhöffer 2015).

Davis et al. (1989) entwickelten auf Grundlage der Theorie des geplanten Verhaltens ein Technologie-Akzeptanz-Modell (TAM 1), das den „wahrgenommenen Nutzen" und die „wahrgenommene Einfachheit der Nutzung" als Haupteinflussfaktoren auf die Nutzungsintention und damit auf das Nutzungsverhalten sieht. Mit Ergänzungen ist dieses Modell Grundlage vieler Untersuchungen zur Akzeptanz neuer Technologien bzw. technologischer Innovationen. Verbreitet ist das Technologie-Akzeptanz-Modell 2 (TAM 2, Venkatesh & Davis 2000),

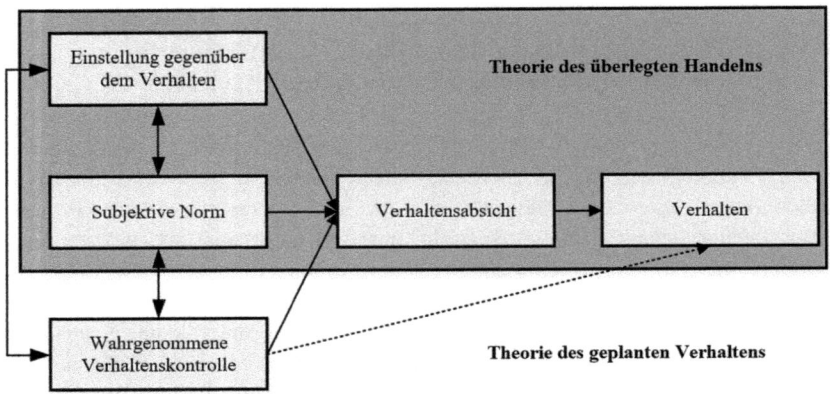

Abb. 2 Theorie des überlegten Handelns und Theorie des geplanten Verhaltens. (Quelle: nach Ajzen & Fishbein 1980)

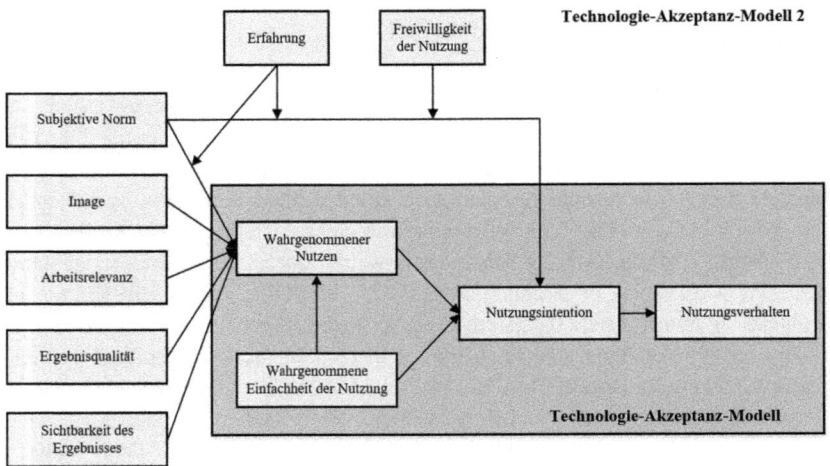

Abb. 3 Technologie-Akzeptanz-Modell 2. (Quelle: Venkatesh, Davis 2000)

das subjektive Norm, Image, Arbeitsrelevanz, Qualität und Sichtbarkeit des Ergebnisses als Einflussfaktoren auf den „wahrgenommenen Nutzen" sowie „Erfahrung" und „Freiwilligkeit der Nutzung" als Moderatorvariablen berücksichtigt (Abb. 3).

**(2) Untersuchungsmodell der Akzeptanz altersgerechter Fahrerassistenz-
systeme im Projekt ALFASY**

Das Technologie-Akzeptanz-Modell 2 (TAM 2) bildet im Projekt ALFASY die
Grundlage des Modells zur Untersuchung der Akzeptanz altersgerechter Fahrerassistenzsysteme (Abb. 4), weil es eine Vielzahl von Einflussfaktoren auf die
Nutzungsintention zulässt und sich dadurch gut anpassen lässt. Wie im Modell
TAM 2 wurde die „Nutzungsintention", d. h. die Stärke der Bereitschaft, ein
Fahrerassistenzsystem zu nutzen, als abhängige Variable übernommen und
angenommen, dass sich damit das tatsächliche Verhalten voraussagen lässt (vgl.
z. B. Dudenhöffer 2015). Im Untersuchungsmodell wurden drei weitere Variablen
des TAM 2-Modells übernommen, deren Einfluss auf die Nutzungsabsicht und
damit Akzeptanz in vielen Studien bestätigt wurde (z. B. Fagan et al. 2008; Kwon
et al. 2007):

1. „subjektive Norm" als der wahrgenommene Druck durch das Umfeld auf eine
   Person, ein bestimmtes System zu nutzen oder nicht zu nutzen.
2. „wahrgenommene Einfachheit der Nutzung" als der Aufwand, den eine Person
   für erforderlich hält, um ein System nutzen zu können und
3. „wahrgenommener Nutzen" des Systems für eine Tätigkeit.

Für die Ermittlung der Akzeptanz altersgerechter Fahrerassistenzsysteme wurden
noch zwei Variablen ergänzt, deren Bedeutung die Voruntersuchung gezeigt hat
(Kap. „Ältere Autofahrer: Untersuchung und Stichprobe im Projekt ALFASY"):

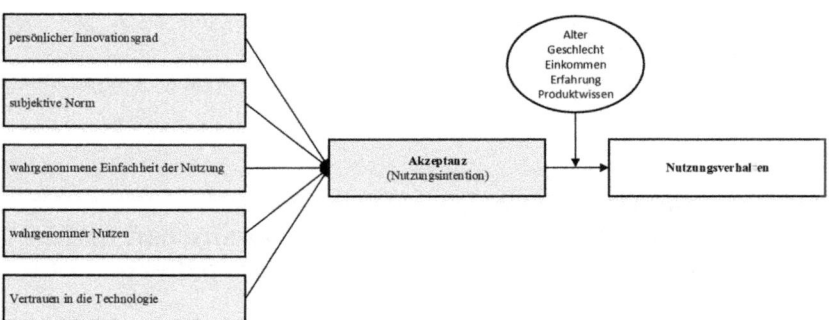

Abb. 4 Akzeptanzmodell der Untersuchung im ALFASY-Projekt

4. „persönlicher Innovationsgrad" als der Enthusiasmus, eine Technologie und Innovation frühzeitig zu erproben (vgl. Agarwal & Prasad 1998; Midgley & Dowling 1978).

5. „Vertrauen in die Technologie" als die Bereitschaft, sich trotz Risiken einer Technologie anzuvertrauen in Erwartung eines positiven Ergebnisses, d. h. eines Nutzens, wenn z. B. ein Assistenzsystem in ein Fahrzeug eingebaut ist (Mayer et al. 1995 und zum Einfluss auf die Akzeptanz z. B. Kaur & Rampersad 2018).

Moderierende Variablen der ALFASY-Untersuchung sind außer Geschlecht, Einkommen, Erfahrung und Produktwissen vor allem das Alter der Befragten (vgl. Kap. „Ältere Autofahrer: Untersuchung und Stichprobe im Projekt ALFASY"), das angesichts des demografischen Wandels in Akzeptanzmodellen immer mehr berücksichtigt wird. Nach einer Untersuchung von Souders und Charness (2016) zur Einstellung älterer Menschen (55-Jährige und älter) zu Fahrerassistenzsystemen, nimmt die Bereitschaft, sie zu nutzen, mit steigendem Alter zu. Braun et al. (2019) können zeigen, dass die Akzeptanz bei den über 65-Jährigen besonders hoch ist, wobei Assistenzsysteme mit einem geringeren Grad an Autonomie eher akzeptiert werden.

Das Untersuchungsmodell (Abb. 4) vermutet, dass mit steigendem Alter Akzeptanz und Zahlungsbereitschaft für altersgerechte Fahrerassistenzsysteme zunehmen.

H_3 Die Akzeptanz altersgerechter Fahrerassistenzsysteme korreliert mit dem Alter.

H_4 Die Akzeptanz altersgerechter Fahrerassistenzsysteme *steigt* mit dem Durchschnittsalter der Altersgruppen.

H_5 Die Akzeptanz beeinflusst signifikant positiv die Zahlungsbereitschaft für altersgerechte Fahrerassistenzsysteme

2.3 Erklärung des Einflusses kritischer Lebensereignisse auf die Zahlungsbereitschaft und Akzeptanz von Fahrerassistenzsystemen durch ältere Fahrer

Nicht nur Einkommen, auch kritische Ereignisse im Laufe des Lebens können das Kaufverhalten beeinflussen, sodass das Alter nicht linear die Bedürfnisse und den Bedarf bestimmt (vgl. Elder 1994). In eine Untersuchung altersgerechter

Fahrerassistenzsysteme sollten deshalb kritische Ereignisse im Leben älterer Menschen einbezogen werden (vgl. Horlacher 2000; Filipp 1995). Solche Untersuchungen gehen auf psychologische Forschungen zurück. Sie stützen sich heute meist auf die Lebensverlaufstheorie („life course theory", Elder 1994; Fuchs-Heinritz 2009). Empirisch wird hier die Annahme einer psychosozialen Verursachung psychischer und körperlichen Erkrankungen überprüft und unterstellt, dass kritische Lebensereignisse, die nicht vorhersehbar sind, zu psychischen Störungen beitragen können (vgl. Filipp 1995).

Kritische Ereignisse treten nicht in einem bestimmten Alter auf, nehmen jedoch mit dem Alter zu. Es wird unterschieden zwischen altersnormierten Ereignissen wie Studium, Berufseinstieg, Familiengründung und Ende der beruflichen Tätigkeit (vgl. z. B. Montada 2008) und nicht altersnormierten Ereignissen wie Arbeitslosigkeit, lebensbedrohliche Krankheiten, Tod des Partners oder von Angehörigen (vgl. Abb. 5).

Lebensereignisse wie Geburt eines Kindes, Trennung, Tod des Lebenspartners oder Krankheiten beeinflussen die Wahl der Verkehrsmittel (vgl. Chatterjee & Scheiner 2015; Müggenburg & Lanzendorf 2015), den Besitz eines Fahrzeuges (vgl. Clark et al. 2016) und auch die Nutzung von Carsharing (vgl. Uteng et al. 2019).

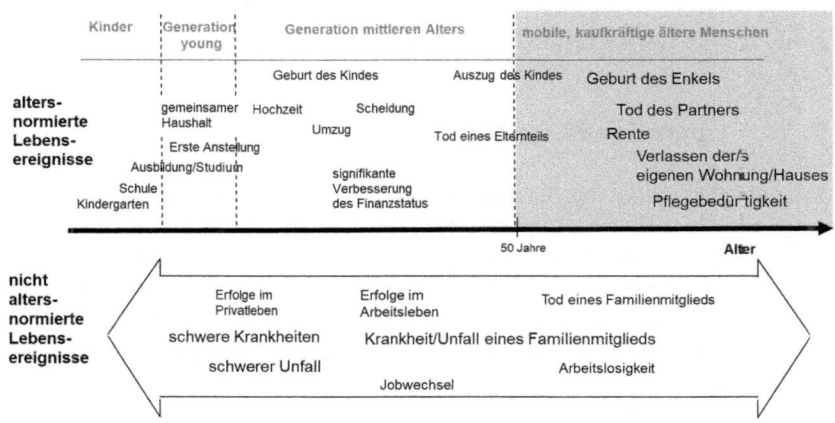

Abb. 5 Kritische Ereignisse im Laufe des Lebens. (Quelle: Proff 2019 bezogen auf Montada 2008; Elder 1994)

Als relevante Ereignisse für die Zahlungsbereitschaft und Akzeptanz von Fahrerassistenzsystemen wurden im ALFASY-Projekt das Ende der Berufstätigkeit, der Tod des Partners, Geburt des ersten Enkelkindes, ein Verkehrsunfall (selbst- wie fremdverschuldet) und eine schwere oder chronische Krankheit überprüft:

H_6 Akzeptanz und Zahlungsbereitschaft für altersgerechte Fahrerassistenzsystem werden durch folgende kritische Lebensereignisse beeinflusst: a) Ende der Berufstätigkeit, b) Tod des Partners, c) Geburt des ersten Enkelkindes, d) selbstverschuldeter Verkehrsunfall, e) fremdverschuldeter Verkehrsunfall, f) schwere Krankheit und g) chronische Krankheit.

3   Konzept der Untersuchung von Akzeptanz und Zahlungsbereitschaft

Die Hypothesen einer steigenden Zahlungsbereitschaft (H_1 und H_2) und Akzeptanz (H_3 bis H_5) für altersgerechte Fahrerassistenzsysteme mit zunehmendem Alter und mit Anstieg des Durchschnittsalters der Altersgruppen wurden empirisch überprüft. Die Stichproben der Untersuchungen sind in Kap. „Ältere Autofahrer: Untersuchung und Stichprobe im Projekt ALFASY" dargestellt. Im Folgenden werden die Operationalisierung der Variablen (Abschn. 3.1) und der Untersuchungsansatz Abschn. 3.2) präsentiert.

3.1   Operationalisierung der Variablen

Wie erwähnt, wird die Zahlungsbereitschaft durch den Preis definiert, den ein Kunde für ein Produkt oder eine Dienstleistung höchstens zu zahlen bereit ist (vgl. Proff 2019; Miller et al. 2011). Die Preisabfrage erfolgt direkt über individuelle Teilnutzenwerte (z. B. Proff et al. 2018). Im Projekt ALFASY wurde zur Ermittlung der Zahlungsbereitschaft für Fahrerassistenzsysteme ein Verfahren gewählt, das an das Vorgehen von van Westendorp (1976) angelehnt ist (vgl. auch Kloss & Kunter 2016).

Es ist anzunehmen, dass Kaufinteressenten zwar eine Vorstellung haben, wie viel sie für ein Fahrerassistenzsystem zu zahlen bereit sind, jedoch keinen genauen Preis und kein Preisintervall zwischen einem Minimal- und einem Maximalpreis nennen können. Deshalb lässt sich kein Durchschnittspreis oder präferierter Preis für die fünf ausgewählten Fahrerassistenzsysteme

(Querverkehrsassistent, Einparkhilfe, Totwinkelassistent, Spurhalteassistent und Reifendruckkontrollsystem) der Voruntersuchung ermitteln (Proff et al. 2018; Simon & Fassnacht 2016). Die Probanden wurden daher nicht danach befragt, da vor allem ältere Personen einige oder alle dieser Assistenzsysteme vermutlich gar nicht kennen werden, weil sie in ihre Fahrzeuge nicht eingebaut sind und ein eventueller Aufpreis ihnen nicht bekannt ist. Deshalb müssen sie einen Lernprozess mit neuem Wissen durchlaufen (vgl. z. B. Leifer et al. 2001). Da eine Ableitung „optimaler Preise" ebenfalls nicht möglich ist (vgl. Roll et al. 2018), wurde das van Westendorp-Verfahren leicht verändert: Statt einer offenen Preisaussage mit den Ausprägungen „zu teuer" oder „teuer", „billig" oder „zu billig" wurden die Probanden gebeten, vorgegebene Preisbereiche zu bewerten. Diese wurden in Abstimmung mit dem Projektpartner Ford definiert (z. B. für einen Querverkehrsassistent weniger als 290 €, 290 bis 580 €, 580 bis 870 € und mehr als 870 €). Die Zahlungsbereitschaft für ein bestimmtes Fahrerassistenzsystem wurde dann durch Aggregation der Antworten (Proff 2019) zu insgesamt neun Items (Preisvorgaben) ermittelt, davon drei Items zu einer visuellen, drei zu einer visuell-haptischen und drei zu einer visuell-akustischen Variante der fünf Fahrerassistenzsysteme.

Die Akzeptanz (Nutzungsintention als abhängige Variable) der fünf Fahrerassistenzsysteme wurde über fünf unabhängige Variablen erfasst (vgl. Abschn. 2.2 (2)): 1) subjektive Norm, 2) wahrgenommene Einfachheit der Nutzung, 3) wahrgenommener Nutzen, 4) persönlicher Innovationsgrad und 5) Vertrauen in die Technologie. Der Fragebogen enthält alle sechs Variablen mit insgesamt 14 Items (Tab. 1) auf einer 7er-Likert-Skala von (1) „stimme gar nicht zu" bis (7) „stimme voll und ganz zu".

Auch die moderierenden Variablen Geschlecht, Alter, Einkommen, Erfahrung, Produktwissen sowie die kritischen Lebensereignisse a) Ende der Berufstätigkeit, b) Tod des Partners, c) Geburt des ersten Enkelkindes, d) selbstverschuldeter Verkehrsunfall, e) fremdverschuldeter Verkehrsunfall, f) schwere Krankheit und g) chronische Krankheit wurden in der Voruntersuchung auf einer 7-stufigen Likert-Skala von 1 (sehr niedrig) bis 7 (sehr hoch) erhoben.

3.2   Untersuchungsansatz

Zunächst wurden der Zusammenhang zwischen Alter und Zahlungsbereitschaft für altersgerechte Fahrerassistenzsysteme (H_1) und die Signifikanz der Unterschiede zwischen den drei Altersgruppen älterer Menschen (H_2) untersucht, dann

Tab. 1 Operationalisierung der Variablen

a) Operationalisierung der unabhängigen Variablen

Variable	Operationalisierung		Quelle
persönlicher Innovationsgrad	PERIN_01	Ich bin neuen Produkten gegenüber aufgeschlossen	Lee (2019); Königstorfer (2008); Rogers (2003); Parasuraman (2000)
	PERIN_02	Ich finde es interessant, neue Produkte auszuprobieren	
	PERIN_03	Ich halte regelmäßig Ausschau nach neuen Produkten	
	PERIN_04	Ich bin meistens der-/diejenige, der/die andere über neue Produkte informiert	
subjektive Norm	SN_01	Menschen, die mir wichtig sind, würden es begrüßen, wenn ich das Fahrerassistenzsystem nutzen würde	Taylor und Todd (1995); Venkatesh und Davis (2000); Venkatesh et al. (2003)
	SN_02	Menschen, die mein Verhalten beeinflussen, würden es begrüßen, wenn ich das Fahrerassistenzsystem nutzen würde	
wahrgenommene Einfachheit der Nutzung	WEDN_01	Es wäre einfach für mich, den Umgang mit dem Fahrerassistenzsystem zu erlernen	Davis et al. (1989); Venkatesh et al. (2003)
	WEDN_02	Ich sehe keine großen Schwierigkeiten darin, das Fahrerassistenzsystem zu bedienen	
wahrgenommener Nutzen	WN_01	Das Fahrerassistenzsystem ist eine gute Idee	Ajzen (1991); Davis et al. (1989); Taylor und Todd (1995); Venkatesh und Davis (2000); Venkatesh et al. (2003)
	WN_02	Ich würde das Fahrerassistenzsystem als sinnvoll empfinden	
Vertrauen in die Technologie	VER_01	Das Fahrerassistenzsystem ist technisch zuverlässig	Gefen et al. (2003); Pavlou (2003); Saeed et al. (2003); McKnight et al. (2011)
	VER_02	Ich kann dem Fahrerassistenzsystemen vertrauen	

b) Operationalisierung der abhängigen Variablen

Variable	Operationalisierung		Quelle
Zahlungsbereitschaft	ZB_01	Ich halte den Preis von weniger als 290€ für das Fahrerassistenzsystem für „zu teuer" oder „teuer", „billig" oder „zu billig"	Van Westendorp (1976)
	ZB_02	Ich halte den Preis von 290€ bis 580€ für das Fahrerassistenzsystem für „...„zu teuer" oder „teuer", „billig" oder „zu billig"	
	ZB_04	Ich halte den Preis von 580€ bis 870€ für das Fahrerassistenzsystem für „...„zu teuer" oder „teuer", „billig" oder „zu billig"	
	ZB_04	Ich halte den Preis von mehr als 870€ für das Fahrerassistenzsystem für „...„zu teuer" oder „teuer", „billig" oder „zu billig"	
Nutzungsintention	NI_01	Ich kann mir vorstellen, dass Fahrerassistenzsystem zu nutzen	Davis et al. (1989); Venkatesh et al. (2003)
	NI_02	Ich kann mir vorstellen, dass Fahrerassistenzsystem in meinem Fahrzeug zu haben	

der Zusammenhang zwischen Alter und Akzeptanz der Fahrerassistenzsysteme (H_3) und wiederum die Signifikanz der Unterschiede zwischen den Altersgruppen älterer Menschen (H_4). Schließlich wurde der Zusammenhang zwischen Akzeptanz und Zahlungsbereitschaft überprüft (H_5) und der Einfluss kritischer Lebensereignisse (H_6) untersucht. Abb. 6 zeigt das Untersuchungsmodell.

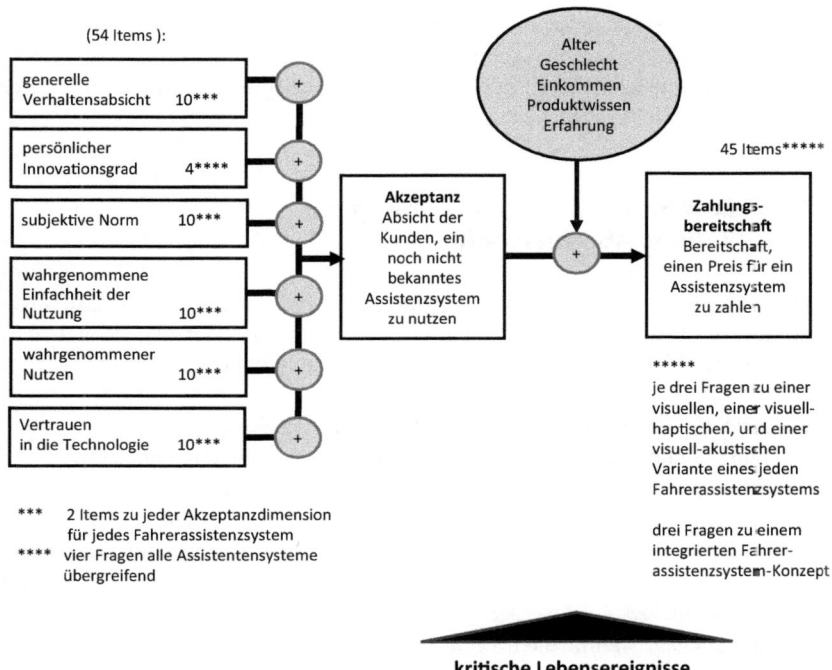

Abb. 6 Untersuchungsmodell der Einflussfaktoren auf die Zahlungsbereitschaft

4 Ergebnisse der Untersuchung der Marktpotenziale altersgerechter Fahrerassistenzsysteme für ältere Fahrer (erste Hauptuntersuchung)

Die erste Hauptuntersuchung mit 181 Probanden im Alter von 50 Jahre und älter fand 2018 in einem Fahrsimulator an der Universität Duisburg-Essen statt. Knapp 80 % waren männlich, das Durchschnittsalter lag bei 65,4 Jahren (SD = 7,945). 27 % waren zwischen 50 und 59 Jahren, 42 % zwischen 60 und 69 Jahren und die übrigen über 70 Jahre, davon mehr als die Hälfte zwischen 70 und 74 (vgl. Kap. „Ältere Autofahrer: Untersuchung und Stichprobe im Projekt ALFASY").

Die meisten Probanden hatten ein Einkommen zwischen 2000 und 3000 € pro Monat. Erfahrungen mit altersgerechten Fahrerassistenten und Produktkenntnisse waren sehr unterschiedlich ausgeprägt. Als Vergleichsgruppe wurden 46 jüngere Autofahrer (unter 50 Jahre) befragt.

4.1 Ergebnisse der Untersuchung der Zahlungsbereitschaft

Zunächst werden die Ergebnisse der Korrelation zwischen Alter und Zahlungsbereitschaft für altersgerechte Fahrerassistenzsysteme gezeigt (1), dann Unterschiede der Zahlungsbereitschaft zwischen den Altersgruppen (2).

(1) Korrelation zwischen Alter und Zahlungsbereitschaft
Alter und Zahlungsbereitschaft älterer Autofahrer korrelieren nur bedingt. Die Korrelation ist signifikant beim Totwinkelassistenten $(r(181) = {,}182,\ p < {,}01)$ und Reifendruckkontrollsystem $(r(181) = {,}240,\ p < {,}001)$. Nicht signifikant ist die Korrelation beim Querverkehrsassistenten, bei der Einparkhilfe und beim Spurhalteassistenten, d. h. die Hypothese H_1 kann nur für zwei der fünf Fahrerassistenzsysteme bestätigt werden (Tab. 2). Von den Kontrollvariablen hat nur das Einkommen einen signifikanten Einfluss auf die Zahlungsbereitschaft, Erfahrung und Produktwissen jedoch nicht. Die Zahlungsbereitschaft nimmt mit steigendem Einkommen zu.

Diese Ergebnisse stimmen mit der Beobachtung von Elder (1994) überein (Abschn. 1 und 2.3), dass zwischen Alter und Bedarf kein eindeutiger linearer

Tab. 2 Korrelationstabelle Zahlungsbereitschaft (n = 181)

	1. Alter	2. Erf.	3. Prod.-wis.	4. Netto-ein.	5. ZB QVA	6. ZB EPH	7. ZB TWA	8. ZB SHA	9. ZB RDKS
1. Alter	-								
2. Erfahrung	,029	-							
3. Produktwissen	,024	,708**	-						
4. Nettoeinkommen	-,058	,241**	,363**	-					
5. ZB QVA	,057	,051	,005	,005	-				
6. ZB EPH	,126	,060	-,057	,087	,652**	-			
7. ZB TWA	,182*	,121	,025	,116	,645**	,779**	-		
8. ZB SHA	,100	,022	,014	,123	,680**	,675**	,634**	-	
9. ZB RDKS	,240**	,064	,020	,074	,494**	,629**	,588**	,603**	-

* Korrelation ist auf 0,01-Level signifikant (zweiseitig)   QVA = Querverkehrassistent

** **Korrelation ist auf 0,05-Level signifikant (zweiseitig)**   EPH = Einparkhilfe

ZB = Zahlungsbereitschaft   TWA = Totwinkelassistent

                                                                   SHA = Spurhalteassistent

                                                                   RDKS = Reifendruckkontrollsystem

Zusammenhang besteht. Sie stützen die Notwendigkeit einer Untersuchung von Altersgruppen älterer Fahrer.

(2) Unterschiede der Zahlungsbereitschaft zwischen den Altersgruppen
Mit Hilfe eines Zwei-Stichproben t-Tests für ungepaarte Stichproben sollten auf einem Signifikanzniveau von $p \leq 0,05$ (hoch signifikant) und $p \leq 0,10$ (leicht signifikant) Unterschiede der Zahlungsbereitschaft zwischen den drei Altersgruppen (50–59 Jahre, 60–69 Jahre und 70 Jahre und älter) herausgefunden werden. Alle Altersgruppen wurden miteinander verglichen (Tab. 3). Die Varianzgleichheit wurde bei gleichem Signifikanzniveau ($p \leq 0,05$) mit dem Levene-Test bestimmt.

Tab. 3 Zahlungsbereitschaft älterer Fahrer für Fahrerassistenzsysteme nach Altersgruppen (Zwei-Stichproben t-Test für ungepaarte Stichproben, n = 181)

	Gruppe	N	Mittelwert	St.-Ab.	T	df	p	Hypothese
a) Querverkehrsassistent	50-59	49	319,59	175,05	-,859	123	,392	verworfen
	60-69	76	349,14	195,51				
	60-69	76	349,14	195,51	,554	130	,580	verworfen
	70-90	56	331,43	160,54				
	50-59	49	319,59	175,05	-,361	103	,719	verworfen
	70-90	56	331,43	160,54				
b) Einparkhilfe	50-59	49	300,10	108,91	-2,311	123	,022	angenommen
	60-69	76	365,39	177,17				
	60-69	76	365,39	177,17	,220	130	,826	verworfen
	70-90	56	358,39	185,24				
	50-59	49	300,10	108,91	-1,929	103	,053	angenommen
	70-90	56	358,39	185,24				
c) Totwinkelassistent	50-59	49	269,29	125,57	-2,518	123	,013	angenommen
	60-69	76	341,51	173,52				
	60-69	76	341,51	173,52	-,094	130	,925	verworfen
	70-90	56	344,38	171,70				
	50-59	49	269,29	125,57	-2,526	103	,013	angenommen
	70-90	56	344,38	171,70				
d) Spurhalteassistent	50-59	49	296,33	151,02	-1,931	123	,054	angenommen
	60-69	76	356,38	180,77				
	60-69	76	356,38	180,77	,520	130	,604	verworfen
	70-90	56	340,36	166,52				
	50-59	49	296,33	151,02	-1,411	103	,090	verworfen
	70-90	56	340,36	166,52				
e) Reifendruckkontrollsystem	50-59	49	204,08	75,23	-2,723	123	,007	angenommen
	60-69	76	256,58	120,58				
	60-69	76	256,58	120,58	-,565	130	,573	verworfen
	70-90	56	270,09	154,06				
	50-59	49	204,08	75,23	-2,727	103	,008	angenommen
	70-90	56	270,09	154,06				

Bei einer Varianzheterogenität wurde der Welch's t-Test zur Bestimmung signifikanter Unterschiede verwendet. Der Pearson-Korrelationskoeffizient zeigt die Korrelation zwischen Alter und Zahlungsbereitschaft.

Tab. 3 lässt erkennen, dass die Zahlungsbereitschaft tendenziell mit dem Alter zunimmt. Die Mittelwerte sind für alle fünf Fahrerassistenzsysteme in den beiden höheren Altersgruppen (60–69 Jahre sowie 70 Jahre und älter) höher als in der jüngeren Altersgruppe (50–59 Jahre). Eine differenzierte Auswertung zeigt Unterschiede zwischen den Fahrerassistenzsystemen.

Für vier der fünf abgefragten Fahrerassistenzsysteme (Einparkhilfe, Totwinkelassistent, Spurhalteassistent, Reifendruckkontrollsystem) konnte Hypothese H_2 (die Zahlungsbereitschaft älterer Fahrer für altersgerechte Fahrerassistenzsysteme steigt mit dem Durchschnittsalter der unterschiedenen Altersgruppen) bestätigt werden. Tab. 3 zeigt z. B. signifikante Unterschiede in den Aussagen zur Einparkhilfe (Tab. 3b): die Zahlungsbereitschaft der Älteren (60 Jahre und älter) ist signifikant höher als die der Jüngeren (50–59 Jahre). Bei genauerer Betrachtung ist sie zwar in der Gruppe der 60–69 Jährigen leicht, aber nicht signifikant höher (Mittelwert $M = 365,39$ mit $SD = 177$) als in der Altersgruppe der 70 Jährigen und älter ($M = 358,39$ mit $SD = 185,24$), in beiden Gruppen aber signifikant höher als in der jüngeren Altersgruppe ($M = 300,10$; $SD = 108,91$). Auch beim Totwinkelassistent (Tab. 3c), beim Spurhalteassistent (Tab. 3d) und beim Reifendruckkontrollsystem (Tab. 3e) ist die Zahlungsbereitschaft der Älteren höher als die der Jüngeren mit dem Unterschied, dass sie beim Totwinkelassistent und beim Reifendruckkontrollsystem in der der Altersgruppe der 70-Jährigen und älter am höchsten ist. Beim Spurhalteassistent sowie bei der Einparkhilfe ist die Zahlungsbereitschaft in der Altersgruppe 60–69 Jahre am höchsten.

Zwar gelten die Aussagen tendenziell auch für den Querverkehrsassistenten (Tab. 3a), jedoch sind die Ergebnisse nicht signifikant. Die Altersgruppe der 60–69-jährigen Fahrer lässt die höchste Zahlungsbereitschaft erkennen ($M = 349,14$; $SD = 195,51$), gefolgt von der Altersgruppe der 70-Jährigen und älter ($M = 331,43$; $SD = 160,54$) und der Altersgruppe 50–59 Jahre ($M = 319,59$; $SD = 175,05$).

Die Befragung der drei Altersgruppen älterer Fahrer (50–59 Jahre, 60–69 Jahre, 70 Jahre und älter) nach der Zahlungsbereitschaft zeigte somit, dass vor allem Personen im höheren Alter mehr für sicherheitsrelevante Assistenzsysteme (Querverkehrsassistent, Einparkhilfe, Totwinkelassistent, Spurhalteassistent und Reifendruckkontrollsystem) zu zahlen bereit sind, bei vier Assistenzsystemen signifikant mehr. Die Untersuchungshypothese wird daher deutlich bestätigt. Dieses Ergebnis zeigt ebenfalls, dass eine Differenzierung nach Altersgruppen prinzipiell notwendig ist.

4.2   Ergebnisse der Untersuchung der Akzeptanz

In diesem Abschnitt werden zunächst (1) die Ergebnisse der Korrelation zwischen Alter und Akzeptanz von altersgerechten Fahrerassistenzsystemen zusammengefasst, dann (2) Unterschiede der Akzeptanz zwischen den Altersgruppen und abschließend (3) der Einfluss der Akzeptanz auf die Zahlungsbereitschaft.

(1) Korrelation zwischen Alter und Akzeptanz
Die Untersuchung der Korrelation zwischen Alter und Akzeptanz der ausgewählten Fahrerassistenzsysteme brachte keine signifikanten Ergebnisse. Hypothese H_3 muss damit für diese Fahrerassistenzsysteme verworfen werden (vgl. Tab. 4). Es zeigte sich allerdings, dass mit der Erfahrung und dem Produktwissen die Akzeptanz altersgerechter Fahrerassistenzsysteme insbesondere bei älteren Fahrern zunimmt. Diese Ergebnisse zeigen auch, dass zwischen Alter und Akzeptanz kein eindeutiger linearer Zusammenhang besteht und stützen somit die Notwendigkeit einer Differenzierung nach Altersgruppen älterer Fahrer.

Tab. 4   Korrelationstabelle Akzeptanz (n = 181)

	1. Alter	2. Erf.	3. Prod.-wis.	4. Netto-ein.	5. Akz. QVA	6. Akz. EPH	7. Akz. TWA	8. Akz. SHA	9. Akz. RDKS
1. Alter	-								
2. Erfahrung	,029	-							
3. Produktwissen	,024	,708**	-						
4. Nettoeinkommen	-,058	,241**	,363**	-					
5. Akz. QVA	,007	,247**	,289**	,136	-				
6. Akz. EPH	,112	,221**	,296**	,257**	,680**	-			
7. Akz. TWA	,135	,262**	,326**	,132	,714**	,744**	-		
8. Akz. SHA	,041	,270**	,308**	,165*	,606**	,657**	,736**	-	
9. Akz. RDKS	,025	,239**	,290**	,145	,617**	,589**	,620**	,621**	-

* Korrelation ist auf 0,01-Level signifikant (zweiseitig)   QVA = Querverkehrsassistent

** **Korrelation ist auf 0,05-Level signifikant (zweiseitig)**   EPH = Einparkhilfe

ZB = Zahlungsbereitschaft   TWA = Totwinkelassistent

SHA = Spurhalteassistent

RDKS = Reifendruckkontrollsystem

Werden die einzelnen Einflussfaktoren auf die Akzeptanz betrachtet, zeigt sich, dass der wahrgenommene Nutzen den größten Einfluss auf die Nutzenintention hat, d. h. auf die Absicht, ein spezifisches Fahrerassistenzsystem zu nutzen. Einen großen direkten Einfluss hat auch die wahrgenommene Einfachheit der Nutzung. Wenn die Bedienung als einfach erachtet wird, steigt die Nutzungsabsicht. Sowohl der wahrgenommene Nutzen als auch die wahrgenommene Einfachheit der Nutzung werden zudem deutlich vom Vertrauen in die Technik beeinflusst, die damit ebenfalls die Akzeptanz beeinflusst. Der persönliche Innovationsgrad und die subjektive Norm beeinflussen die Nutzungsabsicht hingegen nur leicht.

(2) Unterschiede der Akzeptanz zwischen den Altersgruppen
Mit Hilfe des erwähnten Zwei-Stichproben t-Tests für ungepaarte Stichproben sollten wie in der Untersuchung des Zusammenhangs von Alter und Zahlungsbereitschaft mit einem Signifikanzniveau von $p \leq 0{,}05$ (hoch signifikant) und $p \leq 0{,}10$ (leicht signifikant) Unterschiede der Akzeptanz zwischen den drei Altersgruppen (50–59 Jahre, 60–69 Jahre und 70 Jahre und älter) herausgefunden werden. Auch hier wurden alle Altersgruppen miteinander verglichen (Tab. 5) und die Varianzgleichheit bei gleichem Signifikanzniveau ($p \leq 0{,}05$) mit dem Levene-Test bestimmt. Der Pearson-Korrelationskoeffizient zeigt die Korrelation zwischen Alter und Akzeptanz.

Tab. 5 lässt erkennen, dass die Akzeptanz tendenziell mit dem Alter zunimmt, die Mittelwerte sind für alle fünf Fahrerassistenzsysteme in den beiden höheren Altersgruppen (60–69 Jahre sowie 70 Jahre und älter) höher als in der jüngeren Altersgruppe (50–59 Jahre). Eine differenzierte Auswertung zeigt Unterschiede zwischen den Fahrerassistenzsystemen.

Von der Altersgruppe 60–69 Jahre werden alle fünf Assistenzsysteme am höchsten bewertet. Sie ist auch am ehesten bereit, für Fahrerassistenzsysteme zu zahlen. Die 60–69-Jährigen bewerten den Querverkehrsassistenten ($M = 5{,}73$; $SD = 0{,}911$, vgl. Tab. 5a) signifikant höher als Ältere ($M = 5{,}41$; $SD = 0{,}958$), möglicherweise auch, weil dieses Fahrerassistenzsystem der Altersgruppe weniger bekannt ist und höher als die Altersgruppe 50–59 Jahre ($M = 5{,}31$; $SD = 0{,}958$). Männer bewerten den Querverkehrsassistenten signifikant höher ($M = 5{,}58$; $SD = 0{,}923$) als Frauen ($M = 5{,}29$; $SD = 0{,}886$).

Die Einparkhilfe (Tab. 5b) und den Totwinkelassistenten (Tab. 5c) bewerten die 50–59-Jährigen ($M = 5{,}48$; $SD = 1{,}016$ bzw. $M = 5{,}28$; $SD = 1{,}264$) höher als die ältesten Probanden (70 Jahre und älter), Männer wiederum höher als Frauen.

Tab. 5 Akzeptanz der fünf Fahrerassistenzsysteme nach Altersgruppen älterer Fahrer (Zwei-Stichproben t-Test für ungepaarte Stichproben n = 181)

	Gruppe	N	Mittelwert	St.-Ab.	T	df	p	Hypothese
a) Querverkehrsassistent	50-59	49	5,31	,968	-2,468	123	,015	angenommen
	60-69	76	5,73	,911				
	60-69	76	5,73	,911	1,949	130	,053	angenommen
	70-90	56	5,41	,958				
	50-59	49	5,31	,968	-,545	103	,587	verworfen
	70-90	56	5,41	,958				
b) Einparkhilfe	50-59	49	5,48	1,016	-2,784	123	,006	angenommen
	60-69	76	5,93	,791				
	60-69	76	5,93	,791	1,021	130	,309	verworfen
	70-90	56	5,78	,897				
	50-59	49	5,48	1,016	-1,614	103	,110	verworfen
	70-90	56	5,78	,897				
c) Totwinkelassistent	50-59	49	5,28	1,264	-2,886	123	,005	angenommen
	60-69	76	5,84	,907				
	60-69	76	5,84	,907	,916	130	,361	verworfen
	70-90	56	5,70	,938				
	50-59	49	5,28	1,264	-1,913	103	,058	verworfen
	70-90	56	5,70	,938				
d) Spurhalteassistent	50-59	49	4,99	1,106	-2,496	123	,014	angenommen
	60-69	76	5,44	,890				
	60-69	76	5,44	,890	1,945	130	,054	angenommen
	70-90	56	5,11	1,063				
	50-59	49	4,99	1,106	-,552	103	,582	verworfen
	70-90	56	5,11	1,063				
e) Reifendruckkontrollsystem	50-59	49	5,33	1,141	-3,005	123	,003	angenommen
	60-69	76	5,88	,878				
	60-69	76	5,88	,878	2,765	130	,007	angenommen
	70-90	56	5,43	,966				
	50-59	49	5,33	1,141	-,477	103	,634	verworfen
	70-90	56	5,43	,966				

Umgekehrt ist es beim Spurhalteassistenten (Tab. 5d) und bei der Reifendruckkontrolle (Tab. 5e), sie werden von den 70–90-Jährigen (M = 5,11; SD = 1,063 bzw. M = 5,43; SD = 0,966) höher bewertet als von der Altersgruppe der 50–59-Jährigen. Die signifikant unterschiedlichen Ergebnisse belegen wiederum die Notwendigkeit einer Differenzierung älterer Fahrer nach Altersgruppen.

Die Befragung älterer Fahrer in der ersten Hauptuntersuchung bestätigt Hypothese H_4 (die Akzeptanz altersgerechter Fahrerassistenzsysteme *steigt* mit dem Durchschnittsalter der Altersgruppen) nur für die jüngeren Altersgruppen 50 bis 69 und für Männer.

Eine Betrachtung der einzelnen Einflussfaktoren auf die Akzeptanz zeigt nur wenige signifikante Ergebnisse. Dazu zählt, dass der Einfluss des Vertrauens auf den wahrgenommenen Nutzen für die beiden älteren Gruppen älterer Fahrer (60–69-Jährige und 70–90-Jährige) deutlich höher als für die jüngere Gruppe (50–59-Jährige). Ferner zeigt sich, dass für die Gruppe der 50–59-Jährigen der Einfluss von Menschen im Umfeld (die subjektive Norm) höher ist, als für die beiden älteren Gruppen.

(3) Einfluss der Akzeptanz auf die Zahlungsbereitschaft
Mit einer Strukturgleichungsmodellierung (Abb. 7) wird das Modell (Abb. 6) des Einflusses der Akzeptanz auf die Zahlungsbereitschaft untersucht, das alle wesentlichen Validitäts- und Reliabilitätskriterien erfüllt. Die Analyse der Pfadverbindung zeigt bei allen abgefragten Fahrerassistenzsystemen einen hoch signifikanten Einfluss der Akzeptanz auf die Zahlungsbereitschaft und bestätigt somit Hypothese H_5.

Eine Multigruppenanalyse brachte jedoch keine Hinweise auf signifikante Unterschiede der Pfadverbindung von Akzeptanz und Zahlungsbereitschaft zwischen der Untersuchungsgruppe (181 Personen der Altersgruppen 50 Jahre und älter) und der Vergleichsgruppe (46 jüngere Probanden).

Die Untersuchungsergebnisse zeigen, dass die Akzeptanz von Fahrerassistenzsystemen anders als in Hypothese H_1 erwartet, nicht eindeutig mit dem Alter korreliert. Dies bestätigt auch die Untersuchung der drei Altersgruppen, nach der – bedingt signifikant – die Akzeptanz der 60–69-Jährigen am höchsten ist. Sie korreliert mit dem Alter in den jüngeren Altersgruppen (50–69 Jahre) und beeinflusst positiv die Zahlungsbereitschaft aller Altersgruppen. Die übrigen moderierenden Variablen, z. B. Geschlechts- und Einkommensunterschiede, haben keinen signifikanten Einfluss auf die Beziehung zwischen Akzeptanz und Zahlungsbereitschaft. Jedoch ist sowohl für Personen, die über ein höheres Produktwissen und eine höhere Erfahrung mit Fahrerassistenzsystemen verfügen, der Einfluss der Akzeptanz auf die Zahlungsbereitschaft leicht erhöht (vgl. ebenfalls Abb. 7).

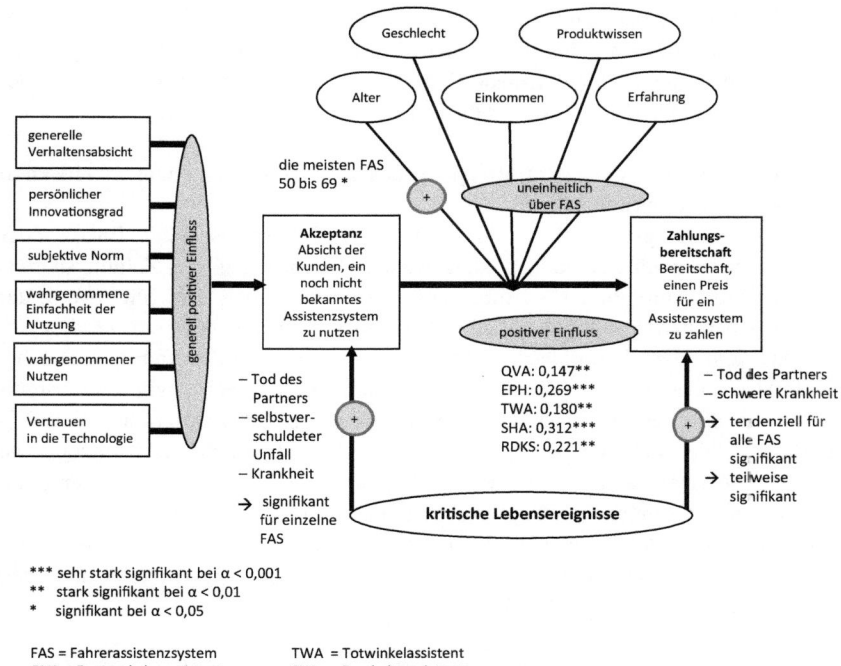

Abb. 7 Ergebnisse der Strukturgleichungsmodellierung (n = 181)

4.3 Untersuchung des Einflusses kritischer Lebensereignisse auf Akzeptanz und Zahlungsbereitschaft

Der Zwei-Stichproben t-Test für ungepaarte Stichproben wurde auch verwendet, um auf einem Signifikanzniveau von $p \leq 0,05$ die Hypothese H_6 (Einfluss kritischer Lebensereignisse auf Akzeptanz und Zahlungsbereitschaft für altersgerechte Fahrerassistenzsysteme) zu überprüfen. Dafür wurden die Probanden der Untersuchungsgruppe danach unterschieden, ob sie vorgelegte Lebensereignisse erfahren haben oder bisher nicht (Ende der Berufstätigkeit, Tod des Partners, Geburt des ersten Enkels, Tod des Partners, selbstverschuldeter Verkehrsunfall, fremdverschuldeter Verkehrsunfall, schwere Krankheit, chronische Krankheit). Die Varianzgleichheit wurde bei gleichem Signifikanzniveau ($p \leq 0,05$) wieder mit dem Levene-Test bestimmt. Bei Vorhandensein einer Varianzheterogenität wurde auch hier der Welch's t-Test verwendet. Es werden nun zunächst die Ergebnisse der Untersuchung der Unterschiede (1) der Zahlungsbereitschaft und dann (2) der Akzeptanz in Abhängigkeit von kritischen Lebensereignissen gezeigt.

(1) Unterschiede der Zahlungsbereitschaft abhängig von kritischen Lebensereignissen

Die Untersuchungsergebnisse zeigen, dass die Geburt des ersten Enkels oder chronische Krankheiten keinen signifikanten Einfluss auf die Zahlungsbereitschaft älterer Autofahrer für Fahrerassistenzsysteme haben. Die Mittelwerte der Zahlungsbereitschaft bleiben bei allen Assistenzsystemen nahezu unverändert.

Das Ende der beruflichen Tätigkeit sowie selbst- oder fremdverursachte Unfälle erhöhen zwar die Zahlungsbereitschaft, jedoch nicht signifikant. Signifikant ist dagegen der Tod des – möglicherweise auf Fahrten hilfreichen – Partners. Die Zahlungsbereitschaft nimmt für alle Fahrerassistenzsysteme zu, mit Ausnahme des den Probanden weniger bekannten Querverkehrsassistenten. Besonders wichtig erscheint nach dem Tod des Partners der Totwinkelassistent. Auch schwere Krankheiten erhöhen die Zahlungsbereitschaft für alle Fahrerassistenzsysteme, signifikant für den Totwinkel- und den Spurhalteassistenten (vgl. ebenfalls Abb. 7).

(2) Unterschiede der Akzeptanz abhängig von kritischen Lebensereignissen

Die Untersuchungsergebnisse zeigen, dass mit Ausnahme eines nicht selbst verschuldeten Unfalls alle abgefragten Lebensereignisse einen Einfluss auf die Akzeptanz von Fahrerassistenzsystemen durch ältere Fahrer haben.

Während das Ende der beruflichen Tätigkeit oder die Geburt des ersten Enkelkindes die Akzeptanz altersgerechter Fahrerassistenzsystemen kaum erhöhen, haben der Tod des Partners, ein selbstverschuldeter Unfall und eine schwere oder chronische Krankheit dagegen einen deutlichen Einfluss auf die Akzeptanz von Fahrerassistenzsystemen. Der Tod des Partners, ein selbstverschuldeter Unfall, eine schwere oder chronische Krankheit haben vor allem auf die Akzeptanz des Querverkehrsassistenten einen Einfluss, eine chronische Krankheit auch auf die Akzeptanz der Einparkhilfe.

Die Ergebnisse geben Hinweise darauf, dass kritische Lebensereignisse sowohl einen Einfluss auf die Zahlungsbereitschaft als auch auf die Akzeptanz altersgerechter Fahrerassistenzsysteme haben können, auch wenn die Hypothese H_5 nur bedingt bestätigt werden kann. Das liegt sicherlich auch daran, dass die Stichproben relativ klein sind und größer angelegte Untersuchungen erfordern. Es bleibt aber festzuhalten, dass der Tod des Partners und eine schwere Krankheit sowohl die Zahlungsbereitschaft als auch die Akzeptanz altersgerechter Fahrerassistenzsysteme signifikant erhöhen.

5 Veränderung von Akzeptanz und Zahlungsbereitschaft durch Verbesserung der Fahrerassistenzsysteme für ältere Fahrer

Ein Vergleich der ersten und zweiten Hauptuntersuchung (in t_0 und in t_1, vgl. Kap. „Ältere Autofahrer: Untersuchung und Stichprobe im Projekt ALFASY") zeigt eine deutliche und signifikante Erhöhung der Zahlungsbereitschaft älterer Autofahrer durch verbesserte (akustische) Fahrerassistenzsysteme. Dadurch verändert sich aber nicht die Akzeptanz der einzelnen Fahrerassistenzsysteme. Auch das Alter hat keinen Einfluss auf Akzeptanz und Zahlungsbereitschaft verbesserter Assistenzsysteme wie der Vergleich der Untersuchungsgruppe (50 Jahre und älter) mit der Vergleichsgruppe jüngerer Fahrer zeigt. Die Zahlungsbereitschaft wird durch andere Größen beeinflusst.

Differenziert nach dem Alter steigt jedoch die Zahlungsbereitschaft der 50 bis 69 Jährigen für alle Fahrerassistenzsysteme durch die Verbesserung der Assistenzsysteme in der zweiten Hauptuntersuchung in t_1 (Tab. 6a), der Altersgruppe 60–69 Jahre signifikant, in der Altersgruppe 60–69 Jahre mit Ausnahme des Spurhalteassistenten (Tab. 6b). Nur bei den ältesten Probanden (70 Jahre und älter, Tab. 6c) hat die Verbesserung der Fahrerassistenzsysteme keinen signifikanten Einfluss auf die Zahlungsbereitschaft.

Der Anstieg der Zahlungsbereitschaft durch die Verbesserung der Fahrerassistenzsysteme im Projekt ALFASY gilt auch für die Vergleichsgruppe mit jüngeren Probanden. Ihre Zahlungsbereitschaft ist für alle verbesserten Assistenzsysteme höher als die der höheren Altersgruppen, z. B. 552 € für einen Querverkehrsassistenten, für den ältere Fahrer im Durchschnitt nur 482 € zu zahlen bereit sind.

Der Anstieg der Zahlungsbereitschaft könnte allerdings nicht nur an der technischen Verbesserung der akustischen Fahrerassistenzsysteme liegen, sondern auch daran, dass die Befragten mehr Erfahrung und Produktwissen gewonnen haben. Da jedoch mit steigender Erfahrung und zunehmendem Produktwissen die Zahlungsbereitschaft nicht zunimmt, ist die höhere Zahlungsbereitschaft weitestgehend auf verbesserte Assistenzsysteme zurückzuführen. Dieses Ergebnis macht deutlich, dass Fahrerassistenzsysteme zukünftig noch spezifischer für ältere Menschen entwickelt werden und an ihre Bedürfnisse angepasst werden müssten.

Tab. 6 Veränderung der Zahlungsbereitschaft durch Verbesserung der Fahrerassistenzsysteme

a) Altersgruppe der 50 bis 59-jährigen Fahrer

			Mittelwert	N	Standardabweichung	T	df	sig. (2-seitig)	
	ZB QVA	t0	327,18	35,00	187,346	-3,107	35	,004	Verbesserung
		t1	493,56	35,00	302,426				
	ZB EPH	t0	295,64	35,00	98,637	-2,784	35	,008	Verbesserung
		t1	452,79	35,00	373,107				
	ZB TWA	t0	271,41	35,00	125,263	-3,018	35	,005	Verbesserung
		t1	393,08	35,00	287,185				
	ZB SHA	t0	295,26	35,00	152,056	-2,153	35	,038	Verbesserung
		t1	386,90	35,00	257,795				
	ZB RDKS	t0	201,92	35,00	61,608	-2,794	35	,008	Verbesserung
		t1	291,54	35,00	210,760				

b) Altersgruppe der 60 bis 69-jährigen Fahrer

			Mittelwert	N	Standardabweichung	T	df	sig. (2-seitig)	
	ZB QVA	t0	347,12	65,00	195,167	-3,141	65	,003	Verbesserung
		t1	458,59	65,00	344,184				
	ZB EPH	t0	367,58	65,00	177,307	-3,306	65	,002	Verbesserung
		t1	484,33	65,00	338,515				
	ZB TWA	t0	344,92	65,00	177,616	-2,361	65	,021	Verbesserung
		t1	436,77	65,00	377,781				
	ZB RDKS	t0	251,89	65,00	121,078	-2,665	65	,010	Verbesserung
		t1	326,83	65,00	256,934				

c) Altersgruppe der über 70-jährigen Fahrer

			Mittelwert	N	Standardabweichung	T	df	sig. (2-seitig)	
	ZB QVA	t0	331,20	183,00	171,709	-4,711	182	,000	Verbesserung
		t1	482,72	183,00	437,335				
	ZB EPH	t0	339,95	183,00	155,593	-5,535	182	,000	Verbesserung
		t1	466,69	183,00	345,870				
	ZB TWA	t0	328,83	183,00	160,100	-3,822	182	,000	Verbesserung
		t1	450,87	183,00	478,854				
	ZB SHA	t0	336,12	183,00	165,442	-2,691	182	,008	Verbesserung
		t1	403,60	183,00	337,344				
	ZB RDKS	t0	244,54	183,00	117,805	-3,339	182	,001	Verbesserung
		t1	320,33	183,00	312,361				

ZB　= Zahlungsbereitschaft　　　　TWA = Totwinkelassistent
QVA = Querverkehrsassistent　　　SHA = Spurhalteassistent
EPH = Einparkhilfe　　　　　　　　RDKS = Reifendruckkontrollsystem

Die Abkehr von Untersuchungen im Fahrsimulator und die Erprobung der im Projekt ALFASY verbesserten (akustischen) Fahrerassistenzsysteme auf einer Testfahrt in der dritten Hauptuntersuchung (in t_2) bestätigt den Anstieg der durchschnittlichen Zahlungsbereitschaft und die unveränderte Akzeptanz älterer Autofahrer gegenüber der ersten Hauptuntersuchung (in t_0). Weil die Stichprobe für die Testfahrt neu zusammengesetzt werden musste (vgl. Kap. „Ältere Autofahrer: Untersuchung und Stichprobe im Projekt ALFASY" in diesem Buch), sind die Stichproben nicht vergleichbar und die Ergebnisse nur als Tendenzaussagen zu verstehen.

## 6	Marktpotenziale von altersgerechten Fahrerassistenzsystemen für ältere Fahrer – Folgerungen für die weitere Forschung

Die betriebswirtschaftliche Untersuchung von Zahlungsbereitschaft und Akzeptanz altersgerechter Fahrerassistenzsysteme im ALFASY-Projekt zeigt, dass sie vor allem von den Altersgruppen 50 bis Ende 60 positiv bewertet werden, die auch bereit sind, dafür zu zahlen.

Die Zahlungsbereitschaft erlaubt eine Abschätzung der Erlöspotenziale und damit der Marktpotenziale auf dem „silver market" (hier Personen ab 50) mit etwa 36,8 Millionen Menschen dieser Altersgruppe in Deutschland (Statistisches Bundesamt 2019). Um sie zu erschließen, muss der Markt für altersgerechte Fahrerassistenzsysteme nach Marktsegmenten differenziert werden. Hinweise für eine gezielte Marktansprache und die Ausgestaltung des Nutzenversprechens als einem Element von Geschäftsmodellen bieten die Untersuchungsergebnisse zu wichtigen Kundenwünschen, zur Akzeptanz und zu kritischen Lebensereignissen wie Tod des Partners und schwere Erkrankungen, die die Zahlungsbereitschaft beeinflussen. Die Untersuchungen im ALFASY-Projekt wurden ergänzt durch Fragen zum kundenspezifischen Nutzen altersgerechter Fahrerassistenzsysteme. Sie stützen die Ausgestaltung eines Nutzenversprechens.

Auch wenn gegenwärtig noch nicht absehbar ist, wann autonom fahrende Fahrzeuge angeboten werden, die weltweite Markteinführung, Substitution und Diffusion noch dauern werden, verbessern altersgerechte Fahrerassistenzsysteme ganz erheblich Komfort und Sicherheit und ermöglichen älteren Menschen länger mobil zu bleiben. Für Hersteller und Zulieferer bietet der „silver market" große Potenziale.

Literatur

Agarwal, R., & Prasad, J. (1998). A conceptual and operational definition of personal innovativeness in the domain of information technology. *Information Systems Research, 9*(2), 204–215.

Ajzen, I. (1991). The theory of planned behavior. *Organizational Behavior and Human Decision Processes, 50*(2), 179–211.

Ajzen, I., & Fishbein M. (1980). *Understanding attitudes and predicting social behavior.* Englewood Cliffs, Prentice-Hall.

BCG (The Boston Consulting Group), & MEMA (The Motor & Equipment Manufacturers Association) (2015). A Roadmap to safer driving through advanced driver assistance systems. *Auto Tech Review, 5*, 20–25.

Blundell, R., Browning, M., & Meghir, C. (1994). Consumer demand and the life-cycle allocation of household expenditures. *The Review of Economic Studies*, *61*(1), 57–80.

Blythe, P. T., & Curtis, A. M. (2004). Advanced driver assistance systems: Gimmick or reality. *Conference Proceedings at the 11th World Congress on Intelligent Transport Systems and Services, Nagoya.*

Boot, W., & Scialfa, C. (2016). The aging road user and technology to promote safe mobility for life. In: S. Kwon (Hrsg.), *Gerontechnology: Research, Practice, and Principles in the Field of Technology and Aging* (S. 207–222), New York, Springer.

Braun, H., Gärtner, M., Trösterer, S., Akkermans, L. E., Seinen, M., Meschtscherjakov, A., & Tscheligi, M. (2019). Advanced driver assistance systems for aging drivers: Insights on 65+ drivers' acceptance of and intention to use ADAS. *Proceedings of the 11th International Conference on Automotive User Interfaces and Interactive Vehicular Applications*, Utrecht, 123–133.

Burghard, E. (2005). *Fahrkompetenz im Alter – Die Aussagekraft diagnostischer Instrumente bei Senioren und neurologischen Patienten.* Dissertation, Ludwig-Maximilian-Universität München.

Chatterjee, K., & Scheiner, J. (2015). *Understanding changing travel behaviour over the life course: Contributions from biographical research.* A resource paper for the Workshop "Life-Oriented Approach for Transportation Studies". Presented at the 14th International Conference on Travel Behaviour Research (IATBR), Windsor.

Clark, B., Chatterjee, K., & Melia, S. (2016). Changes in level of household car ownership: the role of life events and spatial context. *Transportation*, *43*(4), 565–599.

Davidse, R. J. (2006). Older drivers and ADAS: Which systems improve road safety? *IATSS research*, *30*(1), 6–20.

Davis, F. D, Bagozzi, R. P., & Warshaw, P. R. (1989). User acceptance of computer technology: A comparison of two theoretical models. *Journal of Management Science*, *35*(8), 982–1003.

Dudenhöffer, K. (2015). *Akzeptanz von Elektroautos in Deutschland und China: Eine Untersuchung von Nutzungsintentionen im Anfangsstadium der Innovationsdiffusion.* Dresden, Springer.

Edwards, J. D., Perkins, M., Ross, L. A., & Reynolds, S. L. (2009). Driving status and three-year mortality among community-dwelling older adults. *The Journals of Gerontology: Series A*, *64*(2), 300–305.

Elder, G.H. (1994). Time, human agency and social change: Perspectives on the life course. *Social Psycology Quarterly*, *57*(1), 4–15.

Engeln, A. (2001). *Aktivität und Mobilität im Alternsprozess.* Aachen, Shaker.

Fagan, M. H., Neill, S., & Wooldridge, B. R. (2008). Exploring the intention to use computers: An empirical investigation of the role of intrinsic motivation, extrinsic motivation and perceived ease of use. *Journal of Computer Information Systems*, *48*(3), 31–37.

Fernández-Villaverde, J., & Krueger, D. (2007). Consumption over the life cycle: Facts from consumer expenditure survey data. *The Review of Economics and Statistics*, *89*(3), 552–565.

Filipp, S. H. (1995). *Kritische Lebensereignisse.* 3. Aufl., Weinheim: Psychologie Verlags Union.

Fuchs-Heinritz, W. (2009). *Biographische Forschung: Eine Einführung in Praxis und Methoden*. Wiesbaden: VS Verlag für Sozialwissenschaften.

Glenn, N. D. (2003). Distinguishing age, period, and cohort effects. In J. T. Mortimer & M. J. Shanahan (Hrsg.), *Handbook of the life course* (S. 465–476). Boston, Springer.

Günthner, T., Proff, H., Jovic, J., & Zeymer, L. (2020). Tapping into market opportunities in aging societies – the example of advanced driver assistance systems in the transition to autonomous driving. *International Journal of Automotive Technology and Management*, im Druck.

Holley-Moore, G., & Creighton, H., (2015). *The future of transport in an ageing society*. International London: Longevity Centre-UK.

Horlacher, K. D. (2000). Kritische Lebensereignisse. In: M. Amelang (Hrsg.), *Determinanten individueller Unterschiede. Enzyklopädie der Psychologie* (S. 455–486). Göttingen: Hogrefe.

Karthaus, M., Falkenstein, M., & Toepper, M. (2016). Functional changes and driving performance in older drivers: Assessment and Interventions. *Geriatrics, 1*(12), 1–18.

Kaur, K., & Rampersad, G. (2018). Trust in driverless cars: Investigating key factors influencing the adoption of driverless cars. *Journal of Engineering and Technology Management, 48*, 87–96.

Kloss, D., & Kunter, M. (2016). The van Westendorp price-sensitivity meter as a direct measure of willingness-to-pay. *European Journal of Management, 16*(2), 45–54.

Kwon, O., Choi, K., & Kim, M. (2007). User acceptance of context-aware services: Self-efficacy, user innovativeness and perceived sensitivity on contextual pressure. *Journal of Behavior & Information Technology, 26*(6), 483–498.

König, M., & Neumayr, L. (2017). Users' resistance towards radical innovations: The case of the self-driving car. *Transportation Research Part F, 44*, 42–52.

Leifer, R., Corarelli O'Conner, D., & Rice, M. (2001). Implementing radical innovations in mature firms: The role of hubs. *Academy of Management Executive, 15*(3), 102–113.

Mayer, R. C., Davis, J. H., & Schoorman, F. D. (1995). An integrative model of organizational trust. *Academy of Management Review, 20*(3), 709–734.

Midgley, D. F., & Dowling, G. R. (1978). Innovativeness: The concept and its measurement. *Journal of Consumer Research, 4*(4), 229–242.

Miles, D. (1997). A household level study of the determinants of income and consumption. *The Economic Journal, 107*(440), 1–25.

Miller, K. M., Hofstetter, R., Krohmer, H., & Zhang, Z. J. (2011). How should consumers' willingness to pay be measured? An empirical comparison of state-of-the-art approaches. *Journal of Marketing Research, 48*(1), 172–184.

Montada, L. (2008). Grundlagen der Entwicklungspsychologie. *Entwicklungspsychologie, 6*, 3–48.

Moschis, G. P. (2012). Consumer behavior in later life: Current knowledge, issues, and new directions for research. *Psychology & Marketing, 29*(2), 57–75.

Musselwhite, C., & Haddad, H. (2018). Older people's travel and mobility needs: a reflection of a hierarchical model 10 years on. *Quality in Ageing and Older Adults, 19*(2), 87–105.

Musselwhite, C., Holland, C., & Walker, I. (2015). The role of transport and mobility in the health of older people. *Journal of Transport & Health, 2*(1), 1–4.

Müggenburg, H., & Lanzendorf, M. (2015). Beruf und Mobilität – Eine intergenerationale Untersuchung zum Einfluss beruflicher Lebensereignisse auf das Verkehrshandeln. In J. Scheiner & C. Holz-Rau (Hrsg.), *Räumliche Mobilität und Lebenslauf* (S. 79–95). Wiesbaden: Springer.

Nobis, C., Kuhnimhof, T., Follmer, R., & Bäumer, M. (2019). Mobilität in Deutschland – Zeitreihenbericht 2002 – 2008 – 2017. *Studie von infas, DLR, IVT und infas 360 im Auftrag des Bundesministeriums für Verkehr und digitale Infrastruktur,* FE-Nr. 70.904/15.

Piao, J., McDonald, M., Henry, A., Vaa, T., & Tveit, O. (2005). An assessment of user acceptance of intelligent speed adaptation systems. *Proceedings to 8th IEEE Intelligent Transportation Systems,* Vienna, 1045-1049.

Proff, H. (2019). *Multinationale Automobilunternehmen in Zeiten des Umbruchs: Herausforderungen – Geschäftsmodelle – Steuerung.* Wiesbaden: Springer.

Proff, H., & Fojcik, T. M. (2014). Accelerating market diffusion of battery electric vehicles through alternative mobility concepts. *International Journal of Automotive Technology and Management, 14*(3), 347–368.

Proff, H., Szybisty, G., Fojcik, T.M., Cremer, C. (2018). Neue Geschäftsmodelle für Dienstleistungsinnovationen im Automobilhandel für die Elektromobilität. In: H. Proff, M. Borchert & G. Schmitz (Hrsg.), *Dienstleistungsinnovationen und Elektromobilität: Der Automobilhandel als ganzheitlicher Lösungsanbieter* (S. 5–80). Wiesbaden: SpringerGabler.

Roll, O., Pastuch, K., & Buchwald, G. (2018). *Praxishandbuch Preismanagement: Strategien-Management-Lösungen.* Weinheim: John Wiley & Sons.

Schleiffer, N. (2020). *Ausgestaltung des Nutzenversprechens innovativer Produkte der Automobilindustrie zur Verbesserung des wahrgenommenen Nutzens der Zielkunden weltweit: Eine empirische Untersuchung zum Übergang in die Elektromobilität in Deutschland und China.* Wiesbaden: SpringerGabler.

Schulz, R., Beach, S. R., Matthews, J. T., Courtney, K., Dabbs, A. D., Mecca, L. P., & Sankey, S. S. (2013). Willingness to pay for quality of life technologies to enhance independent functioning among baby boomers and the elderly adults. *The Gerontologist, 54*(3), 363–374.

Simon, H., &Fassnacht, M. (2016). *Preismanagement: Strategie-Analyse-Entscheidung-Umsetzung.* Wiesbaden: Springer.

Son, J., Park, M., & Park, B. B. (2015). The effect of age, gender and roadway environment on the acceptance and effectiveness of Advanced Driver Assistance Systems. *Transportation Research Part F: Traffic Psychology and Behaviour, 31,* 12–24.

Souders, D. J., Best, R., & Charness, N. (2017). Valuation of active blind spot detection systems by younger and older adults. *Accidental Analysis and Prevention, 106,* 505–514.

Souders, D. J., & Charness, N. (2016). Challenges of older drivers' adoption of advanced driver assistance systems and autonomous vehicles. *Human Aspects of IT for the Aged Population. Healthy and Active Aging,* 428–440.

Statistisches Bundesamt (2019). Bevölkerung in Deutschland. Verfügbar unter https://service.destatis.de/bevoelkerungspyramide/index.html#!y=2018&a=50,100&v=2&g

Stevens, S. (2012). The relationship between driver acceptance and system effectiveness in car-based collision warning systems: Evidence of an overreliance effect in older drivers? *SAE International Journal of Passenger Cars – Electronic and Electrical Systems*, *5*(1), 114–124.

Trübswetter, N. (2015). *Akzeptanzkriterien und Nutzungsbarrieren älterer Autofahrer im Umgang mit Fahrerassistenzsystemen.* Dissertation, Technische Universität München.

Trübswetter, N., & Bengler, K. (2011). Systematische Modellierung des zukünftigen Unterstützungspotentials im Straßenverkehr. In Gesellschaft für Arbeitswissenschaft (Hrsg.), *Mensch, Technik, Organisation – Vernetzung im Produktentstehungs- und -herstellungsprozess* (S. 841–844). Dortmund: GfA-Press.

Uteng, T. P., Julsrud, T. E., & George, C. (2019): The role of life events and context in type of car share uptake: Comparing users of peer-to-peer and cooperative programs in Oslo. *Transportation Research Part D: Transport and Environment, 71,* 186–206.

Van Westendorp, P. H. (1976). NSS Price Sensitivity Meter (PSM) – A new approach to study consumer perception of prices. *Proceedings of the 29th ESOMAR Congress,* Venice, 139–167.

Varian, H. R. (2014). *Grundzüge der Mikroökonomik.* 8. Aufl., Oldenburg: München.

Venkatesh, V., & Bala, H. (2008). Technology acceptance model 3 and a research agenda on interventions. *Decision Science, 39*(2), 273–315.

Venkatesh, V., & Davis, F. D. (2000). A theoretical extension of the technology acceptance model: four longitudinal field studies. *Management Science, 46*(2), 186–204.

Viborg, N. (1999). Older and younger driver's attitudes toward in-car ITS a questionnaire survey. *Bulletin 181.* Lund, Sweden: Department of Technology and Society, Lund Institute of Technology.

Winner, H., & Schopper, M. (2015): Adaptive cruise control. In: H. Winner, S. Hakuli, G. Wolf (Hrsg.), *Handbuch Fahrerassistenzsysteme – Grundlagen, Komponenten und Systeme für aktive Sicherheit und Komfort* (S. 851–891). Wiesbaden: Vieweg+Teubner.

Yang, F. (2009). Consumption over the life cycle: How different is housing, *Review of Economic Dynamics, 12*(3), 423–443.

Altersgerechte Fahrerassistenzsysteme: Technische, psychologische und betriebswirtschaftliche Aspekte – Eine Zusammenfassung

Heike Proff, Matthias Brand und Dieter Schramm

Inhaltsverzeichnis

Es ist Aufgabe der Wissenschaft und der Industrie, durch geeignete technische Maßnahmen und Assistenzsysteme die objektive Sicherheit im Straßenverkehr für alle Verkehrsteilnehmer zu erhöhen (vgl. Kap. „Mobilität im Alter – Eine Einleitung"1), weil

---

Prof. Dr. Heike Proff, Prof. Dr. Matthias Brand, Prof. Dr.-Ing. Dieter Schramm, alle Universität Duisburg-Essen.

H. Proff (✉)
Lehrstuhl für ABWL & Internationales Automobilmanagement,
Universität Duisburg-Essen, Duisburg, Deutschland
E-Mail: heike.proff@uni-due.de

M. Brand
Allgemeine Psychologie: Kognition, Universität Duisburg-Essen,
Duisburg, Deutschland
E-Mail: matthias.brand@uni-due.de

D. Schramm
Lehrstuhl für Mechatronik, Universität Duisburg-Essen, Duisburg, Deutschland
E-Mail: dieter.schramm@uni-due.de

© Der/die Herausgeber bzw. der/die Autor(en), exklusiv lizenziert durch Springer Fachmedien Wiesbaden GmbH, ein Teil von Springer Nature 2020
H. Proff et al. (Hrsg.), *Altersgerechte Fahrerassistenzsysteme*,
https://doi.org/10.1007/978-3-658-30871-1_10

193

- der Anteil älterer Menschen in den höher entwickelten Ländern weiter ansteigen wird (z. B. Statistisches Bundesamt 2019),
- immer mehr ältere Menschen einen Führerschein besitzen (Kraftfahrt-Bundesamt 2018), da ein Auto Selbstständigkeit, Teilhabe, Aktivität und damit Lebensqualität bedeutet (z. B. Engeln 2001; Burghard 2005),
- ältere Menschen aufgrund altersbedingt nachlassender kognitiver, visueller und motorischer Fähigkeiten häufiger Probleme im Straßenverkehr haben (Brand und Markowitsch 2010; MoPact 2014) und
- die Altersgruppe der über 50-jährigen in der Lage und überwiegend auch bereit ist, für Produkte, die die Sicherheit erhöhen, einen Aufpreis zu bezahlen (Wild 2014).

Geeignete Assistenzsysteme ermöglichen älteren Fahrern einen Ausgleich der gegenüber jüngeren Fahrern[1], schlechteren Informationsaufnahme und -verarbeitung und eine aktive Teilnahme am motorisierten Individualverkehr. Darüber hinaus wird auch ein Betrag zur Sicherheit aller Verkehrsteilnehmer geleistet (Kubitzki 2013).

Obwohl Technologien und hoch entwickelte Fahrerassistenzsysteme, die ältere wie auch jüngere Fahrer unterstützen, vorhanden sind und ständig verbessert werden, bleibt der Absatz der Fahrerassistenzsysteme noch weit hinter den Erwartungen der Automobilhersteller zurück (z. B. Wild 2014; Winner und Schopper 2015).

Ziel des Projektes ALFASY (**Al**tersgerechte **Fa**hrerassistenz**sy**steme) war es deshalb, eine akustische Mensch-Maschine Schnittstelle für ausgewählte Fahrerassistenzsysteme zu entwickeln, zu bauen und zu testen, die auf die Bedürfnisse der stetig wachsenden Gruppe älterer Fahrer (50 Jahre und älter) gerichtet ist und auch wirtschaftlich in das Produktportfolio der Automobilhersteller und -zulieferer passt.

In diesem Buch wurden wichtige technische, psychologische und betriebswirtschaftliche Aspekte der Mensch-Maschine Schnittstelle und der betrachteten Fahrerassistenzsysteme angesprochen, die in Zusammenarbeit von drei Lehrstühlen der Universität Duisburg (Mechatronik, Allgemeine Psychologie/ Kognition, Allgemeine Betriebswirtschaftslehre & Internationales Automobilmanagement) mit Ford, HEAD acoustics und dem Allround Team erarbeitet wurden. Die wesentlichen Ergebnisse werden kurz zusammengefasst:

---

[1]In diesem Kapitel wird statt von „(Auto)Fahrerinnen und (Auto)Fahrern" verkürzt von „(Auto)Fahrern" gesprochen.

1. Fahrerassistenzsysteme mit einer optimierten Mensch-Maschine Schnittstelle wurden im Projekt ALFASY durch ältere Autofahrer im Vergleich mit einer Vergleichsgruppe jüngerer Fahrer getestet: zunächst mehrfach im Fahrsimulator, zuletzt in einem Fahrzeug auf einer Teststrecke. Aufgrund des hohen Alters einiger Probanden war eine Abfrage z. B. akuter Herz-Kreislaufprobleme und psychischer Probleme erforderlich, weil Personen mit solchen Problemen an den Tests nicht teilnehmen können. Da bei empirischen Tests im Fahrsimulator mit der sog. Simulatorkrankheit gerechnet werden muss, die zu einem Abbruch der Tests führen kann (Kap. „Neuropsychologische und -physiologische Korrelate des Fahrverhaltens älterer Fahrer innerhalb simulierter Umgebungen"), wurden in der Voruntersuchung auch Reaktionen im Fahrsimulator getestet (vgl. Kap. „Fahrverhalten älterer Menschen im Fahrsimulator" zum Fahrhalten älterer Menschen). Von insgesamt 465 zu den Tests eingeladenen älteren Autofahrern haben 439 Personen (davon 381 ältere über 50 Jahre) Personen an der Voruntersuchung teilgenommen. Körperliche oder psychischen Einschränkungen waren nicht erkennbar, die Probefahrt im Fahrsimulator unauffällig.

2. Die verschiedenen empirischen Untersuchungen im ALFASY-Projekt zeigen Besonderheiten älterer Autofahrer im Vergleich mit jüngeren Fahrern. Sie lassen ein großes Marktpotenzial erkennen (vgl. Kap. „Ältere Autofahrer: Untersuchung und Stichprobe im Projekt ALFASY"):

- Der Anteil der Männer, der sich für Fahrerassistenzsysteme interessiert, ist deutlich höher und steigt mit zunehmendem Alter. Weibliche Probanden äußern sich eher unsicher zu den ihnen häufiger nicht bekannten oder weniger vertrauten Fahrerassistenzsystemen.
- Das Nettoeinkommen älterer Autofahrer ist höher und steigt mit dem Alter in der Voruntersuchung (größte Stichprobe).
- Die tägliche Fahrleistung nimmt mit steigendem Alter ab.
- Ältere Autofahrer nennen ein latentes und offenes Bedürfnis an Fahrerassistenzsystemen, allerdings weniger als es angesichts zu erwartender körperlicher und psychischer Einschränkungen zu vermuten wäre. Sie suchen insbesondere Unterstützung bei der Sicht und der Wahrnehmung der Fahrzeugumgebung und beim Einparken.
- Die Kenntnisse der Fahrerassistenzsysteme sind eher gering und nehmen mit zunehmendem Alter noch ab.
- Erfahrungen sind jedoch insgesamt positiv. Ältere Fahrer sehen deutliche Vorteile der Fahrerassistenzsysteme, selbst wenn sie noch keine eigenen Erfahrungen gemacht haben.

- Ältere sind weniger als jüngere Fahrer bereit, sich auf Technik zu verlassen und Entscheidungen abzugeben, was angesichts geringer Erfahrung mit Fahrerassistenzsystemen nicht erstaunt.
- Konkrete Wünsche an Fahrerassistenzsysteme werden kaum genannt. Dies erklärt sich daraus, dass sie gar nicht oder nur wenig bekannt sind.
- Für ältere Fahrer sind niedrige Kosten weniger wichtig als für Jüngere.

3. Im Projekt ALFASY wurden fünf Fahrerassistenzsysteme getestet: Querverkehrsassistent, Einparkhilfe, Spurhalteassistent, Totwinkelassistent und Reifendruckkontrollsystem (Kap. „Fahrerassistenzsysteme – ein Überblick"). Sie wurden mit akustischen Signalen erfahrbar gemacht, um ihren Nutzen für ältere Menschen wissenschaftlich untersuchen zu können.

4. Studien zu Fahrerassistenzsystemen im Kontext einer altersgerechten Gestaltung der Benutzerschnittstellen (Human Machine Interfaces, HMI, Kap. „Fahrerassistenzsysteme im Kontext altersgerechter HMI-Gestaltung") zeigen, dass angebotene Fahrerassistenzsysteme zumindest dann ein großes Unterstützungspotenzial für ältere Autofahrer bieten und die Sicherheit im Straßenverkehr erhöhen, wenn sie durch altersgerechte Benutzerschnittstellen unterstützt werden. Berücksichtigen sie sensorische, motorische und kognitive Besonderheiten dieser Zielgruppe, können Ängste, Vorbehalte oder eine Unterschätzung des Nutzens von Fahrerassistenzsystemen abgebaut werden. In Kap. „Fahrerassistenzsysteme im Kontext altersgerechter HMI-Gestaltung" wurden Möglichkeiten aufgezeigt, wie Nutzerschnittstellen altersgerecht gestaltet werden können (z. B. größere Windschutzscheiben oder intelligente Avatare), um das Potenzial von Fahrerassistenzsystemen für die Zielgruppe älterer Menschen besser zu nutzen und eine sichere Mobilität zu ermöglichen.

5. Auf der Grundlage der Bewertung akustischer Fahrerassistenzsysteme für ältere Fahrer (Kap. „Bewertung der Leistungsfähigkeit akustischer Assistenzsysteme für ältere Fahrer") mit höherer Reaktionsgeschwindigkeit als auf visuelle und haptische Reize (z. B. Aditya et al. 2015) wurde ein Lokalisierungssystem für die Bewertung dieser Assistenzsysteme mit einem speziell dafür entwickelten Mikrofonarrays (Zusammenwirken mehrerer Mikrofone) und einem neuronalen Netze vorgestellt. Das Mikrofonarray zeichnet Komponenten des Schallfeldes im Umfeld der Ohren auf, die auch Menschen zur Orientierung bzw. Lokalisation nutzen. So gewonnene Signale werden durch ein neuronales Netz analysiert, das die Herkunftsposition mit einer Auflösung von 5° bestimmt. Es konnte gezeigt werden, dass neuronale Netze verglichen mit konventionellen

Beamforming-Algorithmen deutlich exakter sind. Das Verfahren lässt sich bei Austausch der Trainings- und Validierungsdaten direkt auf andere Nutzergruppen oder Anwendungsfälle übertragen.

6. Das Fahrverhalten älterer Fahrer im Fahrsimulator dokumentiert Kap. „Fahrverhalten älterer Menschen im Fahrsimulator". Der Aufbau des Simulators, die durchgeführten Versuche und die Auswirkungen der Simulatorkrankheit (Kinetose) bei Untersuchungen im Simulator werden beschrieben und die Versuchsergebnisse kurz zusammengefasst. Die Untersuchung im ALFASY-Projekt belegt Vermutungen, dass die Simulatorkrankheit in direktem Zusammenhang mit der Gewöhnung an solche Systeme steht, da die Symptome abnehmen, wenn mehrere Versuchsfahrten gemacht wurden. Auftreten und Intensität der Simulatorkrankheit können durch Training bzw. Eingewöhnen reduziert werden. Mit dem Index of Performance (IOP) lässt sich die Fahrleistung berechnen (Joshi et al. 2017). Der Index setzt sich aus mehreren Einzelbewertungen wie Fahrkomfort und Steuerungsaktivität zusammen. Die Ergebnisse zeigen bei fast allen Teilnehmern der dritten Versuchsfahrt mit Assistenzsystemen einen Gewöhnungseffekt gegenüber der zweiten Fahrt. Im Durchschnitt nimmt die Einparkzeit ab, die gefahrene Strecke wird länger – mit und ohne geänderte Soundeinstellungen.

7. Im ALFASY Projektes wurde nach den Tests im Fahrsimulator die dritte Hauptuntersuchung in einem Fahrzeug durchgeführt, um akustische Fahrerassistenzsysteme unter realen Bedingungen zu testen. In Kap. „Durchführung der Realfahrtstudien – Testfahrzeug und Versuchsaufbau in t2" werden Versuchsaufbau und Systeme für höhere und niedrige Geschwindigkeitsbereiche beschrieben sowie die Ergebnisse zusammengefasst. Drei Akustikvarianten wurden getestet:

- nicht-direktional (Töne kommen nur aus einem Lautsprecher, unabhängig von der Position des Hindernisses),
- statisch direktional (Töne kommen nur aus einem dem Hindernis zugewandten Lautsprecher) und
- dynamisch direktional (nur für Querverkehrsassistenten: bei Veränderungen des Hindernisses wandern Töne über die Lautsprecher hinweg).

Für den Totwinkel- wie den Spurhalteassistenten schneidet die statisch direktionale Akustikvariante besser ab als die dynamisch direktionale Variante und noch deutlicher als die nicht-direktionale Variante. Erklärbar ist dieses Ergebnis damit, dass die nicht-direktionale Variante den geringsten Informationswert liefert (keine Codierung des Ortes, d. h. des Hindernisses bzw. der verlassenen

Fahrspur). Beim Vergleich der beiden direktionalen Varianten wurde betont, dass die statisch direktionale Variante bereits genug Information über den Ort enthält. Eine zusätzliche Dynamik der Töne bringt somit keinen weiteren Vorteil und wird als eher störend bzw. irritierend wahrgenommen. Fahrerassistenzsysteme profitieren daher am meisten von der Implementierung einer statisch direktionalen akustischen Variante.

8. Die neuropsychologischen und -physiologischen Ergebnisse können wie folgt zusammengefasst werden:

- Es zeigte sich ein negativer Zusammenhang zwischen der Aufmerksamkeitsleistung und der Zeit, die benötigt wird, um sich an den Simulator anzupassen, woraus geschlussfolgert werden kann, dass eine höhere Aufmerksamkeitsleistung die Anpassung an einen Fahrsimulator beschleunigt.
- Weibliche Teilnehmende zeigten eine signifikant größere Rate des Auftretens von Symptomen der Simulatorkrankheit im Vergleich zu Männern.
- Die Simulatorkrankheit trat weniger wahrscheinlich bei Personen auf, die sich an den Simulator angepasst haben.
- Die Ergebnisse zeigen keine signifikante Korrelation zwischen der Fahrleistung und dem Stresslevel vor Fahrantritt oder früherer Erfahrungen mit der Simulatorkrankheit.
- Es konnte ein Zusammenhang zwischen Alter und Fahrleistung dahin gehend nachgewiesen werden, dass ältere Teilnehmende eine schlechtere Fahrleistung zeigten.
- Für eine Vorhersage der Fahrleistung scheinen kontextspezifische Aufgaben eher geeignet, als klassische neuropsychologische Testverfahren.
- Es zeigte sich kein Zusammenhang zwischen der Erfahrung mit Symptomen der Simulatorkrankheit und der darauffolgenden Fahrperformanz im Simulator.

9. Die Untersuchung von Zahlungsbereitschaft und Akzeptanz altersgerechter Fahrerassistenzsysteme zur Abschätzung der Marktpotenziale älterer Fahrer (Kap. „Marktpotenziale älterer Fahrer Zahlungsbereitschaft und Akzeptanz altersgerechter Fahrerassistenzsysteme") in den ersten beiden Hauptuntersuchungen des ALFASY-Projektes im Fahrsimulator zeigen:

- Alter und Zahlungsbereitschaft älterer Autofahrer korrelieren nur bedingt. Signifikant ist die Korrelation beim Totwinkelassistenten und Reifendruckkontrollsystem, nicht signifikant beim Querverkehrsassistenten, bei der

Einparkhilfe und dem Spurhalteassistenten. Von den Kontrollvariablen hat nur das Einkommen einen signifikanten Einfluss auf die Zahlungsbereitschaft, nicht Erfahrung und Produktwissen. Die Zahlungsbereitschaft nimmt mit steigendem Einkommen zu.

- Eine Differenzierung nach Altersgruppen zeigt jedoch, dass für vier der fünf abgefragten Fahrerassistenzsysteme (Einparkhilfe, Totwinkelassistent, Spurhalteassistent, Reifendruckkontrollsystem) die Hypothese bestätigt werden konnte, dass die Zahlungsbereitschaft älterer Fahrer für Fahrerassistenzsysteme mit dem Durchschnittsalter der Altersgruppen steigt. Vor allem die Altersgruppe 50 Jahre bis Ende 60 ist bereit, dafür auch zu zahlen.
- Die Untersuchung der Korrelation zwischen Alter und Akzeptanz der ausgewählten Fahrerassistenzsysteme brachte dagegen keine signifikanten Ergebnisse. Es zeigte sich allerdings, dass mit der Erfahrung und dem Produktwissen die Akzeptanz von Fahrerassistenzsystemen insbesondere bei älteren Fahrern zunimmt.
- Die Differenzierung nach Altersgruppen älterer Fahrer bestätigt allerdings zumindest für Jüngere zwischen 50 bis 69 Jahre und für Männer, dass die Akzeptanz von Fahrerassistenzsystemen mit dem Durchschnittsalter der Altersgruppen steigt.
- Eine Pfadanalyse zeigt eine hoch signifikante Akzeptanz bei allen abgefragten Assistenzsysteme auf die Zahlungsbereitschaft.
- Es gibt Hinweise darauf, dass kritische Lebensereignisse sowohl einen Einfluss auf die Zahlungsbereitschaft als auch auf die Akzeptanz altersgerechter Fahrerassistenzsysteme haben können. Vor allem der Tod des Partners und eine schwere Krankheit erhöhen signifikant sowohl die Zahlungsbereitschaft als auch die Akzeptanz altersgerechter Fahrerassistenzsysteme.

Durch die Zusammenarbeit aller beteiligten Partner aus Wissenschaft und Wirtschaft konnte im Projekt ALFASY ein akustisches Fahrerassistenzsystem entwickelt, aufgebaut und mehrfach getestet werden. Dabei wurden die Bedürfnisse der stetig wachsenden Gruppe der älteren Autofahrerinnen und -fahrer detailliert untersucht. Durch Aussagen zur Zahlungsbereitschaft dieser Kundengruppe lässt sich das Marktpotenzial abschätzen. Einstellung und Verhalten der älteren Autofahrer lassen sich nur schwer erfassen, weil sie sich bei kritischen Lebensereignissen nicht linear mit dem Alter verändern. Das Projekt zeigte jedoch, dass ältere Autofahrer ein sehr attraktives Marktsegment bilden. Aus der Befragung einer großen Anzahl von Testpersonen konnten viele neue Einsichten gewonnen und neue Forschungsthemen entwickelt werden.

Literatur

Aditya, J., Bansal, R., Kumar, A., & Singh, K. (2015). A comparative study of visual and auditory reaction times on the basis of gender and physical activity levels of medical first year students. *International Journal of Applied and Basic Medical Research, 5*(2), 124–127.

Brand, M., & Markowitsch, H. J. (2010). Aging and decision-making: a neurocognitive perspective. *Gerontology, 56*(3), 319–324.

Burghard, E. (2005). Fahrkompetenz im Alter – Die Aussagekraft diagnostischer Instrumente bei Senioren und neurologischen Patienten (Dissertation, Ludwig-Maximilian-Universität München). Digitale Hochschulschriften der Ludwig-Maximilian-Universität München, München.

Engeln, A. (2001). Aktivität und Mobilität im Alternsprozess. Aachen: Shaker.

Joshi, S. S., Maas, N., & Schramm, D. (2017). A vehicle dynamics based algorithm for driver evaluation. In *11th International Conference on intelligent Systems and Control (ISCO)*, S. 5, Karpagam College of Engineering Myleripalayam, Coimbatore, India.

Kraftfahrt-Bundesamt (2018). Bestand an allgemeinen Fahrerlaubnissen im ZFER am 1. Januar 2018 nach Geschlecht, Lebensalter und Fahrerlaubnisklassen. Verfügbar unter https://www.kba.de/DE/Statistik/Kraftfahrer/Fahrerlaubnisse/Fahrerlaubnisbestand/2018/2018_fe_b_geschlecht_alter_fahrerlaubniskl.html?nn=2218648

Kubitzki, J. (2013). Sicherheit und Mobilität älterer Verkehrsteilnehmer. Fachtagung Mobilität im Alter, LandesSeniorenVertretung Bayern e. V., Fürth, 29.04.2013.

MoPact (2014). Mobilising the potential of active ageing in Europe. Verfügbar unter http://mopact.group.shef.ac.uk/

Statistisches Bundesamt (2019). Bevölkerung in Deutschland. Verfügbar unter https://service.destatis.de/bevoelkerungspyramide/index.html#!y=2018&a=50,100&v=2&g

Wild, A. (2014). Zwischen Wunsch und Wirklichkeit: Fahrerassistenzsysteme für ältere Autofahrer. *Zeitschrift für die gesamte Wertschöpfungskette Automobil, 17*(1), 58–63.

Winner, H., & Schopper, M. (2015). Adaptive cruise control. In H. Winner, S. Hakuli & G. Wolf (Hrsg.), *Handbuch Fahrerassistenzsysteme – Grundlagen, Komponenten und Systeme für aktive Sicherheit und Komfort* (S. 851–891). Wiesbaden: Vieweg + Teubner.